21世纪高等学校计算机类课程创新规划教材·微课版

U0749300

网页设计与制作实用教程

微课版

（Dreamweaver+Flash+Photoshop）

（第3版）

◎ 缪亮 孙毅芳 主编

清华大学出版社

北京

内 容 简 介

本书是畅销教材《网页设计与制作实用教程（Dreamweaver+Flash+Photoshop）（第 2 版）》的修订升级版，主要介绍用 Dreamweaver、Photoshop 和 Flash 进行网页设计与制作的方法。本书以实例带动教学，注重对读者动手实践能力的培养。书中每章都设计了"本章习题"和"上机练习"两个模块，既可以让教师合理安排教学实践内容，又可以让学习者举一反三，快速掌握本章知识。

全书共包括 12 章，第 1 章介绍网站开发的基础知识；第 2～7 章介绍使用 Dreamweaver 进行网页制作和网站管理的方法；第 8～10 章介绍使用 Photoshop 进行网页图像设计和绘制网页的方法；第 11 章和第 12 章介绍使用 Flash 进行网页动画制作的方法。

为了让读者更轻松地掌握网页设计与制作技术，作者制作了配套微课视频。微课视频包括教材的全部内容，全程语音讲解、真实操作演示，让读者一学就会。

本书内容精练，构思科学合理，实例丰富，理论与应用配合紧密，既可作为各类院校的网页设计与制作教材，也可作为培训机构相关专业的培训教材，还可作为网站开发人员和网站开发爱好者的自学或参考用书。

图书在版编目（CIP）数据

网页设计与制作实用教程：Dreamweaver+Flash+Photoshop：微课版/缪亮，孙毅芳主编. —3 版. —北京：清华大学出版社，2017（2022.1重印）

（21 世纪高等学校计算机类课程创新规划教材·微课版）

ISBN 978-7-302-48133-1

Ⅰ. ①网… Ⅱ. ①缪… ②孙… Ⅲ. ①网页制作工具 – 高等学校 – 教材 Ⅳ. ①TP393.092.2

中国版本图书馆 CIP 数据核字（2017）第 208434 号

责任编辑：魏江江　王冰飞
封面设计：刘　键
责任校对：白　蕾
责任印制：沈　露

出版发行：清华大学出版社
　　　　　网　　址：http://www.tup.com.cn, http://www.wqbook.com
　　　　　地　　址：北京清华大学学研大厦 A 座　　邮　　编：100084
　　　　　社 总 机：010-62770175　　　　　　　　邮　　购：010-83470235
　　　　　投稿与读者服务：010-62776969, c-service@tup.tsinghua.edu.cn
　　　　　质量反馈：010-62772015, zhiliang@tup.tsinghua.edu.cn
　　　　　课件下载：http://www.tup.com.cn, 010- 83470236
印 装 者：三河市君旺印务有限公司
经　　销：全国新华书店
开　　本：185mm×260mm　　印　张：24.75　　字　数：601 千字
版　　次：2011 年 1 月第 1 版　2017 年 9 月第 3 版　印　次：2022 年 1 月第 8 次印刷
印　　数：34001～36000
定　　价：49.50 元

产编号：075670-01

应用、多媒体对象在网页中的应用、超链接等。

第 4 章学习 CSS 样式表的知识，包括 CSS 入门、CSS 样式详解、创建 CSS 样式等。

第 5 章学习网页布局的知识，包括网页布局类型、用表格进行网页布局、框架、用 CSS 进行网页布局等。

第 6 章学习网页特效与交互的知识，包括行为的应用、AP 元素、Spry 框架、JavaScript 基础知识等。

第 7 章学习模板和站点管理的知识，包括模板、资源管理、站点管理和维护等。

第 8 章学习 Photoshop 网页设计基础知识，包括 Photoshop CS6 的工作环境、Photoshop 的工具箱和面板、Photoshop 的工具栏和辅助作图工具、创建 Photoshop 文档、绘制各种图形和设置颜色的方法、认识画笔等。

第 9 章学习 Photoshop 网页设计进阶的知识，包括 Photoshop 的图层、Photoshop 的选区和通道、设计网页文字、网页图像的调整、Photoshop 的滤镜等。

第 10 章学习使用 Photoshop 设计网页元素的知识，包括设计网站图标和 Logo、设计网页广告图像、设计网页按钮和导航条、设计网页等。

第 11 章学习 Flash 基础知识，包括 Flash CS6 的工作环境、Flash 动画的制作、绘制矢量图形、位图和文字等。

第 12 章学习制作网页动画的知识，包括图层和帧、几种 Flash 动画、元件及其应用、使用 Flash 制作网络广告等。

为了方便读者的学习，本书还设计了 4 个附录，包括常用 HTML 标签、安装 IIS 和配置 Web 服务器、网站上传和下载工具——FlashFXP、习题参考答案。

本书特点

1. 紧扣教学规律，合理设计图书结构

本书作者多是长期从事网页设计与制作教学工作的一线教师，具有丰富的教学经验，紧扣教师的教学规律和学生的学习规律，全力打造难易适中、结构合理、实用性强的教材。

本书采取"知识要点—相关知识讲解—典型应用讲解—习题—上机练习"的内容结构，在每章的开始处给出本章的主要内容简介，读者可以了解本章所要学习的知识点；在具体的教学内容中既注重基本知识点的系统讲解，又注重学习目标的实用性；每章都设计了"本章习题"和"上机练习"两个模块，既可以让教师合理安排教学内容，又可以让学习者加强实践，快速掌握本章知识。

2. 注重教学实验，加强上机练习内容的设计

网页设计与制作是一门实践性很强的课程，学习者只有亲自动手上机练习才能更好地掌握教材内容。本书根据教学内容统筹规划上机练习的内容，上机练习以实际应用为主线，以任务目标为驱动，增强读者的实践动手能力。

每个上机练习都给出了操作要点提示，既方便读者进行上机练习，也方便任课教师合理安排练习指导。

3. 配套微课视频，让教学更加轻松

为了让读者更轻松地掌握网页设计与制作技术，作者精心制作了配套微课视频。微课

前 言

随着网络技术的发展，社会各个领域对网站开发技术的要求日益提高，人才市场上对网站开发工作人员的需求大大增加。网站开发工作包括市场需求分析、网站策划、网页平面设计、网页页面排版、网络动画设计、网站程序开发、网站的推广等方面，这是一项对开发人员的综合技能要求很高的系统工程。

本书按照教学规律精心设计内容和结构，根据各类院校教学的实际课时安排，结合多位任课教师多年的教学经验进行教材内容的设计，力争教材结构合理、难易适中。

本书可作为各类院校的网页设计与制作教材、各层次职业培训教材，也可作为广大网站开发爱好者的自学指导用书。

关于改版

本书是《网页设计与制作实用教程（Dreamweaver+Flash+Photoshop）（第 2 版）》的修订升级版。《网页设计与制作实用教程（Dreamweaver+Flash+Photoshop）》于 2011 年出版，2013 年升级为第 2 版，前后共重印 12 次，累计发行 5 万多册。由于教材内容新颖、实用，深受广大读者的欢迎，目前全国已有几十所各类院校选择该书作为正式的网页设计与制作教材，许多职业培训机构也采用该书作为培训教材。随着软件新版本的发布以及教材使用经验、读者反馈信息的不断积累，教材的修订迫在眉睫。

本书主要在以下几个方面进行了改进：

（1）采用 Dreamweaver CS6、Flash CS6 和 Photoshop CS6 简体中文版对图书内容重新进行了创作，注重新技术的应用。

（2）对全书的文字叙述进行了优化，使知识叙述得更科学、更清晰。

（3）开发了更加专业的微视频课程，涵盖教材全部内容，方便教师辅助教学。

主要内容

本书涉及网站开发的基础知识、使用 Dreamweaver 制作网页和管理网站的方法、使用 Photoshop 制作网页图像和进行网页平面设计的方法、使用 Flash 制作网络动画的方法。全书共分 12 章，各章节内容介绍如下。

第 1 章学习网站开发的基础知识，包括网站开发概述、网站开发流程、常用网页设计软件、HTML 入门等。

第 2 章学习 Dreamweaver CS6 基础知识，包括 Dreamweaver CS6 的工作环境、建立本地站点、在 Dreamweaver 中制作第一个网页等。

第 3 章学习制作网页内容的知识，包括文字和段落在网页中的应用、图像在网页中的视频完全和教材内容同步，共 20 多小时超大容量的教学内容，全程语音讲解，真实操作演示，让读者一学就会。

不管是教师还是学生，扫描二维码即可在线播放微课视频，这样更加有利于教师的教和学生的学。

本书作者

本书主编为缪亮（负责编写第 1 章～第 6 章）、孙毅芳（负责编写第 7 章～第 12 章），董春波、李鸿雁、杨景花、唐娴、孙翠改、郭刚、张爱文、陈凯、胡伟华、李敏、张海、丁文珂等参与了创作和编写工作，在此表示感谢。另外，感谢开封文化艺术职业学院、聊城幼儿师范学校对本书创作给予的支持和帮助。

相关资源

立体出版计划为读者建构全方位的学习环境。最先进的建构主义学习理论告诉我们，建构一个真正意义上的学习环境是学习成功的关键。学习环境中有真情实境、有协商和对话、有共享资源的支持才能使读者高效率地学习，并且学有所成。因此，为了帮助读者建构真正意义上的学习环境，作者以图书为基础，为读者专门设置了一个图书服务网站。

该网站提供相关图书资讯以及相关资料下载和读者俱乐部，在这里读者可以得到更多、更新的共享资源，还可以交到志同道合的朋友，相互交流、共同进步。

资源网站网址：http://www.cai8.net

微信公众号：itstudy

作 者

2017 年 5 月

目 录

VI

VII

XI

网站开发基础

随着因特网（Internet）的发展和普及，各种各样的 Web 网站正如雨后春笋般出现，网站设计与开发也越来越成为热门的技术领域。本章介绍一些网页设计和网站开发的基础知识。

本章主要内容：

- 网站开发概述
- 网站开发流程
- 常用网页设计软件
- HTML 入门

1.1　网站开发概述

网站开发就是使用网页设计软件经过平面设计、网络动画设计、网页排版等步骤设计出多个页面，这些网页通过一定逻辑关系的超链接构成一个网站。

1.1.1　什么是网站

网站（Website）是指在因特网上根据一定的规则使用 HTML 等工具制作的用于展示特定内容的相关网页的集合。简单地说网站是一种通信工具，就像布告栏一样，人们可以通过网站发布自己想要公开的资讯，或者利用网站提供相关的网络服务。人们可以通过网页浏览器访问网站，获取自己需要的资讯或者享受网络服务。

网站由域名（Domain Name）、网站空间、网页 3 部分组成。网站域名就是在访问网站时在浏览器地址栏中输入的网址，比如 www.cai8.net（课件吧网站的一级域名）、video.cai8.net（课件吧网站的二级域名）。网页是通过 Dreamweaver 等软件制作出来的，多个网页由超链接联系起来。网站空间由专门的独立服务器或租用的虚拟主机承担，网页需要上传到网站空间中才能供浏览者访问。

1.1.2　网站的类型及定位

网站是一种新型媒体，在日常生活、商业活动、娱乐游戏、新闻资讯等方面有着广泛的应用。在进行网站开发之前需要认识各种网站的主要功能和特点，对网站进行定位。下面介绍几种常见的网站类型。

1. 综合门户网站

综合门户网站具有受众群体范围广泛、访问量高、信息容量大等特点，包含了时尚生活、时事新闻、运动娱乐等众多栏目。综合门户网站定位明确，以文字链接为主要内容，版式和色彩较为直观、简洁，以便浏览者在最短的时间内连接到下一级页面。

现在国内综合门户网站的代表是新浪（http://www.sina.com.cn）、搜狐（http://www.sohu.com）、网易（http://www.163.com）和腾讯（http://www.qq.com）等。图 1-1 所示为新浪网站的首页。这类网站的开发和维护是一个庞大的工程，需要专业的开发和管理团队来完成。

图 1-1 综合门户网站

2. 电子商务网站

电子商务网站是目前最具发展潜力的网站类型。电子商务网站可提供网上交易和管理等全过程的服务，因为它具有广告宣传、咨询洽谈、网上订购、网上支付、电子账户、服务传递、意见征询、交易管理等各种功能。

现在国内的电子商务网站的代表是淘宝（http://www.taobao.com）、京东（http://www.jd.com）、苏宁（http://www.suning.com）等。图 1-2 所示为淘宝网站的首页。这类网站的设计重点是网站的产品管理功能和用户的交互功能。

图 1-2 电子商务网站

3. 视频分享网站

视频分享网站通常为用户提供视频播客、视频分享、视频搜索及所有数字视频内容的存储和传输服务，可供用户在线观看最新、最热的电视、电影和视频资讯等。

现在国内的视频分享网站的代表是优酷网（http://www.youku.com）、土豆网（http://www.tudou.com）、酷6（http://www.ku6.com）等。图 1-3 所示为优酷网的主页。

图 1-3　视频分享网站

4. 企业宣传网站

企业宣传网站是网站开发工作中最常见的网站类型，企业借助网站推广企业形象、树立企业品牌、发布企业产品。在这类网站的设计中既要考虑商业性，又要考虑艺术性，因为企业宣传网站是商业性和艺术性的结合。好的网站设计有助于企业树立好的社会形象，更好、更直观地展示企业的产品和服务。

图 1-4 所示为金山软件公司（http://www.kingsoft.com）的网站首页。

图 1-4　企业宣传网站

5. 下载网站

下载网站为用户提供各种资料的下载服务，例如软件、歌曲、影视、图书等内容的下载服务。下载网站的开发重点是资料的管理和分类。

现在国内的下载网站的代表是天空软件（http://www.skycn.com）、霏凡软件（http://www.crsky.com）、太平洋下载（http://dl.pconline.com.cn）等。图 1-5 所示为天空软件的主页。

图 1-5　下载网站

6. 搜索引擎网站

搜索引擎网站是为用户提供内容搜索功能的网站，一般为用户提供新闻、网页、图片、视频、MP3 等内容的快速搜索服务。图 1-6 所示为最大的中文搜索引擎网站——百度（http://www.baidu.com）。搜索引擎网站的页面色彩和布局非常简洁，但是具备强大的搜索功能和丰富的网站内容。

图 1-6　搜索引擎网站

1.1.3　认识网页

网站是由若干网页构成的，这些网页按照一定的逻辑关系形成超链接。下面介绍一下网页的基本知识。

1. 网页的基本元素

网站是一个整体，它由网页及为用户提供的服务构成，网站为浏览者提供的内容通过网页展示出来，使浏览者了解该网站为用户提供的服务及展示的信息，浏览者浏览网站实际上就是浏览网页。网页实际上是由 HTML（Hyper Text Markup Language，超文本标识语言）语言编写的文件。在浏览者浏览网页时浏览器将 HTML 语言翻译成浏览者看到的绚丽多彩的网页。

不同的网页虽然内容千差万别，但是万变不离其宗，所有的网页都是由一些基本元素组成的。下面介绍一下网页中常见的基本元素。

- 文本：文本是网页中最主要的信息载体，浏览者主要通过文字了解各种信息。
- 图片：图片可以使网页看上去更加美观。如果是新闻类或说明类网页，插入图片可以让浏览者更加快速地了解网页所要表达的内容。
- 水平线：在网页中主要起到分隔区域的功能，以使网页的结构更加美观、合理。
- 表格：表格是网页设计过程中使用最多的基本元素。首先，表格可以显示分类数据；其次，使用表格进行网页排版可以达到更好的定位效果。
- 表单：访问者查找一些信息或申请一些服务时需要向网页提交一些信息，这些信息就是通过表单的方式输入到 Web 服务器，并根据所设置的表单处理程序进行加工处理的。表单中包括输入文本、单选按钮、复选框和下拉菜单等。
- 超链接：超链接是实现网页按照一定的逻辑关系进行跳转的元素。在浏览网页时将鼠标指针指向具有超链接的文本或图片，鼠标指针通常会变成小手的形状。
- 动态元素：现在网页中的动态元素丰富多彩，包括 GIF 动画、Flash 动画、滚动字幕、悬停按钮、广告横幅、网站计数器等。这些动态元素使网页不再是一个静止的画面，可以说动态元素赋予了网页生命力，使网页活了起来。

2. 网站首页的基本结构

网站首页是一个网站的门面，是构成网站的最重要的网页。一般情况下，访问者在浏览器窗口的地址栏中输入网站的网址后默认打开的就是网站的首页。图 1-7 就是一个制作完成的网站首页（http://www.cai8.net），其中包括了网站标志（Logo）、广告条（Banner）、导航栏、主体正文和版权信息等。

- Logo：Logo 的本意是标志、徽标。如果说一个网站是一个企业的网上家园，那么 Logo 就是企业的名片，是网站的点睛之处。网站的 Logo 有两种，一种是图 1-7 所示的网页左上角的标志 Logo，另一种是和其他网站交换链接时使用的链接 Logo。
- Banner：Banner 的本意是旗帜。网站上的广告有很多种，常见的有 Banner 广告、浮动广告、弹出窗口广告、文字广告、幻灯片广告等，由于一般都将 Banner 广告条放置在网页的最上面，所以 Banner 广告条的广告效果可以说是最好的。Fireworks、Photoshop、Flash 等软件都可以用来制作 Banner，其中使用 Flash 制作出的广告效果最具冲击力，因为它能打造出酷炫的动态视觉效果，大大激起访问者点击广告的欲望。
- 导航栏：导航栏就像是网站的提纲一样，它统领着整个网站的各个栏目或页面。它也是设计者最关心的问题之一，因为导航栏不仅要美观大方，而且要方便易用，这

网站开发基础

样才能让网站的访问者比较轻松地找到想要查看的网页内容。导航栏的设计方法有很多种。

图 1-7 网站首页

- 横幅广告：横幅广告的作用与 Banner 广告类似，只不过尺寸都比较大，适合在宣传网页重点内容和一些商业产品广告的时候使用。
- 主体正文：主体正文部分展示网页最重要的内容，它将最大限度地呈现网页所包含的信息，以传达到访问者的眼中。这部分也是访问者最关心的内容，所以它的设计风格要由网页内容来决定，或沉稳大方，或轻松明快，都要考虑到访问者的阅读体验，尽量使浏览网页的过程是一个美好奇妙的旅程，这样才能吸引更多的访问者或"回头客"。
- 友情链接：友情链接是指各网站互相在自己的网站上放对方网站的链接。注意，必须要能在网页代码中找到网址和网站名称，而且在浏览网页的时候能显示网站名称，这样才叫友情链接。友情链接是网站流量来源的根本。
- 版权栏：这部分主要显示网站的版权信息，包括网站管理员的联系地址或电话、ICP

备案信息等内容。

1.2　网站开发流程

建立网站是一个系统、复杂的工程项目，本节主要介绍网站的开发流程，以使读者对网站开发有一个概括的认识。

1.2.1　网站总体策划

在建立网站之前应该对自己的网站有一个总体的策划和设计，明确网站的主题，再根据网站主题进一步设计网站的整体风格、网页的色彩搭配、网站的层次结构等内容。

1. 目标用户的定位和网站主题的定位

只有确定了网站的主题和浏览网页的对象才能在网站的内容选取、美工设计、划分栏目等方面尽力做到合理，并吸引更多的浏览者。

按照访问对象的兴趣把网站内容收集起来加以分类整理就可以大致确定站点的主题和发展方向了，但切忌内容的面面俱到，太多、太杂的内容反而会给浏览者查找信息带来很大的不便。

2. 网站的整体风格的创意设计

确定了网站的主题和浏览群就可以确定网站的风格了。一个好的创意加上一定基础的美工会使网站收到意想不到的效果，大大增加网站浏览者的回头率。风格（Style）是非常抽象的概念，往往要结合整个站点来看，而且不同的人审美观不同，对于风格的喜好也很不同。所以想使每一个人都满意是不可能的，重要的是先让自己满意（当然自己的满意有很大程度是建立在访问者满意上的），再照顾忠实的支持者。不管用什么风格，风格永远是为主题服务的，也就是要让它做好衬托气氛的任务，而不是单纯地照搬照抄别人的特色。

整个网站应该使用统一的风格，包括背景颜色、字体大小、导航栏、版权信息、标题、注脚、版面布局，甚至文字说明使用的语气都要注意前后一致，或者说前后协调。

3. 网页的色彩搭配

色彩在网站形象中具有重要地位，通常新闻类的网站会选择白底黑字，不仅是因为这种方式对网络带宽要求最低，更多的是因为人们平时习惯于这样阅读报纸，所以在潜意识中这种色彩把新闻传达到人脑海的效率最高。在古董类网站中，色彩的搭配又会有一定的差异，色彩的搭配要尽量古朴一些，更要符合民族的一些特色。

根据网站的不同类型选定主体色，背景色选择与之相协调的色彩进行搭配，在满足浏览者视觉美感的同时又给他们一个识别信号来帮助浏览者对网站类型进行判断。

网站色彩总的应用原则是"总体协调，局部对比"。主页的整体色彩效果应该是和谐的，只有局部的、小范围的地方可以有一些强烈色彩的对比。在色彩的运用上可以根据主页内容的需要分别采用不同的主色调，因为色彩具有象征性，如嫩绿色、翠绿色、金黄色、灰褐色可以分别象征春、夏、秋、冬；其次还有职业的标志色，如军警的橄榄绿、医疗卫生的白色等；色彩还具有明显的心理感觉，如冷、暖的感觉，进、退的效果等；另外色彩还有民族性，各民族由于环境、文化、传统等因素的影响对色彩的喜好也存在着较大的差异。总之，充分运用色彩的这些特性可以使主页具有深刻的艺术内涵，从而提升主页的文化品位。

下面介绍几种色彩选配方案。

（1）暖色调：即红色、橙色、黄色、赭色等色彩的搭配。这种色调的运用可以使主页呈现温馨、和煦、热情的氛围。

（2）冷色调：即青色、绿色、紫色等色彩的搭配。这种色调的运用可以使主页呈现宁静、清凉、高雅的氛围。

（3）对比色调：即把色性完全相反的色彩搭配在同一个空间里，例如红与绿、黄与紫、橙与蓝等。这种色彩的搭配可以产生强烈的视觉效果，给人靓丽、鲜艳、喜庆的感觉。当然，对比色调如果用得不好会适得其反，产生俗气、刺眼的不良效果。这就要把握"大调和，小对比"的重要原则，即总体的色调应该是统一、和谐的，局部的地方可以有一些小的强烈对比。

4. 网站的层次结构和链接结构

建立一个网站好比写一篇文章，只有拟好提纲，文章才能主题明确、层次清晰；也好比造一座高楼，只有设计好框架图纸才能使楼房结构合理。

根据网站的主题需要和自己的实际能力来确定网站的栏目、导航层次及具体内容。在策划时还需要考虑技术实现的难易程度、自己的时间和精力以及一些网站资料的来源等问题。

在确定具体栏目后就可以建立网站的文件目录。一个网站的内容会随着不断的更新而不断增多，如果把所有的文件都放在根目录中会给日后的管理和更新带来很多的不便，因此有必要在根目录中建立多个子目录，以存放各栏目的相关文件。

5. 版面布局设计

网页的版面布局设计是一个网站成功与否的关键，特别是网站首页的版面布局更为重要，访问者往往看到首页就已经对网站有一个整体的感觉。首页是全站内容的目录，是一个索引。一般在首页上可放置网站标志（Logo）、广告条（Banner）、主菜单（Menu）、搜索栏（Search）、友情链接（Links）、计数器（Count）、版权（Copyright）等模块。

可以根据具体需要先确定在首页上放置的内容模块，然后拿起笔在纸上画出首页布局的草图，设计完后还可以根据实际情况进行调整并最终定案。图 1-8 所示为一个网站的首页布局规划效果图。

1.2.2　设计和制作素材

在网站策划好以后，下面的工作就是搜集和制作网页中所需要的素材，包括网站 Logo、Banner 的制作，网页内容的相关资料，以及页面中所需的特效代码的准备等，可以把素材放置在相应的文件夹，以方便制作和日后的管理。

搜集的素材一般包括以下内容：

- 跟主题相关的文字、图片资料。
- 一些优秀的页面风格。
- 开放的源代码。

Logo	Banner
导航栏	
公告栏	精彩内容推荐
横幅广告位	
图文教程	视频教程
课件下载	远程网校
友情链接	
版权栏	

图 1-8　一个网站首页的布局规划

　　另外，还有一些素材是需要自己设计和制作的，包括网站的 Logo、Banner、背景图片、列表图标、横幅广告等。这些素材的制作通常会使用 Photoshop、Fireworks 和 Flash 来完成。

　　在网站所需要的素材制作完成以后还需要分门别类地把它们组织起来，存储在各个类别的文件夹中，以便于今后制作网站时的应用和管理。

1.2.3　建立站点

1. 安装 IIS 和配置 Web 服务器

　　IIS 是使用比较广泛、支持 ASP 程序的 Web 服务器，要想在本地计算机上模拟 Internet 上的 Web 服务器的工作模式，必须在自己的计算机上安装 IIS 组件，并且根据具体需要将 Web 服务器配置好。安装 IIS 和配置 Web 服务器的具体方法请参看附录 B。

2. 在 Dreamweaver 中创建站点

　　制作网站不是直接制作一些网页，然后随便放在一起那么简单，Internet 上提供给用户浏览的网页文件是经过组织分门别类地放在各个文件夹中后全部存储在站点中的。Dreamweaver 是功能强大的创建和管理站点工具，在制作具体的网页前必须在 Dreamweaver 中创建站点。

　　在 Dreamweaver 中创建好的站点都是通过"文件"面板进行编辑和管理的，如图 1-9 所示。

1.2.4　制作网页

1. 创建 CSS 样式

　　CSS 是整个网站外观风格的灵魂，CSS 可以使整个网站风格做到统一、协调，并且在

网站开发基础

修改网站风格时只需要修改 CSS 文件即可，这样极大地提高了网站的制作效率。

2. 制作网站首页

（1）对首页进行布局：可以利用传统的布局表格方式对首页进行布局，也可以采用表格+CSS 方式或者 DIV+CSS 方式对首页进行布局。在布局时根据前期的规划将首页划分为顶部信息区（Logo、Banner、导航栏等）、主要内容区（分栏布局，展示首页的主要内容）、底部信息区（友情链接、版权栏等）。

（2）添加网页内容：根据版面布局在各个布局区域添加相应的网页内容，并用相应的 CSS 规则进行控制。

3. 制作网站的其他页面

整个站点的主页面和其他页面应该保持统一的风格，如果反差很大，会给人一种不协调的感觉，其他各个页面之间的布局也应该基本保持一致。可以为站点创建一个模板，这样既能统一整个网站的风格布局，也可以在制作时省去很多重复的劳动，大大减少了工作量。

图 1-9 "文件"面板显示站点结构

4. 制作超链接

在制作完所有的页面后还需要将主页面和其他页面进行链接，使浏览者在主页面中能够方便地通过链接跳转到其他页面中。另外，如果其他页面之间有跳转关系，那么也应该添加超链接。

专家点拨： 在制作网页时应尽量做到以下原则。
- 醒目性：指用户把注意力集中到重要的部分和内容。
- 可读性：指网站的内容让人容易读懂。
- 明快性：指准确、快速地展示网站的构成内容。
- 造型性：维持整体外形上的稳定感和均衡性。
- 创造性：有鲜明个性，创意必不可少。

1.2.5　测试和发布网站

网站建好以后只有发布到 Internet 上才能够让更多的人浏览。在发布网站之前还必须要做一个工作，那就是测试网站，如测试网页内容、链接的正确性和在不同浏览器中的兼容性等，以免上传后出现这样或那样的错误，给修改带来不必要的麻烦。

经过详细的测试，并完成最后的站点编辑工作之后就可以发布站点了。首先需要申请站点的国际域名和租用服务器空间，然后通过 FTP 工具把网站上传到服务器上，这样就可以让世界上每一个角落的访问者浏览到站点的内容了。

1.3　常用网页设计软件

制作网页需要专业的网页设计工具，最常用的工具是 Dreamweaver，借助这个软件可以方便地对网页进行设计和排版。网页中的图片需要使用 Photoshop 或 Fireworks 进行设计和编辑，网络动画需要用动画制作软件 Flash 进行设计和制作。

1. 网页制作与网站管理软件——Dreamweaver

Dreamweaver 是一个"所见即所得"的网页制作和网站管理开发工具，利用 Dreamweaver 可以设计、开发并维护符合 Web 标准的网站和应用程序。无论网站开发者是喜欢直接编写 HTML 代码的驾驭感还是偏爱在可视化编辑环境中工作，Dreamweaver 都会提供帮助良多的工具，并能丰富用户的 Web 创作体验。

Dreamweaver CS6 简体中文版的工作窗口如图 1-10 所示。Dreamweaver CS6 是 Adobe 公司推出的软件版本，加强了对 Web 标准的支持，使创建符合 Web 标准的站点更加容易。

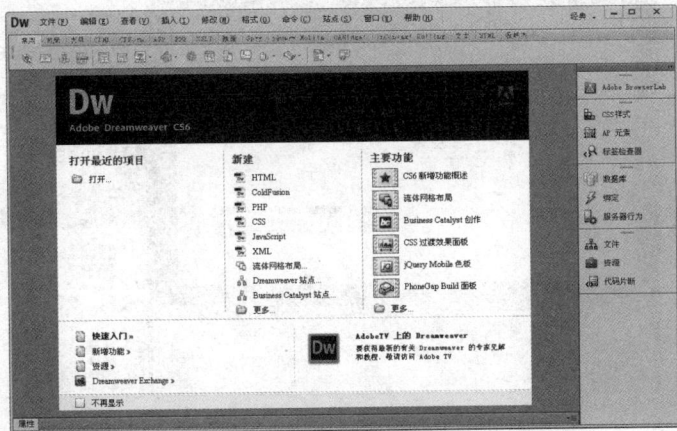

图 1-10　Dreamweaver CS6 软件的工作窗口

2. 平面设计软件——Photoshop

Photoshop 是一款用于图像处理和平面设计的专业处理软件，它功能强大、实用性强，不仅具备编辑矢量图形与位图图像的灵活性，还能够与 Dreamweaver 和 Flash 软件高度集成，成为设计网页图像的最佳选择。图 1-11 所示为 Photoshop CS6 简体中文版的工作窗口。

图 1-11　Photoshop CS6 软件的工作窗口

网站开发基础

3. 网页图片设计与切图软件——Fireworks

Fireworks 以处理网页图像为特长，并可以轻松创作 GIF 动画。利用 Fireworks 可以设计制作专业的网页图像和其他网页元素（比如导航条、网页按钮、GIF 动画等），并且 Fireworks 可以与 Dreamweaver 结合在一起进行网站开发。Fireworks 软件的工作窗口如图 1-12 所示。

图 1-12　Fireworks 软件的工作窗口

4. 网页动画设计软件——Flash

Flash 是网页三剑客之中的"闪电"，其以制作网页动画为特长，用它做出的动画效果是其他软件无法比拟的。利用 Flash 可以制作简单的网页动画、交互式动画、包含声音效果的动画，甚至可以制作包含视频内容、复杂演示文稿和应用程序以及介于它们之间的任何内容。Flash CS6 简体中文版的工作窗口如图 1-13 所示。

图 1-13　Flash CS6 软件的工作窗口

1.4 HTML 入门

在 Internet 上浏览的一个个精美网页都是用超文本标记语言——HTML 制作而成的，本节介绍 HTML 的基础知识。

1.4.1 HTML 的概念

HTML（Hyper Text Markup Language）即超文本标记语言，是一种用来制作超文本文档的简单标记语言。所谓超文本，是指用 HTML 创建的文档可以加入图片、声音、动画、影视等内容，并且可以实现从一个文件跳转到另一个文件，与世界上各地主机的文件连接。

下面进行具体操作。

（1）打开 IE（Internet Explorer）浏览器，在地址栏中输入网易的网址"http://www.163.com"，按 Enter 键后网易网站的首页就呈现在面前，如图 1-14 所示。

（2）现在查看一下这个精美网页的源文件代码。在 IE 浏览器窗口中选择"查看"|"源文件"命令会弹出一个记事本文件，如图 1-15 所示，可以看到网页的源文件由一行行代码组成，这些就是 HTML 代码。

图 1-14 网易网站的首页

图 1-15 网页源文件代码

网站开发基础

专家点拨：用 HTML 编写的超文本文档称为 HTML 文档，它能独立于各种操作系统平台（如 UNIX、Windows 等）。自 1990 年以来 HTML 就一直被用作 WWW（World Wide Web）的信息表示语言，用于描述网页的格式设计和它与 WWW 上其他网页的链接信息。使用 HTML 语言描述的文件需要通过 WWW 浏览器显示出效果。

1.4.2 编写 HTML 网页

了解 HTML 文档的代码结构是学习网页制作的基础，下面从一个简单的实例开始认识 HTML。

（1）单击"开始"按钮，选择"程序"|"附件"|"记事本"命令运行"记事本"程序，在"记事本"窗口中输入以下内容：

```
<html>
<head>
<title>欢迎光临我的第一个网页</title>
</head>
<body>
这是第一个简单网页！
</body>
</html>
```

（2）选择"文件"|"保存"命令，在弹出的"另存为"对话框中选择要保存的路径，在"文件名"文本框中输入文件名"myweb001.html"，如图 1-16 所示。

图 1-16 "另存为"对话框

专家点拨：在"文件名"文本框中输入文件名时一定要输入网页文件的扩展名 .html（或者 .htm），这样保存的文件才是 HTML 网页文档。如果这里不输入 .html（或者 .htm），那么系统默认会将文件保存为文本文件（TXT 文件）。

（3）打开"资源管理器"窗口，根据刚才保存网页的位置找到 myweb001.html 文件，如图 1-17 所示。

图 1-17　在"资源管理器"窗口中定位文件

（4）双击 myweb001.html 文件图标，系统会自动启动 IE 浏览器并打开这个网页文件，IE 窗口中显示的网页效果如图 1-18 所示。

图 1-18　编写的网页效果

1.4.3　HTML 标签

HTML 文档是在普通文件中的文本上加上标签，使其达到预期的显示效果。当浏览器打开一个 HTML 文档时会根据标签的含义显示 HTML 文档中的文本，其中标签由"<标签名称 属性>"来表示。

HTML 标签的结构形态有以下几种。

1）<标签> 元素 </标签>

标签的作用范围是从<标签>开始到</标签>结束。例如<h2>demo</h2>，其作用就是将 demo 这段文本按<h2>标签规定的含义来显示，即以 2 号标题来显示，而<h2>和</h2>之外的文本不受这组标签的影响。

2）<标签 属性名 ="属性值"> 元素 </标签>

其中属性往往表示标签的一些附加信息，一个标签可以包含多个属性，各属性之间无先后次序，用空格分开。例如：

```
<body background="back_ground.gif" text="red">hello</body>
```

这是一个 body 标签，其中 background 属性用来表示 HTML 文档的背景图片，text 属性用来表示文本的颜色。

3）<标签>

标签单独出现，只有开始标签没有结束标签，也称为"空标签"。

在前面编写的第一个 HTML 文档中可以明显地看到网页代码是由 4 对双标签组成的。

- <html>和</html>：这对标签在最外层，表示在这对标签里面的代码是 HTML 语言。现在也有一些网页省略了这对标签，这是因为".html"或".htm"文件被 Web 浏览器默认为是 HTML 文档。
- <head>和</head>：在这对标签里的内容是网页中的头部信息，如网页总标题、网页关键字等，若不需要头部信息可省略此标签。
- <title>和</title>：在<head>和</head>这对双标签之间还包含着<title>和</title>这样一对标签。<title>和</title>里面包含的内容"欢迎光临我的第一个网页"就是呈现在网页中的标题，标题会出现在 IE 浏览器窗口的标题栏中，如图 1-19 所示。

图 1-19　网页标题

- <body>和</body>：这对标签之间的"这是第一个简单网页！"部分就是在网页中实际看到的内容。<body>和</body>之间是网页的主体内容部分，大部分 HTML 标签都包含在<body>和</body>之间。

1.4.4　HTML 文档的基本结构

HTML 文档分"文件头"和"文件体"两部分，在文件头里对这个文档进行了一些必要的定义，在文件体中才是要显示的各种文档信息。HTML 文档的结构如下：

```
<html>
    <head>
        头部信息，如标题
    </head>
    <body>
        在这里放置网页的内容，包括文本、超链接、图像、动画等
```

```
    </body>
  </html>
```

其中，\<html\>在最外层，表示这对标签间的内容是 HTML 文档。一些 HTML 文档省略了\<html\>标签，因为扩展名为.html 或.htm 的文件被 Web 浏览器默认为是 HTML 文档。\<head\>与\</head\>之间包括文档的头部信息，如文档的标题等，若不需要头部信息可省略此标签。\<body\>标签一般不省略，表示正文内容的开始。

例如下面是一个简单的超文本文档，使用 HTML 的一些常用标签，如标题、字体等。

```
<html>
<head>
<title>一个简单的HTML文档</title>
</head>
<body>
    <h1>欢迎光临</h1>
    <br>
    <font size="5"  face="华文行楷"  color="red">
        这是我的第一个主页，欢迎大家的访问！
    </font>
</body>
</html>
```

该代码的输出结果页面如图 1-20 所示。

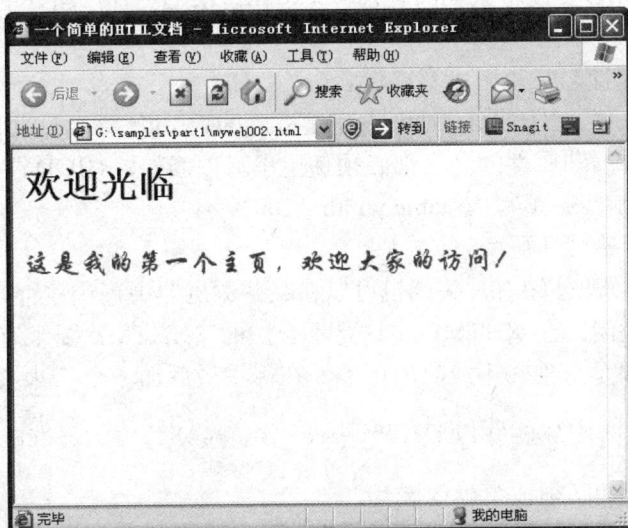

图 1-20　网页效果

1.4.5　了解 XHTML

HTML 的语法要求比较松散，对于网页编写者来说比较方便，但对于机器来说语言的语法越松散处理起来越困难，对于传统的计算机来说还有能力兼容松散的语法，但对于许

网站开发基础

多其他设备（比如移动电话、手持设备等）难度就比较大。

例如下面的网页代码不符合 HTML 规则，但它依然可以在计算机的浏览器中工作得很好。

```
<html>
<head>
<title>这是一个不符合规则的HTML代码</title>
<body>
    <h1>网站简介
</body>
```

如果将这样糟糕的网页代码放在移动设备（比如手机）的浏览器中运行，那么就会出现问题。为了解决这样的兼容问题，XML 语言应运而生。XML 是一种标记语言，其中所有的东西都要被正确地标记，以产生形式良好的文档。

由于大量的 HTML 网页的存在，立即将 HTML 网页都升级成 XML 网页是不现实的。通过把 HTML 和 XML 各自的长处加以结合，得到了在现在和未来都能派上用场的标记语言——XHTML（eXtensible HyperText Markup Language，可扩展超文本标记语言）。XHTML 可以说是由 HTML 技术向 XML 技术转变的过渡技术。

XHTML 可以被所有支持 XML 的设备读取，同时在所有浏览器升级至支持 XML 之前使网页设计者有能力编写出拥有良好结构的文档，这些文档可以很好地工作于所有的浏览器，并且可以向后兼容。

XHTML 和 HTML 并没有太大的区别，只是在语法上更加严格。下面介绍一下它们的不同之处。

（1）标签名和属性名必须用小写字母。

和 HTML 不一样，XHTML 对大小写是敏感的，<title>和<TITLE>是不同的标签。XHTML 要求所有标签和属性的名字都必须使用小写。例如，<BODY>必须写成<body>、<table WIDTH="100%">必须写成<table width="100%">。

（2）XHTML 标签必须被关闭。

在 HTML 中标签即使没有被关闭也可以在某些浏览器中正确运行，例如有<p>但不一定写对应的</p>来关闭。在 XHTML 中这是不合法的，XHTML 要求有严谨的结构，所有标签必须关闭。如果是单独、不成对的标签，在标签最后加一个"/"来关闭它。例如：

```
<img height="80" alt="网页设计师" src="logo001.gif" width="200"/>
```

（3）XHTML 元素必须被正确地嵌套。

XHTML 要求有严谨的结构，因此所有的嵌套都必须按顺序，以前用 HTML 这样写的代码：

```
<p><b>欢迎大家访问</p></b>
```

必须修改为：

```
<p><b>欢迎大家访问</b></p>
```

也就是说一层一层的嵌套必须是严格对称。

（4）XHTML 文档必须拥有根元素。

所有的 XHTML 元素必须被嵌套于<html>根元素中，其余所有的元素均可有子元素。子元素必须成对且被嵌套在其父元素之中。基本的文档结构如下：

```
<html>
<head>…</head>
<body>…</body>
</html>
```

专家点拨：本书重点介绍的 Dreamweaver CS6 就是一种默认支持 XHTML 的网站开发软件，由它创建的 HTML 文档就是一种基于 XHTML 技术的文档。

1.5 本 章 习 题

一、选择题

1．构成网页的基本元素主要有文本、图片、水平线、（　　　）、表单、超链接及各种动态元素。

  A．表格   B．文件   C．实物   D．纸张

2．静态网页主要是用 HTML 编写而成的，这种网页文档的扩展名为（　　　）。

  A．.txt   B．.exe   C．.html   D．.bmp

3．在浏览网页时网页标题会出现在 IE 浏览器窗口的标题栏中，网页标题是由（　　　）标签定义的。

  A．<html> </html>   B．<head> </head>

  C．<body> </body>   D．<title> </title>

二、填空题

1．网站首页是一个网站的门面，是构成网站的最重要的网页。一般情况下，网站首页包括网站标志（Logo）、广告条（Banner）、_____、主体内容和版权信息等内容。

2．色彩在网站形象中具有重要地位，在设计网站时比较常见的配色方案类型包括暖色调、冷色调和_____。

3．HTML 是英文_____的缩写，中文意思是_____，它是一种用来制作超文本文档的简单标记语言。

1.6 上 机 练 习

练习 1　网站的规划

自己拟定一个主题进行网站的总体规划，画出网站首页的布局草图并写出大致的规划方案。

练习 2　用 HTML 编写网页文档

打开"记事本"程序，用 HTML 编写一个简单的网页文档。

第2章 | Dreamweaver 网页制作基础

Dreamweaver 是一款专业的 HTML 编辑器,用于对 Web 站点、Web 页和 Web 应用程序进行设计、编码和开发。Dreamweaver 中的可视化编辑功能和功能强大的编码环境使不同层次的网页制作者都能拥有更加完美的 Web 创作体验。

本章主要内容:

- Dreamweaver CS6 的工作环境
- 建立本地站点
- 在 Dreamweaver 中制作第一个网页

2.1 Dreamweaver CS6 的工作环境

与 Dreamweaver 前面的版本相比,Dreamweaver CS6 包含有一个崭新、高效的工作环境,且功能也得到了较大的改进。

2.1.1 开始页

单击"开始"按钮,选择"程序"| Adobe | Adobe Dreamweaver CS6 命令启动 Dreamweaver 软件。如果是首次启动 Dreamweaver,会出现一个"默认编辑器"对话框,如图 2-1 所示。在这个对话框中可以设置哪些文件类型默认用 Dreamweaver 打开并进行编辑。

图 2-1 "默认编辑器"对话框

单击"确定"按钮后开始初始化操作,完成初始化后屏幕上会出现一个 Dw 窗口,如图 2-2 所示。

在此窗口中显示一个开始页,在其中可以快速地选择以何种方式来使用 Dreamweaver 软件。例如打开最近使用过的文件或已有文件;或是创建某一类型的新文件;或是获取 Dreamweaver 软件的主要功能等。

图 2-2　Adobe Dreamweaver CS6 窗口

专家点拨：如果要隐藏开始页，可以选中"不再显示"复选框，然后在弹出的对话框中单击"确定"按钮，这样下次启动 Dreamweaver 软件时就不再显示开始页。如果再次显示开始页，选择"编辑"|"首选参数"命令，打开"首选参数"对话框，然后在"常规"选项卡下的"文档选项"区域中选中"显示欢迎屏幕"复选框即可。

2.1.2　Dreamweaver 软件界面

在"开始页"中选择"新建"列表中的 HTML，这样就启动了 Dreamweaver CS6 的工作窗口并新建一个网页文档，如图 2-3 所示。

图 2-3　Dreamweaver CS6 工作窗口（经典模式）

21

第 2 章

Dreamweaver 网页制作基础

利用工作区切换器可以切换 Dreamweaver CS6 窗口的显示模式。单击工作区切换器可以弹出一个下拉菜单，里面包含若干种窗口模式，如图 2-4 所示。用户可以根据需要选择一种合适的工作窗口模式。

菜单栏是使用 Dreamweaver CS6 最基本的渠道，绝大多数功能都可以通过菜单访问。但有时使用菜单不太方便，因此 Dreamweaver CS6 提供了工具栏、面板等控件来简化操作。

在 Dreamweaver CS6 菜单栏下面是插入工具栏，这个工具栏中列出了可以插入到网页中的页面元素，如图 2-5 所示。

插入工具栏中含有若干个选项卡，单击"常用""布局""表单"等标签可以切换到相应的选项卡，每个选项卡中包含不同的工具命令按钮。例如切换到"布局"选项卡，如图 2-6 所示。

图 2-4　工作区切换器

图 2-5　插入工具栏

图 2-6　切换到"布局"选项卡

专家点拨： 在经典模式下，菜单栏下面显示插入工具栏。如果在其他窗口模式（比如设计器模式）下，插入工具栏不再显示在菜单栏下，而是作为一个面板包含在面板组中，如图 2-7 所示。

图 2-7　插入面板

文档工具栏中包含一些按钮，它们提供各种文档窗口视图（如设计视图和代码视图）的选项、各种查看选项和一些常用操作（如在浏览器中预览）。

在 Dreamweaver CS6 工作窗口的下端是"属性"面板，使用"属性"面板可以很容易地设置页面中元素最常用的属性，从而提高了制作网页的效率，如图 2-8 所示。

图 2-8 "属性"面板

专家点拨："属性"面板是一个智能化的控件。当选定不同对象时"属性"面板中会出现不同的设置参数，针对此面板的使用在后面的章节中会陆续介绍。

"属性"面板上面是标签选择器，这里显示环绕当前选定内容的标签的层次结构。单击该层次结构中的任何标签可以选择该标签及其全部内容。

在 Dreamweaver CS6 界面右侧有一些面板组，每个面板组内部含有若干个面板，面板组可以折叠或者展开，处于折叠状态的面板组如图 2-9（a）所示。这时每个面板都显示为一个缩略图，单击缩略图可以展开相应的面板，如图 2-9（b）所示。再次单击缩略图可以折叠面板。

（a）　　　　　　　　　　　　　（b）

图 2-9 面板组的折叠和展开

2.1.3 自定义界面

针对不同的用户需要，Dreamweaver CS6 提供了多种预定义的界面方案。例如，选择"窗口"|"工作区布局"|"编码器"命令进入编码器模式，这种界面比较适合习惯编写代码的用户使用，如图 2-10 所示。

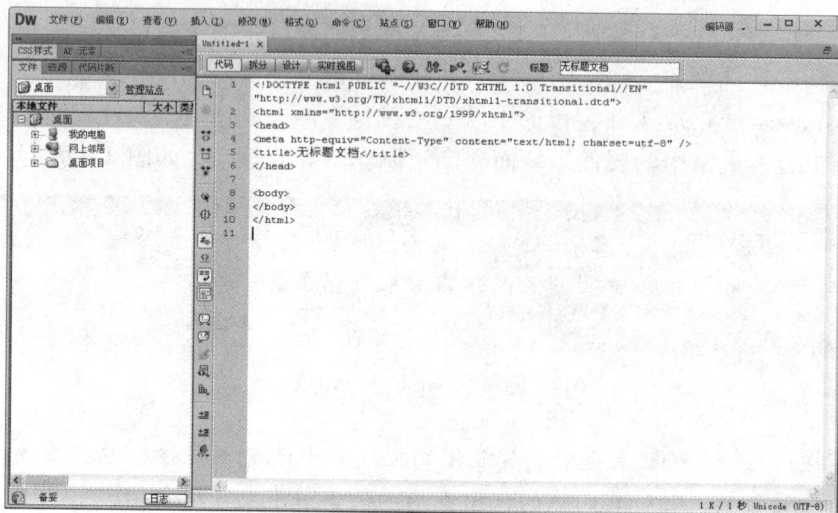

图 2-10　编码器界面方案

专家点拨：如果想返回到默认的设计器界面，选择"窗口"|"工作区布局"|"设计器"命令即可。

如果用户自己对界面进行了自定义，并且希望自己的界面定义能够保留下来，可以选择"窗口"|"工作区布局"|"新建工作区"命令，在弹出的"新建工作区"对话框中设置"名称"为"我的界面布局"，然后单击"确定"按钮，如图 2-11 所示。

选择"窗口"|"工作区布局"|"管理工作区"命令，弹出"管理工作区"对话框，在这个对话框中可以对自定义的工作区进行管理，比如删除、重命名工作区，如图 2-12 所示。

图 2-11　新建工作区

图 2-12　管理工作区

2.1.4　Dreamweaver 的视图模式

文档工具栏位于新建或者打开的网页文档的上方，如图 2-13 所示。这个工具栏主要用来切换视图模式、编辑标题、检查文件兼容性、预览网页以及上传和下载等。

图 2-13　文档工具栏

在文档工具栏中单击"代码"按钮 代码 ，可以看到文档编辑区中显示页面的 HTML 代码，如图 2-14 所示。

图 2-14　代码视图

专家点拨：在代码视图中可以直接输入网页代码，或者利用 Dreamweaver 提供的代码工具编辑网页代码。

在文档工具栏中单击"设计"按钮 设计 可以切换到设计视图模式，文档编辑区中将显示网页的预览效果，如图 2-15 所示。

图 2-15　设计视图

专家点拨：在设计视图中以所见即所得的方式编辑网页，制作者只需利用 Dreamweaver 提供的设计工具直接插入和编辑网页中的元素，系统会自动生成 HTML 代码。

在文档工具栏中单击"拆分"按钮 拆分 可以切换到拆分视图模式，此时文档编辑区将会分成两个部分，左半部分显示代码，右半部分显示网页在浏览器中的预览效果，如图 2-16 所示。

Dreamweaver 网页制作基础

专家点拨： 在拆分视图中既可以直观地编辑网页中的元素，又可以观察到相关的代码，这样有利于更加灵活地编辑网页。

图 2-16　拆分视图

在文档工具栏中单击"实时视图"按钮 实时视图 可以切换到实时视图下，如图 2-17 所示。实时视图与设计视图的不同之处在于它提供页面在某一浏览器中的不可编辑的、更逼真地呈现外观。"实时视图"按钮不替换"在浏览器中预览"命令，而是在不必离开 Dreamweaver 工作区的情况下提供另一种实时查看页面外观的方式。

图 2-17　实时视图

进入实时视图后设计视图保持冻结的同时代码视图保持可编辑状态，因此可以更改代码，然后刷新实时视图以查看所进行的更改是否生效。在处于实时视图时可以使用其他用于查看实时代码的选项。

在文档工具栏中单击"实时代码"按钮 实时代码 可以切换到实时代码视图下，如图 2-18 所示。实时代码视图类似于实时视图，用来显示浏览器为呈现页面而执行的代码版本。与实时视图类似，实时代码视图是非可编辑视图。

图 2-18 实时代码视图

2.2 建立本地站点

在制作网页之前必须先建立本地站点，这对于创建和维护网站是至关重要的。建立本地站点就是在自己的计算机硬盘上建立一个目录，然后将所有与制作网页相关的文件都存放在里面，以便进行网页的制作和管理。因此，站点可以理解成属于同一个 Web 主题的所有文件的存储地点。

2.2.1 创建站点目录

站点目录结构的好坏对浏览者并没有太大的影响，但是对于站点本身的上传和维护、内容的更新和移动有较大的影响，因此在建立站点目录时应该注意以下几点：

- 不要将所有的文件都存放在根目录下，否则容易混淆，不利于管理和上传。
- 按照文件的类型建立不同的子目录。
- 目录的层次不能太深。
- 目录命令要得当，不能使用中文或者过长的目录名。

按照以上原则在自己的计算机硬盘上新建一个目录，例如建立 "G:\samples"，用于存放所有站点文件。然后在 samples 目录下新建一个名字为 images 的子目录，用于存放站点所需要的图片。接着在 samples 目录下新建一个名字为 part2 的子目录，用于存放制作好的页面文件，如图 2-19 所示。

2.2.2 在 Dreamweaver 中定义站点

下面在 Dreamweaver CS6 中一步步完成站点的定义。

（1）选择"站点"|"新建站点"命令，弹出"站点设置对象 未命名 1"对话框，在"站点名称"文本框中输入站点的名称为 my_web。

Dreamweaver 网页制作基础

图 2-19　站点目录

（2）单击"本地站点文件夹"文本框右侧的文件夹图标■，在弹出的"选择根文件夹"对话框中选择"G:\samples"，然后单击"选择"按钮返回，如图 2-20 所示。

图 2-20　设置站点名称和本地站点文件夹

专家点拨： 网站的文件夹名称及文件名称可以选用容易理解网页内容的英文名（或拼音），最好不要使用大写或中文。这是由于很多网站服务器使用 UNIX 操作系统，该操作系统对大小写敏感，且不能识别中文文件名。

（3）在"站点设置对象 my_web"对话框中单击左侧窗格中的"服务器"，可以进行远程服务器的设置，如图 2-21 所示。这里先不做任何设置。

（4）在"站点设置对象 my_web"对话框中单击左侧窗格中的"高级设置"前面的三角按钮展开下级列表，选择"本地信息"选项，如图 2-22 所示。单击"默认图像文件夹"文本框右侧的文件夹图标■，在弹出的"选择图像文件夹"对话框中选择"G:\samples\images"，然后单击"选择"按钮返回，这样设置以后站点中的网页文件中的图像会自动保存在默认图像文件夹中。

图 2-21　设置服务器

图 2-22　设置本地信息

专家点拨：“高级设置”下面的其他选项都保持默认设置，这里不做改变。用户可以选择这些选项，然后在右边查看它们的功能。

（5）单击“保存”按钮完成站点的定义，站点定义之后可以看到“文件”面板中列出了站点中的目录结构，如图 2-23 所示。如果“文件”面板没有显示在窗口中，可以选择“窗口”|“文件”命令将其显示出来。

图 2-23　站点建立后的“文件”面板

专家点拨：以上操作步骤仅仅介绍了定义站点向导提供的最基本的设置，还有很多设置涉及服务器技术的选用以及利用 Dreamweaver 开发动态网站时开发语言的选择等。因为与本书内容关联不大，所以这里不再赘述。

2.3　在 Dreamweaver 中制作第一个网页

Dreamweaver 提供了强大的网页制作功能，利用它制作网页十分方便。本节使用 Dreamweaver CS6 制作一个简单的网页。

2.3.1　新建 HTML 网页文档

（1）单击"开始"按钮，选择"程序"| Adobe | Adobe Dreamweaver CS6 命令启动 Dreamweaver 软件。

（2）在"开始页"中选择"新建"列表下的 HTML，这样就启动了 Dreamweaver CS6 的工作窗口并新建一个网页文档。

专家点拨：用户还可以选择"文件"|"新建"命令，在弹出的"新建文档"对话框中选择"空白页"，然后在右侧的"页面类型"中选择 HTML，最后单击"创建"按钮。

2.3.2　编辑和保存网页

（1）在文档编辑区中（即中间大块的白色区域）单击，然后输入"欢迎大家访问我的网站！"字样，如图 2-24 所示。

图 2-24　在文档窗口中编辑网页

（2）选择"文件"|"保存"命令，在弹出的"另存为"对话框中选择要保存的路径（这里保存在"samples\part2"目录下），并将文件名更改为 mypage1.html，如图 2-25 所示，然后单击"保存"按钮保存文件。

2.3.3　预览网页

保存完网页后可以单击文档工具栏上的"在浏览器中预览/调试"按钮，在弹出的下拉列表中选择"预览在 IExplore"命令预览刚才制作的网页，如图 2-26 所示。

图 2-25 "另存为"对话框

图 2-26 预览网页

用户还可以按键盘上的 F12 键，或者选择"文件"|"在浏览器中预览"|IExplore 命令预览刚才制作的网页。

在制作这个网页时没有输入任何一个代码，其实在直接输入内容到网页文档中时Dreamweaver 正在默默地自动生成代码。在文档工具栏上单击"代码"按钮切换到代码视图模式，可以看到这个网页所有的 HTML 代码，如图 2-27 所示。

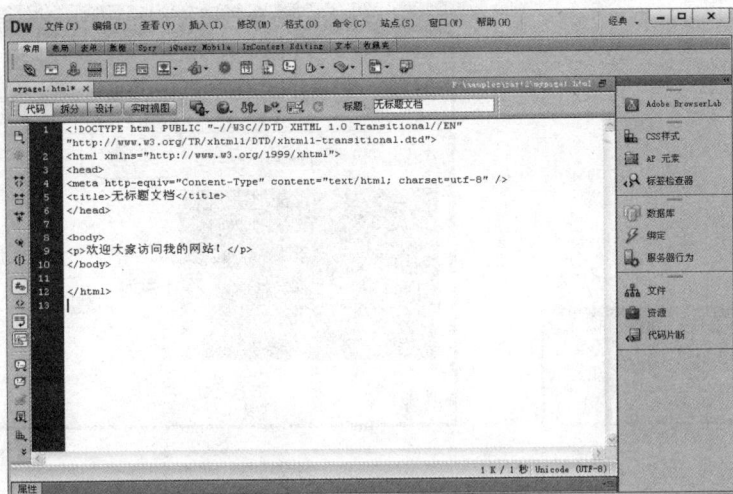

图 2-27 网页的 HTML 代码

31

第
2
章

Dreamweaver 网页制作基础

2.3.4 继续编辑网页

（1）切换到设计视图模式，先为网页更改一下标题，在文档工具栏中有一个名为"标题"的文本框，将里面的文字改为"简单网页示例"，如图 2-28 所示。

图 2-28　修改网页标题

（2）切换到代码视图，可以发现代码发生了改变，<title>和</title>标签中间增加了"简单网页示例"字样，如图 2-29 所示。

```
1   <!DOCTYPE html PUBLIC "-//W3C//DTD XHTML 1.0 Transitional//EN"
    "http://www.w3.org/TR/xhtml1/DTD/xhtml1-transitional.dtd">
2   <html xmlns="http://www.w3.org/1999/xhtml">
3   <head>
4   <meta http-equiv="Content-Type" content="text/html; charset=utf-8" />
5   <title>简单网页示例</title>
6   </head>
7
8   <body>
9   欢迎大家访问我的网站！
10  </body>
11  </html>
```

图 2-29　<title>和</title>标签中间的内容发生了改变

（3）在网页中除了文字以外还可以加入其他的元素，如图像、声音、动画、影视等内容。将光标定位在一个新行上，选择"插入"|"图像"命令，在弹出的"选择图像源文件"对话框中选择一个图片文件（这里选择"samples\images\汽车 1.jpg"），单击"确定"按钮。

（4）按 F12 键再次预览网页，在弹出的对话框中单击"是"按钮对改动的网页进行保存，如图 2-30 所示。在浏览器中预览到的网页效果如图 2-31 所示。

图 2-30　询问是否保存网页对话框

图 2-31　网页效果

2.4 本章习题

一、选择题

1. 在 Dreamweaver 中如果打开"文件"面板，应该选择（　　）中的"文件"命令。

    A. "命令"菜单　　　　　　　　　B. "编辑"菜单

    C. "窗口"菜单　　　　　　　　　D. "修改"菜单

2. 在建立站点目录时以下说法正确的是（　　）。

    A. 目录的层次不能太浅

    B. 按文件的类型建立不同的子目录

    C. 目录名尽量用中文

    D. 可以将所有文件都放在站点根目录下

3. 在 Dreamweaver 中编辑好网页后如果想在浏览器中预览网页效果，可以按（　　）键。

    A. F5　　　　　　　B. F6　　　　　　　C. F10　　　　　　　D. F12

二、填空题

1. 在启动 Dreamweaver 时如果隐藏开始页，可以选中＿＿＿＿＿＿＿复选框，然后在弹出的对话框中单击"确定"按钮，这样下次启动 Dreamweaver 软件时就不再显示开始页。

2. Dreamweaver 具有 3 种视图模式，分别为＿＿＿＿＿＿＿、＿＿＿＿＿＿＿和＿＿＿＿＿＿＿。

3. 在 Dreamweaver 中制作网页前必须先定义站点，选择"站点"|"＿＿＿＿＿＿＿"命令可以打开站点定义的向导对话框。

2.5 上机练习

练习 1　定义本地站点

在 Dreamweaver 中定义一个本地站点，要求如下：

- 站点名称为 my_web。
- 不使用服务器技术。
- 站点根目录名称为 web_test。
- 站点中的所有图片文件存储在 images 子目录下。
- 站点中的所有声音、动画、视频文件存储在 media 子目录下。

练习 2　制作一个简单网页

在 Dreamweaver 中制作一个简单网页，要求如下：

- 在网页中输入一些文字信息。
- 在网页中插入一张图片（路径为 my_web 站点的 images 子目录下）。
- 将网页文件保存在 my_web 站点的根目录下。
- 设置网页标题为"欢迎访问我的第一个网页！"。

第3章　制作网页内容

文字、图像、动画、声音和视频是网页中常见的对象，它们构成了网页的基本内容。Dreamweaver 提供了功能强大的可视化设计工具，用户可以对这些网页对象进行编辑和处理。

本章主要内容：
- 文字和段落在网页中的应用
- 图像在网页中的应用
- 多媒体对象在网页中的应用
- 超链接

3.1　文字和段落在网页中的应用

文字是网页的主体，可以传达各种各样的信息，浏览者主要通过文字了解网页的内容。本节介绍在网页中插入文字、设置文本属性和段落格式的方法。

3.1.1　插入文字

在网页中插入文字有 3 种方法，即直接输入、粘贴剪贴板中的文字、导入 Word 文档。

1．直接通过键盘输入

（1）运行 Dreamweaver CS6，在"开始页"中选择"新建"列表下的 HTML 新建一个网页文档。

（2）在文档窗口中（即中间大块的白色区域）单击，出现光标并且一直在闪动。

（3）选择合适的输入法在光标处输入文字。输入完一个段落按 Enter 键，然后进行下一段落的输入，如图 3-1 所示。

2．粘贴剪贴板中的文字

用户可以从其他程序或者窗口中复制或剪切一些文本内容，然后粘贴在 Dreamweaver 的文档窗口中。

（1）在 Word 窗口中选中需要的文本内容，按 Ctrl+C 组合键将所选文字复制到剪贴板上。

（2）切换到 Dreamweaver 窗口中，在文档窗口中单击定位光标，按 Ctrl+V 组合键将剪贴板上的文字粘贴到当前光标位置。

图 3-1　直接输入文字

3. 导入 Word 文档

（1）用 Word 软件制作文档或者利用已经创建好的 Word 文档。

（2）新建一个 HTML 网页，选择"文件" | "导入" | "Word 文档"命令，弹出"导入 Word 文档"对话框，在其中选择要导入的 Word 文档，如图 3-2 所示。

图 3-2　"导入 Word 文档"对话框

（3）单击"打开"按钮即可将文本导入到网页中。

3.1.2　设置文本属性

在网页中插入文本后可以对这些文本的属性进行相关设置，这样网页将变得更加漂亮。

1. 设置文本格式

Dreamweaver 中的文本格式设置与使用标准的字处理程序类似，可以为文本块设置默认格式（段落、标题 1、标题 2 等），更改所选文本的字体、大小、颜色和对齐方式，或者应用文本样式（如粗体、斜体和下画线）。

Dreamweaver CS6 将两个属性检查器（CSS 属性检查器和 HTML 属性检查器）集成为一个"属性"面板。在使用 CSS 属性检查器时 Dreamweaver 使用层叠样式表（CSS）设置文本格式。CSS 使 Web 设计人员和开发人员能更好地控制网页设计，同时改进功能以提供辅助功能并减小文件大小。CSS 属性检查器使用户能够访问现有样式，也能创建新样式。

展开"属性"面板，可以通过单击其左上角的 HTML 按钮或者 CSS 按钮进行 CSS 属性检查器和 HTML 属性检查器的切换，如图 3-3 所示。在应用 HTML 格式时 Dreamweaver 会将属性添加到页面正文的 HTML 代码中，在应用 CSS 格式时 Dreamweaver 会将属性写入文档头或单独的样式表中。

图 3-3 "属性"面板

专家点拨：使用 CSS 是一种能控制网页样式且不损坏其结构的方式。通过将可视化设计元素（字体、颜色、边距等）与网页的结构逻辑分离，CSS 为 Web 设计人员提供了可视化控制和版式控制，而不牺牲内容的完整性。此外，在单独的代码块中定义版式设计和页面布局，无须对图像地图、font 标签、表格和 GIF 间隔图像重新排序，从而加快了下载速度，简化了站点维护，并能集中控制多个页面的设计属性。

2. 设置文本字体

第一次打开 Dreamweaver CS6 的字体列表时里面只有几种汉字字体，需要用户自己添加其他字体，具体的编辑字体列表和设置文本字体的方法如下。

（1）在 Dreamweaver 的文档编辑区中插入一些文字。

（2）选中需要改变字体的文本，在"属性"面板中单击 CSS 按钮切换到 CSS 属性检查器。展开"字体"后面的下拉列表，选择"编辑字体列表"命令，如图 3-4 所示。

图 3-4 选择"编辑字体列表"命令

（3）弹出"编辑字体列表"对话框，在"可用字体"列表框中选择 Verdana，单击 按钮，将其添加到左侧的"选择的字体"框中，然后用同样的方法将宋体加入"选择的字体"

框中，这样将得到一个新的字体列表"Verdana,宋体"，完成设置后单击"确定"按钮，如图 3-5 所示。

图 3-5　添加字体

（4）再次展开"字体"列表，选择刚才新建的字体列表"Verdana,宋体"，如图 3-6 所示。

图 3-6　选择新字体列表

（5）弹出"新建 CSS 规则"对话框，在"选择器名称"文本框中输入 gz001，然后直接单击"确定"按钮，如图 3-7 所示。这样所选择的字体格式就被设置到所选文本上了。

图 3-7　"新建 CSS 规则"对话框

制作网页内容

专家点拨：第一次设置所选文本格式时会弹出"新建 CSS 规则"对话框，在其中定义一个新的 CSS 规则。有关 CSS 的详细内容请参考第 4 章的相关内容。

3．设置文字大小

输入到网页中的文字都是按照默认的大小显示的，用户可以对这些文本的大小进行更改。具体操作步骤如下：

（1）选中需要更改文字大小的文本，在"属性"面板的"目标规则"下拉列表中选择 gz001（这是前面步骤建立的一个 CSS 规则）。

（2）单击"大小"选项框旁边的 ☑ 按钮，在弹出的文字大小列表框中选择一个类别，如图 3-8 所示。

图 3-8　设置文字大小

（3）在"大小"选项框右边还有一个选项框，是设置文字大小单位的，里面包括像素（px）、点数（pt）、厘米（cm）等 9 个单位选项，如图 3-9 所示。用户可以根据需要选择文字大小的单位，在默认情况下通常选择像素（px）为单位。

图 3-9　选择文字大小的单位

（4）如果在"大小"列表框中没有需要的大小，将光标定位在"大小"文本框中直接输入文字大小的数字，然后按 Enter 键即可。

4．设置文本颜色

一般情况下输入到网页中的文字都是黑色，用户可以通过文本属性设置文本的颜色。

（1）选中需要更改文字颜色的文本，在"属性"面板的"目标规则"下拉列表中选择

gz001（这是前面步骤建立的一个 CSS 规则）。

（2）单击"文本颜色"按钮，弹出图 3-10 所示的调色板，在其中选择一种需要的颜色即可。

图 3-10　设置颜色

（3）在调色板中还可以单击颜色列表上方的"系统颜色拾取器"按钮 ，此时将弹出"颜色"对话框，如图 3-11 所示。在这个对话框中用户可以自己调配颜色。

图 3-11　"颜色"对话框

3.1.3　设置段落格式

网页中的文章段落分明、有层次感才能让浏览者更好地阅读，也会使页面看起来整洁、美观、大方。下面介绍设置段落格式的方法。

1. 设置文本标题

在一个网站的网页中或者一篇独立的文章中通常都会有一个醒目的标题，告诉浏览者这个网站的名字或该文章的主题。

HTML 的标题标签主要用来快速设置文本标题的格式，典型的形式是<h1></h1>，它用来设置第一层标题，<h2></h2>设置第二层标题，以此类推。

用户可以在设计视图中通过"属性"面板对文本标题进行设置。

（1）在设计视图中将光标定位在要设置标题的段落。

（2）进入"属性"面板，切换到 HTML 属性检查器，然后单击"格式"右侧的下三角按钮，在弹出的列表框中就可以选择相应的标题格式，如图 3-12 所示。

图 3-12　设置标题

（3）如果想取消设置好的标题格式，可以在"属性"面板中单击"格式"右侧的下三角按钮，在弹出的列表框中选择"无"。

专家点拨：如果想更改标题文字的外观，比如更改"标题 1"的文本颜色为红色，可以在"属性"面板中单击"页面属性"按钮，打开"页面属性"对话框，选择"标题（CSS）"，然后设置"标题 1"的颜色为红色，如图 3-13 所示。

图 3-13　"页面属性"对话框

2. 设置段落对齐

段落的对齐方式有居左对齐、居右对齐、居中对齐和两端对齐。设置段落对齐的具体操作步骤如下：

（1）新建一个 HTML 网页文档，输入一些文本段落，如图 3-14 所示。

（2）切换到代码视图，观察和文本段落相关的代码，如图 3-15 所示。

图 3-14　输入一些文本段落

图 3-15　和文本段落相关的代码

\<p\>和\</p\>这对标签是定义文本段落的标签，在\<p\>和\</p\>之间的文本属于同一个段落。

（3）切换到设计视图，将光标定位到文本"段落居中对齐"的后面。

（4）进入"属性"面板，单击 CSS 按钮切换到 CSS 属性检查器，然后单击"居中对齐"按钮 ≣，弹出"新建 CSS 规则"对话框，在"选择器名称"文本框中输入 gz001，如图 3-16 所示。

（5）单击"确定"按钮，可以看到设计视图中的文本定位到了页面中间，不论怎样调整窗口大小，这些文字始终保持在中间，如图 3-17 所示。

图 3-16 "新建 CSS 规则"对话框

图 3-17 设置文本居中对齐

专家点拨：在"属性"面板中可以单击"左对齐""右对齐""两端对齐"按钮设置段落的对齐方式，如图 3-18 所示。

左对齐 ─────┐   ┌───── 两端对齐
居中对齐 ─────┘   └───── 右对齐

图 3-18 段落的对齐方式按钮

3. 分段和换行

（1）在设计视图中输入一些文本，将光标定位到第一个"段落间距"的后面，如图 3-19 所示。

（2）按 Enter 键进行分段，则两个段落之间将会出现较大的间距，如图 3-20 所示。

图 3-19 定位光标

图 3-20 用 Enter 键分段的效果

专家点拨：这里按下 Enter 键换行以后其实就是一个新段落的开始，切换到代码视图可以观察到多了一对<p></p>标签。

（3）将光标定位到第二个"段落间距"的后面，如图 3-21 所示。

（4）按 Shift+Enter 组合键进行分行，可以看到两行之间的间距很小，如图 3-22 所示。

图 3-21　定位光标　　　　　图 3-22　用 Shift+Enter 组合键分段的效果

专家点拨：切换到代码视图，可以观察到这次操作系统自动生成了一个
标签，这是一个换行标签，它和<p>标签有本质的区别。

4．文本缩进

（1）在设计视图中再输入 3 个文本段落，将光标定位到第二个"文本缩进"的后面，如图 3-23 所示。

（2）进入"属性"面板，单击 HTML 按钮切换到 HTML 属性检查器。

（3）单击"文本缩进"按钮 ≛，在设计视图中可以看到文本缩进的效果，如图 3-24 所示。

图 3-23　定位光标　　　　　图 3-24　一次文本缩进的效果

（4）在设计视图中将光标定位到第三个"文本缩进"的后面，如图 3-25 所示。

（5）连续单击两次"文本缩进"按钮 ≛，在设计视图中可以看到文本连续缩进后的效果，如图 3-26 所示。

图 3-25　定位光标　　　　　图 3-26　两次文本缩进的效果

专家点拨：在"属性"面板中可以设置文本的粗体、斜体样式，其他文本样式可以通过选择"格式"|"样式"菜单下的命令进行设置。在"样式"菜单下除了粗体、斜体外还包括下画线、删除线、加强等样式。

3.1.4 插入特殊字符

用户在制作网页时经常会应用一些特殊字符，比如版权符号、注册商标符号等，这些特殊符号利用键盘直接输入有些困难，可以利用 Dreamweaver 提供的"文本"选项卡中的"字符"功能来制作。

（1）在文档编辑区中将光标定位在需要插入特殊字符的位置。

（2）将插入工具栏切换到"文本"选项卡。

（3）单击"字符"按钮右侧的黑色三角按钮，在弹出的下拉列表中可以选择需要插入到网页的特殊字符，如图 3-27 所示。

图 3-27 "字符"下拉列表

专家点拨：除了可以通过"字符"下拉列表插入特殊字符外，用户还可以选择"插入"|HTML|"特殊字符"，在联级菜单中选择需要的特殊字符插入。

（4）如果"字符"下拉列表中没有需要的特殊字符，可以在"字符"下拉列表中选择"其他字符"，在弹出的"插入其他字符"对话框中单击选择需要的特殊字符，如图 3-28 所示。

图 3-28 "插入其他字符"对话框

43

第 3 章

制作网页内容

专家点拨：HTML 只允许字符之间有一个空格，若要在文档中添加其他空格，必须插入不换行空格，具体操作方法是在"字符"下拉列表中选择"不换行空格"。

3.1.5　使用段落列表

列表是 HTML 中组织多个段落文本的一种方式，列表分为编号列表和项目列表，前一种列表用数字顺序为列表中的项目进行编号，后一种列表在每个列表项目之前使用一个项目符号。

1. 编号列表

（1）新建一个 HTML 网页文档，在页面中输入一些文本段落，然后切换到设计视图，拖动鼠标选择"编号列表"下面的 3 行文本，如图 3-29 所示。

（2）进入"属性"面板，单击"编号列表"按钮 ，这时可以看到设计视图中的列表，如图 3-30 所示。

（3）如果需要在列表中添加新项目，将光标定位到最后一个列表项目的后面，如图 3-31 所示。

（4）按 Enter 键，列表中将会多出新的一行，并自动编号，如图 3-32 所示。

图 3-29　选择列表项目　　图 3-30　编号列表　　图 3-31　定位光标准备插入新的列表项目　　图 3-32　新增加的列表项目

（5）将光标定位在列表项目内部的任意位置，然后右击，从弹出的快捷菜单中选择"列表"|"属性"命令，在弹出的"列表属性"对话框中选择"样式"下拉列表框中的"大写罗马字母"选项，设置"开始计数"为 2，然后单击"确定"按钮，如图 3-33 所示。

图 3-33　设置编号列表的属性

（6）完成上面的设置后列表的编号将用罗马字符表示，起始编号项目为 II（罗马字符中的 2），效果如图 3-34 所示。

专家点拨：编号列表又称为有序列表，使用 <ol></ol> 标签创建编号列表。具体使用方法如下：

```
<ol>
  <li>列表项目一</li>
  <li>列表项目二</li>
  <li>列表项目三</li>
  <li>列表项目四</li>
</ol>
```

2. 项目列表

（1）在设计视图中选择"项目列表"下面的 3 行文字，如图 3-35 所示。

（2）在"属性"面板中单击"项目列表"按钮 ▤，默认的列表项目记号为圆形黑点，效果如图 3-36 所示。

编号列表

    II. 列表项目一
   III. 列表项目二
   IV. 列表项目三
    V. 列表项目四

项目列表

列表项目一

列表项目二

列表项目三

项目列表

: 列表项目一
: 列表项目二
: 列表项目三

图 3-34　修改属性后的编号列表效果　　图 3-35　选择列表中的项目　　图 3-36　项目列表的效果

（3）在列表中右击，在弹出的快捷菜单中选择"列表" | "属性"命令，在弹出的"列表属性"对话框中设置"样式"为"正方形"，然后单击"确定"按钮，如图 3-37 所示。

（4）在设计视图中可以看到项目列表前面的项目标记变成黑色的正方形，如图 3-38 所示。

项目列表

: 列表项目一
: 列表项目二
: 列表项目三

图 3-37　设置项目列表属性　　　　　　图 3-38　项目列表属性修改后的效果

专家点拨：使用<ul></ul>标签创建项目列表。具体使用方法如下：

```
<ul>
  <li>列表项目一</li>
  <li>列表项目二</li>
  <li>列表项目三</li>
</ul>
```

3.2　图像在网页中的应用

图像是网页中最常用的元素，要想制作出漂亮的网页是离不开图像这个元素的。网页中的图像一般都是使用 Photoshop、Fireworks 这样的专业图像处理软件进行编辑，然后将这些图像插入到 Dreamweaver 中对网页进行修饰和美化。

3.2.1　插入图像

下面结合实例介绍在网页中插入图像和插入图像占位符的方法。

1. 插入图像的方法

（1）新建一个 HTML 网页文档并将其保存，在设计视图中将光标定位在准备插入图像的位置。

（2）在"常用"选项卡中单击"图像"按钮后面的下三角按钮，在下拉列表中选择"图像"，如图 3-39 所示。

专家点拨：用户还可以选择"插入"|"图像"命令进行插入图像的操作。

（3）在弹出的"选择图像源文件"对话框中选择 images 文件夹中的"汽车 1.jpg"文件，选中文件后可在对话框的右边看到图像的预览效果，如图 3-40 所示。

图 3-39　插入图像　　　　　　　　　　图 3-40　选择图像源文件

（4）单击"确定"按钮，在弹出的"图像标签辅助功能属性"对话框中设置"替换文本"为"最新汽车产品"，如图 3-41 所示。然后单击"确定"按钮，图像就被插入到页面中。

（5）保存文件，然后按 F12 键预览，将鼠标指针放到图片上方，这时将会出现一个提示信息"最新汽车产品"，也就是上一个步骤中设置的"替换文本"，如图 3-42 所示。

（6）网页中的图像是用<img>标签定义的，可以切换到代码视图查看相关的代码：

```
<img src="../images/diannao3.png" alt="最新汽车产品" width="159" height=
"141" />。
```

专家点拨：在新建网页文档时应该指定文件名并保存之后再继续操作。如果在未保存网页文档的情况下插入图像会出现一个警示对话框，提示操作者"只有先保存文档，才能统一图像和网页文档的路径"。为了防止指定错误的图像路径，应该将网页文档保存到站点文件夹之后再进行操作。

图 3-41 "图像标签辅助功能属性"对话框

图 3-42 网页预览效果

2. 插入图像占位符的方法

顾名思义，图像占位符是在需要使用图片的地方先插入一个占位图形"占领"着地盘。也就是说，如果打算在网页中的某个位置放入一幅图片，但是这幅图片还没有准备好，而又需要这幅图片以便完成页面的整体布局和设计，可以先插入图像占位符，等到图片编辑好后再将其换成图片。

插入图像占位符的具体步骤如下：

（1）在"常用"选项卡中单击"图像"按钮后面的下三角按钮，在下拉列表中选择"图像占位符"，弹出"图像占位符"对话框。

（2）在"名称"和"替换文本"文本框中都输入 top，"颜色"选为红色，"宽度"和"高度"分别为 760 和 140，如图 3-43 所示。

（3）单击"确定"按钮后编辑文档中出现了如图 3-44 所示的效果。注意，图像占位符在选中之后周围会有黑色边框。

图 3-43 "图像占位符"对话框

图 3-44 图像占位符效果

（4）用户以后可以随时在图像占位符的位置将它替换成真正的图像，只要在"属性"面板的"源文件"文本框中直接输入真正图像的地址，或者单击它后面的⊕按钮指向真正的图像，或者单击▭按钮浏览文件，选择真正的图像就可以了。

专家点拨：选中图像占位符以后单击"属性"面板中的"创建"按钮 创建 可以启动外部图像编辑程序 Fireworks 来完成对图片的创建。

制作网页内容

3.2.2　设置图像属性

在网页中插入图像以后可以使用"属性"面板设置图像的属性，如图 3-45 所示。

下面对"属性"面板中的各个选项进行说明。

- **ID 文本框**：在图像缩略图旁边的 ID 文本框中输入一个名称，以便在编写脚本语言（例如 JavaScript 或 VBScript）时可以引用该图像。

图 3-45　图像"属性"面板

- **"宽"和"高"文本框**：以像素为单位指定图像的宽度和高度。在页面中插入图像时 Dreamweaver 会自动用图像的原始尺寸更新这些文本框。如果设置的"宽"和"高"的值与图像的实际宽度和高度不相符，则该图像在浏览器中可能不会正确显示。若要恢复原始值，可单击"宽"和"高"文本框标签，或单击用于输入新值的"宽"和"高"文本框右侧的"重设大小"按钮。
- **"源文件"文本框**：指定图像的源文件。单击文件夹图标可以浏览找到图像的源文件，也可以直接输入图像源文件所在的路径。
- **"替换"下拉列表**：指定在只显示文本的浏览器或已设置为手动下载图像的浏览器中代替图像显示的替换文本。在某些浏览器中，当鼠标指针滑过图像时也会显示该文本。
- **"链接"文本框**：指定图像的超链接。方法为将"指向文件"图标拖到"站点"面板中的某个文件，单击文件夹图标浏览到站点上的某个文档，也可以直接手动输入 URL。
- **"编辑"按钮**：启动在"外部编辑器"首选参数中指定的图像编辑器并打开选定的图像。
- **"编辑图像设置"按钮**：选择页面中的图像后单击这个按钮打开"图像预览"对话框，在其中可以设置图像（优化、裁剪等）并预览图像效果。
- **"地图"文本框和热点工具**：允许用户标注和创建客户端图像地图与热区。
- **"垂直边距"和"水平边距"文本框**：沿图像的边添加边距，以像素表示。垂直边距沿图像的顶部和底部添加边距，水平边距沿图像的左侧和右侧添加边距。
- **"目标"下拉列表**：指定链接的页面应当载入的框架或窗口。当图像没有链接到其他文件时此选项不可用。当前框架集中所有框架的名称都显示在"目标"列表中。
- **"边框"文本框**：以像素为单位的图像边框的宽度，在默认情况下为无边框。
- **"裁剪"按钮**：修剪图像的大小，从所选图像中删除不需要的区域。
- **"重新取样"按钮**：当改变了图像尺寸时此按钮有效，可以重新取样已调整尺寸的图像，提高图像在新的大小和形状下的品质。
- **"亮度和对比度"按钮**：调整图像的亮度和对比度设置。

- "锐化"按钮：调整图像的清晰度。
- "重设大小"按钮 ![C]：当改变了图像尺寸后，"宽"和"高"文本框的右边会出现这个按钮，单击它可以将"宽"和"高"的值重设为图像的原始大小。
- "对齐"下拉列表：在其中选择一个选项，对齐同一行上的图像和文本。

3.2.3 使用外部图像编辑器

Dreamweaver 允许用户使用外部图像编辑器对页面上的图像进行编辑，在编辑页面中的图像时选中图像，然后单击"属性"面板中的"编辑"按钮 ![图标] 就可以启动外部的图像编辑软件对图像进行编辑。

在 Dreamweaver 的"首选参数"对话框中使用"文件类型/编辑器"首选参数选择用于启动和编辑图形文件的图像编辑器，可以设置编辑器打开哪些文件类型，并且可以选择多个图像编辑器。

（1）选择"编辑"|"首选参数"命令，弹出"首选参数"对话框，从左侧的"分类"列表中选择"文件类型/编辑器"选项，如图 3-46 所示。

图 3-46 选择"首选参数"对话框中的"文件类型/编辑器"

（2）在"扩展名"列表中选择要为其设置外部编辑器的文件扩展名。单击"编辑器"列表上方的加号（+）按钮，在"选择外部编辑器"对话框中浏览到要作为此文件类型的编辑器启动的应用程序，如图 3-47 所示。

图 3-47 "选择外部编辑器"对话框

制作网页内容

（3）在"首选参数"对话框中，如果希望该编辑器成为此文件类型的主编辑器，可以单击"设为主要"按钮。

3.3　多媒体对象在网页中的应用

随着多媒体技术的发展，Internet 的功能也得到较大的提高，音乐、动画、视频等媒体的应用越来越广泛，音乐网站、电影网站、播客等融合多媒体技术的网站也越来越多。

3.3.1　在网页中应用 Flash 动画

在制作网页时让 Dreamweaver 与动感、鲜活的 Flash 动画相结合有助于制作出更具动感的网页，网页的表现效果也因此更受用户的青睐。

1. 插入 SWF

在 Dreamweaver 中插入 Flash 动画的方法如下：

（1）新建一个网页文档，并保存为 3.3.1.html。

（2）将光标定位在需要插入 Flash 动画的位置，在"常用"选项卡中单击"媒体"按钮，从弹出的下拉菜单中选择 SWF，如图 3-48 所示。

（3）弹出"选择 SWF"对话框，在其中选择 images 文件夹下的"网络广告.swf"影片文件，并单击"确定"按钮，如图 3-49 所示。

图 3-48　选择 SWF　　　　　　　　　　图 3-49　"选择 SWF"对话框

（4）这时页面中出现一个 SWF 文件占位符。SWF 文件占位符有一个选项卡式蓝色外框，此选项卡指示资源的类型（SWF 文件）和 SWF 文件的 ID。此选项卡还显示一个眼睛图标，此图标可用于在 SWF 文件和用户在没有正确的 Flash Player 版本时看到的下载信息之间切换。

（5）单击"属性"面板中的"播放"按钮就可以在文档窗口中查看播放的 Flash 影片。为了在浏览器中查看操作结果，按 F12 键，这样可以在浏览器中确认 Flash 影片的动画效果，如图 3-50 所示。

图 3-50　浏览器中的 Flash 动画效果

专家点拨：有时候无法在浏览器中显示 Flash 影片，这是因为没有安装 Flash 影片的播放插件。用户可以自己安装插件。但是，当使用的浏览器版本过低或者安装的插件有问题时无法收看 Flash 影片，此时用户需要在 Adobe 公司的主页下载 Flash Player 并安装。

2. 在 Dreamweaver 中编辑 FLA 文件

Dreamweaver 提供了在编辑区中直接启动 Flash 软件编辑动画的功能。如果用户对编辑区中的 SWF 不满意，可以启动 Flash 软件对其进行编辑处理。

（1）选中编辑区中的 SWF，在"属性"面板中单击"编辑"按钮 ![编辑]，弹出"查找 FLA 文件"对话框，在其中查找到相应的 FLA 文件，如图 3-51 所示。

图 3-51　"查找 FLA 文件"对话框

（2）单击"打开"按钮即可启动 Flash CS6 软件对 FLA 文件进行编辑，处理完成后单击"完成"按钮 ![完成]，如图 3-52 所示。

（3）系统将 FLA 文件重新保存并且生成 SWF 文件后自动返回到 Dreamweaver 编辑区，编辑区中的 SWF 得到相应的更改。

制作网页内容

图 3-52　Flash CS6 软件窗口

3. 使 SWF 背景透明

在页面中插入 SWF 时经常会出现网页的背景色和 SWF 的背景色不一致的情况，这样就影响了页面的显示效果，用户可以在 Dreamweaver 中通过将 SWF 设置成透明背景来解决这个问题。

（1）在文档编辑区中插入一个 1 行 1 列的表格，设置这个表格的高度为 350 像素，背景色为蓝色。

（2）在这个表格中插入一个 SWF 文件（images\trans.swf），在"属性"面板中单击"播放"按钮可以在编辑区中看到图 3-53 所示的效果，发现 SWF 的背景色为白色，而表格的背景色为蓝色，没有融合在一起，效果很不好。

（3）单击"停止"按钮停止 SWF 的播放，在 Wmode 下拉列表中选择"透明"选项。然后保存文档并预览，可以看到 SWF 的背景变成透明，效果很好，如图 3-54 所示。

图 3-53　编辑区中的 SWF

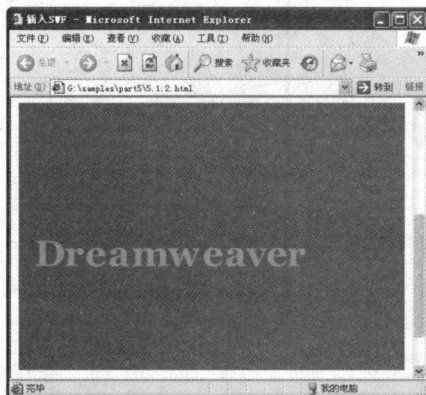

图 3-54　将 SWF 设置成透明

4. 设置 SWF 的属性

在"属性"面板中可以指定 SWF 的属性，如图 3-55 所示。

图 3-55 "属性"面板

- ID 文本框：为 SWF 文件指定唯一的 ID，在"属性"面板最左侧的文本框中输入 ID 即可。
- "宽"和"高"文本框：以像素为单位指定 SWF 影片的宽度和高度。
- "文件"文本框：指定 SWF 文件的路径。单击文件夹图标以浏览到某一文件，或者直接输入路径。
- "背景颜色"文本框：指定影片区域的背景颜色。在不播放影片时（在加载时和在播放后）也显示此颜色。
- "类"下拉列表：可用于对影片应用 CSS 类。
- "源文件"文本框：指定源文档（FLA 文件）的路径。
- "编辑"按钮 回编辑(E)：启动 Flash 以更新 FLA 文件（使用 Flash 软件创建的文件）。如果计算机上没有安装 Flash，则会禁用此选项。
- "循环"复选框：使 SWF 影片连续播放。如果没有选中此复选框，则影片将播放一次，然后停止。
- "自动播放"复选框：选中此复选框，则在加载页面时自动播放影片。
- "垂直边距"和"水平边距"文本框：指定影片上、下、左、右空白的像素数。
- "品质"下拉列表：在影片播放期间控制其抗失真。高品质设置可改善影片的外观，但高品质设置的影片需要较快的处理器才能在屏幕上正确呈现。低品质设置会首先照顾到显示速度，然后才考虑外观，而高品质设置首先照顾到外观，然后才考虑显示速度。自动低品质会首先照顾到显示速度，但会在可能的情况下改善外观。自动高品质开始时会同时照顾显示速度和外观，但以后可能会根据需要牺牲外观以确保速度。
- "比例"下拉列表：确定影片如何适合在"宽"和"高"文本框中设置的尺寸。默认设置为显示整个影片。
- "对齐"下拉列表：确定影片在页面上的对齐方式。
- Wmode 下拉列表：为 SWF 文件设置 Wmode 参数以避免与 DHTML 元素（例如 Spry Widget）相冲突。默认值是不透明，这样在浏览器中 DHTML 元素就可以显示在 SWF 文件的上面。如果 SWF 文件包括透明度，并且希望 DHTML 元素显示在它们的后面，请选择"透明"选项。选择"窗口"选项可以从代码中删除 Wmode 参数并允许 SWF 文件显示在其他 DHTML 元素的上面。
- "播放"按钮 ▶ 播放：在"文档"编辑窗口中播放影片。
- "参数"按钮 参数：单击这个按钮打开一个对话框，可在其中输入传递给影片的附加参数，但影片必须已设计好可以接收这些附加参数。

3.3.2 在网页中应用 FLV 视频

FLV（Flash Video 的简称）是 Flash 专用的视频格式，这是一种流媒体格式。由于它形成的文件极小、加载速度极快，使得在网络上观看视频文件成为可能。目前视频门户网站十分流行，例如优酷、土豆等视频网站提供了大量的视频素材，这些视频大部分都是 FLV 格式的文件。

图 3-56 定位光标

1. 插入 FLV 文件

（1）新建一个 HTML 网页文档，将其保存为 3.3.2.html。在页面中输入文字"播放 FLV 视频"，然后将光标定位到文字的后面，如图 3-56 所示。

（2）在"常规"选项卡中单击展开"媒体"按钮，从弹出的下拉菜单中选择 FLV 命令，如图 3-57 所示。

专家点拨：.flv 是 Flash 视频格式文件的扩展名，要想获得 FLV 文件，可以使用 Riva FLV Encoder 将其他格式的视频（比如 MPEG、AVI）格式转换成 FLV 文件。

（3）弹出"插入 FLV"对话框，在"视频类型"下拉列表框中选择"累进式下载视频"选项，单击 URL 文本框右侧的"浏览"按钮，选择 part3 中的 video.flv 文件，在"外观"下拉列表框中选择一种控制栏外观，比如 Clear Skin 3（在列表下方有控制栏的外观预览），如图 3-58 所示。

图 3-57 插入 Flash 视频

图 3-58 "插入 FLV"对话框

专家点拨：在"插入 FLV"对话框中视频类型有两种，一种是"累进式下载视频"，另外一种是"流视频"。前者可以用于普通的 Web 服务器，若要使用后一种类型必须有专门的流媒体服务器。

2. 设置 FLV 文件的播放

（1）在"插入 FLV"对话框中单击"检测大小"按钮检测 FLV 视频的尺寸，检测结果将显示在"宽度"和"高度"文本框中，如图 3-59 所示。

图 3-59 检测大小

（2）选中"自动播放"和"自动重新播放"复选框，如图 3-60 所示。"自动播放"指定在网页打开时是否播放视频，"自动重新播放"指定播放控件在视频播放完之后是否返回起始位置。

图 3-60 设置视频自动播放选项

（3）Flash 视频完成插入后在设计视图中会显示为灰色占位标志，在用户浏览网页的时候 Flash 视频将在这个区域中播放，如图 3-61 所示。

（4）预览网页，效果如图 3-62 所示。在浏览器窗口中播放刚才插入的 Flash 视频，这个视频的下端会有一个视频播放控制条，单击上面的按钮可以控制视频的播放。

图 3-61　插入 Flash 视频后的页面效果　　　　图 3-62　预览网页效果

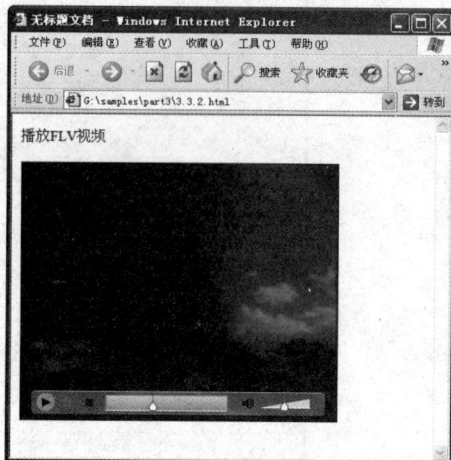

在网页中完成插入 FLV 视频的操作以后，在当前网页文档所在的文件夹下会自动产生两个文件，即 Clear_Skin_3.swf 和 FLVPlayer_Progressive.swf。另外，系统还会自动产生两个文件，即 swfobject_modified.js 和 expressInstall.swf，这两个文件保存在站点根目录的 Scripts 文件夹下。要想网页文件正常播放 FLV 视频，必须保证这 4 个文件都存在，缺一不可。

专家点拨：在本地预览包含 FLV 的页面时可能会遇到不能正常显示 FLV 视频的情况，大部分是因为用户在 Dreamweaver 站点定义中未定义本地测试服务器并且使用该测试服务器来预览页面。解决方法是定义测试服务器（安装 IIS）并使用该测试服务器来预览页面，或者将文件上传到远程服务器并通过远程显示。

3.3.3　在网页中应用声音

目前因特网上有很多站点都在主页中采用了多媒体技术，表现出类似电影的效果，这种效果在一些音乐网站和电影网站的主页设计中最为常见。在 Dreamweaver 中主要通过在网页中插入媒体插件进行声音和视频的应用。

制作网页背景音乐主要有两个步骤，一是插入音乐文件，二是隐藏音乐的播放条，而在 Dreamweaver 中插入媒体文件是通过插入插件的方法来实现的。

1. 插入音乐

（1）新建一个 HTML 网页文档，将其保存为 3.3.3.html，并在这个页面中插入文字和图片，然后将光标定位在最后一行，如图 3-63 所示。

（2）在"常用"选项卡中单击展开"媒体"按钮，从弹出的下拉菜单中选择"插件"命令，如图 3-64 所示。

（3）从弹出的"选择文件"对话框中选择 images 下的 music.mp3 文件，然后单击"确定"按钮，如图 3-65 所示。

图 3-63　定位光标

图 3-64　插入插件

图 3-65　选择声音文件

专家点拨：可以用作网页文档的背景音乐的声音文件格式有 MID、WAV、MP3 等，但是在采用 MP3 格式时文件容量过大，并且要在本地计算机上安装另外的专用播放器，考虑到计算机配置较低的用户，设计者最好选择负荷相对少的 MID 声音格式。

（4）声音文件完成插入后在设计视图中会显示为一个灰色的插件标志，在用户浏览网页的时候将在这个区域显示一个声音播放控制条，如图 3-66 所示。

（5）选择插件标志，在"属性"面板中将它的"宽"和"高"分别设置为 400 和 50，如图 3-67 所示，这样可以使网页中显示的音乐播放控制条更清楚。

图 3-66　插入声音后的网页效果

图 3-67　改变插件标志的尺寸

57

第 3 章

制作网页内容

（6）按 F12 键预览，页面加载后将会听到音乐，音乐只播放一遍，并且页面上会有一个播放条，如图 3-68 所示。

2. 设置参数

（1）回到 Dreamweaver 的界面中，进入设计视图，选择音频文件的插件图标。

（2）进入"属性"面板，单击"参数"按钮，在弹出的"参数"对话框中单击"添加"按钮 ，设置参数为 LOOP、值为 TRUE，如图 3-69 所示。这样设置是为了让音乐不断循环，形成背景音乐。

（3）再次单击"参数"对话框中的"添加"按钮 添加一个新的参数 HIDDEN，设置其值为

图 3-68　播放音乐的页面

TRUE，如图 3-70 所示。设置这个参数的作用是隐藏音频播放条，让它不显示在页面上。

图 3-69　添加 LOOP 参数

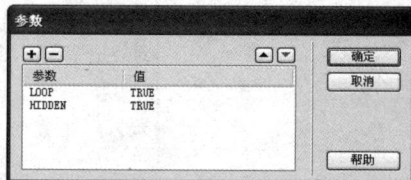

图 3-70　添加 HIDDEN 参数

（4）按 F12 键预览，可以发现背景音乐不断重复，并且页面上没有了播放条，如图 3-71 所示。

图 3-71　具有背景音乐的页面

专家点拨：在网页中插入非 FLV 视频的方法和插入声音的方法类似，这里不再赘述。

3.4　超　链　接

网络之所以引人注目，除了因为其具有丰富多彩的内容之外，更重要的是它具有网络相连的特性。这些网络相连的特性是通过超链接来完成的，在页面中加入超链接后只要在

超链接上单击就能够链接到所要查看的网页。

3.4.1　创建超链接的方法

一个网站是由多个网页组成的，站点和页面具有一定的链接关系才能正常运行，在制作网站时需要建立站点与网页、网页与网页之间的链接关系。

所谓超链接是指从一个网页指向一个目标的链接关系，这个目标可以是另一个网页（同一个网站内部的网页或者其他网站的网页），也可以是同一个网页的不同位置，还可以是一个电子邮件地址、一个文件等。

在网页中最常见的就是在文字或者图片上建立超链接，下面通过一个实例介绍给文字和图片创建超链接的方法。

1. 给文字创建超链接

（1）事先制作好 3 个 HTML 文档，把它们存放在站点的同一个文件夹下，"文件"面板中的文件结构如图 3-72 所示。

（2）用 Dreamweaver 打开 3.4.html，这个页面中有 3 行文字，如图 3-73 所示。下面要给其中的两行文字分别加上超链接，单击添加了超链接的文字后能够打开相应的网页。

（3）选中文字"宝马"，打开"属性"面板，拖动"指向到文件"按钮 到"文件"面板中的 bmw.html 上。此时鼠标指针变成带箭头的形状，松开鼠标后一个超链接就添加完成了，如图 3-74 所示。

图 3-72　"文件"面板

图 3-73　网页 3.4.html 的效果

（4）可以发现在"属性"面板的"链接"文本框内已自动填写了 bmw.html。另外，在编辑页面上可以看到添加了超链接的文字变成蓝色，而且下面添加了一条下画线，如图 3-75 所示。

（5）用另外一种方法给另一行文字添加超链接。选中文字"奔驰"，在"属性"面板中单击"浏览文件"按钮 。

（6）在弹出的"选择文件"对话框中选择 benz.html，如图 3-76 所示。

（7）单击"确定"按钮即可完成超链接的定义。同样，编辑页面上的文字变成蓝色，而且多了一条下画线。

图 3-74　创建超链接

图 3-75　文字添加了超链接后的效果

图 3-76　"选择文件"对话框

（8）保存文件，按 F12 键预览网页，单击一下超链接文字就可以打开相应的页面了。

2. 给图片创建超链接

用户除了可以给文本添加超链接外，还可以给图片添加超链接。给图片添加超链接的方法与给文字添加超链接的方法类似。

（1）在网页 3.4.html 中插入一个图片，如图 3-77 所示。

（2）选中图片，这里要给图片添加一个外部链接，是一个具体的网址。进入"属性"面板，在"链接"文本框中输入"http://www.bmw.com.cn"，如图 3-78 所示。

专家点拨： 在"链接"文本框中添加一个网址时一定要输入包含协议（如 http://）的绝对路径，如果直接写 www.bmw.com.cn，Dreamweaver 会把网址当成是一个文件名，单击链接后会出现找不到服务器的提示。

（3）保存文件，按 F12 键预览网页，单击图片就链接到对应的网站上去了。

3. 添加 E-mail 链接

E-mail 是网上最常使用的功能之一，用户也可以在自己的网页中加入 E-mail 链接。在
Windows 系统中如果设置了 Outlook、Foxmail 等邮件软件，在浏览器中单击 E-mail 链接会
自动打开新邮件窗口，并在地址栏中自动添加 E-mail 链接中的邮箱地址。

图 3-77　插入图片　　　　　　图 3-78　在"链接"文本框中直接输入链接地址

用户可以在 Dreamweaver 中创建电子邮件链接，具体方法是选中需要添加 E-mail 链接
的对象，在"属性"面板的"链接"文本框中输入"mailto:电子邮件地址"。这里要注意在
冒号与电子邮件地址之间不能输入任何空格，否则会出现错误。

4. 添加空链接

空链接是指未指派的链接。空链接用于向页面上的对象或文本附加行为。例如可向空
链接附加一个行为，以便在指针滑过该链接时会交换图像或显示绝对定位的元素（AP 元
素）。

选中需要添加超链接的对象，在"属性"面板的"链接"文本框中输入一个#就可以
创建一个空链接。

3.4.2　超链接的路径

每个网页甚至每个独立的网页元素（图像、声音、动画、视频等）都有一个唯一的地
址，称为统一资源定位符（URL）。在网页的超链接中正是以统一资源定位路径的方式来链
接的。一般情况下路径有 3 种表示方法，即绝对路径、文档相对路径和站点根目录相对
路径。

1. 绝对路径

绝对路径就是被链接文档的完整 URL，包括所使用的传输协议（对于网页通常是
http://）。例如上例中为图片创建的友情链接"http:// www.bmw.com.cn"就是一个绝对路径。
在创建外部链接时必须使用绝对路径。

2. 文档相对路径

文档相对路径就是以当前文档所在位置为起点到被链接文档经过的路径。在创建内部
链接时使用相对路径比较方便。与同文件夹内的文件链接只写文件名即可，例如上例中对

制作网页内容

文字添加的超链接就是使用了文档的相对路径。如果与下一级文件夹里的文件链接，可以直接写出文件夹名称与文件名，例如 images/google.gif; 如果与上一级文件夹里的文件链接，可在文件名前加上../文件夹名。每个../表示在文件夹层次结构中上移一级。

3. 站点根目录相对路径

站点根目录相对路径是指所有路径都开始于当前站点的根目录。站点根目录相对路径以一个正斜杠开始，该正斜杠表示站点根文件夹，例如/images/google.gif。当移动含有根目录相对链接的文档时不需要更改这些链接，如果不熟悉此类型的路径，最好使用文档相对路径。

用户可以在"选择文件"对话框中设置相对路径的类型。在"选择文件"对话框的"相对于"下拉列表中有两个选项——文档和站点根目录，用户可以根据需要进行选择，如图 3-79 所示。

图 3-79　设置相对路径的类型

3.4.3　链接目标

链接目标是指当一个链接打开时被链接的文件打开的位置，比如链接的页面可以在当前窗口中打开，或者在新建窗口中打开。

"属性"面板中的"目标"下拉列表可以进行链接目标的设置，如图 3-80 所示。

该下拉列表中有 5 个选项，它们的功能分别如下。

- _blank：将链接的文档载入一个新的、未命名的浏览器窗口。
- _new：将链接的文档载入一个新的浏览器窗口。它和_blank 的不同之处在于如果同一个页面中其他超链接的目标也设置成_new，那么只打开一个新的浏览器窗口。
- _parent：将链接的文档载入该链接所在框架的父框架或父窗口。如果包含链接的框架不是嵌套框架，则所链接的文档载入整个浏览器窗口。
- _self：将链接的文档载入链接所在的同一个框架或窗口。此目标是默认的，所以通常不需要指定它。

图 3-80 "目标"下拉列表中的 4 个选项

- _top：将链接的文档载入整个浏览器窗口，从而删除所有框架。

专家点拨：_parent、_self、_top 这 3 个选项都和框架网页有关，框架网页的相关知识请参考第 5 章的内容。

3.5 本章习题

一、选择题

1．在设计视图中制作网页时，如果要新建一个段落，应按（   ）键。

    A．Enter   B．Alt+Enter   C．Shift+Enter   D．Ctrl+Enter

2．在 Dreamweaver CS6 中可以直接制作（   ）。

    A．视频   B．音频   C．Flash 动画   D．以上都不对

3．用户可以在 Dreamweaver 中创建电子邮件链接，具体方法是选中需要添加 E-mail 链接的对象，在"属性"面板的"链接"文本框中输入（   ）。

    A．mailto:abc@126.com   B．mail: abc@126.com

    C．mailto+abc@126.com   D．mail+abc@126.com

二、填空题

1．在网页中插入文本有 3 种方法，即通过键盘直接输入、粘贴剪贴板中的文字和_____。

2．如果想使插入到网页中的背景音乐循环播放，应该在"属性"面板中设置参数_____。

3．刚插入到编辑页面上的 Flash 动画并不真正显示效果和播放，只需在"属性"面板中单击_____按钮即可显示并播放 Flash 动画。

4．如果要正确地创建超链接，必须灵活使用的 3 种文档路径类型是_____、_____、_____。

3.6 上 机 练 习

练习 1 制作文字网页

本练习要制作一个文字网页，效果如图 3-81 所示。请按照图中的提示信息进行制作。

64

图 3-81 文字网页效果

练习 2 制作图文混排网页

拟定一个主题，例如宝马汽车新闻，制作一个图文混排的网页效果，如图 3-82 所示。在制作时可以到网上搜索相关的图片和文字。

图 3-82 图文混排网页

练习3 制作 Flash 导航条

先插入一个 Flash 汽车广告动画，然后插入 6 个 Flash 按钮，制作一个动感的 Flash 导航条，效果如图 3-83 所示。本练习的 Flash 动画素材在 images 文件夹下。

图 3-83 Flash 导航条

CSS 样式表

CSS 是 Cascading Style Sheets（层叠样式表）的简称，使用 CSS 可将网页要展示的内容与样式设定分开，也就是将网页的外观设定信息从网页内容中独立出来，并集中管理，这样在改变网页外观时只需更改样式设定的部分，HTML 文件本身并不需要更改。

本章主要内容：

- CSS 入门
- CSS 样式详解
- 创建 CSS 样式

4.1　CSS 入门

CSS 是 W3C（World Wide Web Consortium）定义和维护的标准，是一种用来为结构化文档（如 HTML 文档或 XML 应用）添加样式（字体、间距和颜色等）的计算机语言。它可以使网页制作者的工作更加轻松和灵活，现在越来越多的网站采用了 CSS 技术。

4.1.1　"CSS 样式"面板

在 Dreamweaver 中，"CSS 样式"面板是新建、编辑、管理 CSS 的主要工具。选择"窗口" | "CSS 样式"命令可以打开或者关闭"CSS 样式"面板。

"CSS 样式"面板提供了两种模式，即全部模式和当前模式。全部模式可以跟踪文档可用的所有规则和属性，当前模式可以跟踪影响当前所选页面元素的 CSS 规则和属性。

1. 全部模式下的"CSS 样式"面板

在没有定义 CSS 前"CSS 样式"面板以空白显示，如果在 Dreamweaver 中定义了 CSS，那么"CSS 样式"面板中会显示所定义好的 CSS 规则，如图 4-1 所示。

在"全部"模式下"CSS 样式"面板显示两个窗格，即"所有规则"窗格（顶部）和"属性"窗格（底部）。"所有规则"窗格显示当前文档中定义的规则以及附加到当前文档的样式表中定义的所有规则的列表。使用"属性"窗格可以编辑"所有规则"窗格中任何所选规则的 CSS 属性。

专家点拨： 用户可以通过拖动窗格之间的边框调整窗格的大小，通过拖动"属性"列的分隔线调整这些列的大小。

2. 当前模式下的"CSS 样式"面板

单击"CSS 样式"面板中的"当前"按钮可以切换到当前模式。只有在文档编辑区中选择了一个使用 CSS 样式的元素，"CSS 样式"面板中才能显示这个元素当前正在使用的 CSS 规则，如图 4-2 所示。

图 4-1 全部模式下的"CSS 样式"面板　　图 4-2 当前模式下的"CSS 样式"面板

在当前模式下，"CSS 样式"面板将显示 3 个窗格，其中"所选内容的摘要"窗格显示文档中当前所选内容的 CSS 属性；"规则"窗格显示所选属性的位置（或所选标签的一组层叠的规则）；"属性"窗格允许用户编辑应用于所选内容的规则的 CSS 属性。

"规则"窗格根据用户的选择显示不同视图，即关于视图或规则视图。在关于视图（默认视图）中，此窗格显示定义所选 CSS 属性的规则的名称以及包含该规则的文件的名称。在规则视图中，此窗格显示直接或间接应用于当前所选内容的所有规则的层叠（或层次结构）。用户可以通过单击"规则"窗格右上角的"显示信息"按钮 和"显示层叠"按钮 在两种视图之间切换。

专家点拨：单击"实时视图"按钮并且单击"检查"按钮，切换到实时视图和检查模式一起使用的状态，然后在当前模式下打开"CSS 样式"面板，并将鼠标指针悬停在页面上的元素上方，此时"CSS 样式"面板中的规则和属性将自动更新，以显示该元素的规则和属性。

3. "CSS 样式"面板按钮和视图

在"CSS 样式"面板中可以较为直观地管理 CSS。"CSS 样式"面板的最下边是一排工具按钮，它们的功能如下。

- "显示类别视图"按钮 ：单击此按钮可以切换到显示类别视图模式下，如图 4-3 所示。

图 4-3 显示类别视图

专家点拨：在显示类别视图下可以通过"字体""背景""区块""边框""方框""列表""定位""扩展""表、内容、引用"等类别进行 CSS 规则属性的设置。单击每个类别名前面的 + 号按钮即可展开这个类别。

- "显示列表视图"按钮 $^{A}z\downarrow$：单击这个按钮可以切换到显示列表视图模式下，在这个视图下会显示所有的属性列表。
- "只显示设置属性"按钮 $^{**}\downarrow$：单击这个按钮可以切换到只显示设置属性视图模式下，这是系统默认的视图模式，在这个视图下只显示已经设置了属性值的属性列表。如果想设置新的属性，可以选择"添加属性"命令。
- "附加样式表"按钮：单击这个按钮可以设置链接外部的样式表文件。
- "新建 CSS 规则"按钮：单击这个按钮可以新建一个 CSS 规则。
- "编辑样式"按钮：在"CSS 样式"面板中选择一个 CSS 规则，然后单击这个按钮可以编辑选中的 CSS 规则。
- "禁用/启用 CSS 属性"按钮：在"属性"窗格中选择一个属性后此按钮变为可用状态。单击这个按钮可以禁用所选择的 CSS 属性，并且在这个 CSS 属性前面会显示一个红色的禁用标志，如果想重新启用这个 CSS 属性，可以单击它前面的禁用标志使之消失。
- "删除 CSS 规则"按钮：在"CSS 样式"面板中选择一个 CSS 规则，然后单击这个按钮可以删除选中的 CSS 规则。

4.1.2 定义 CSS 规则

一般情况下可以在 HTML 网页文档（内部 CSS）或者独立的 CSS 样式表文档（外部 CSS）中新建 CSS 规则，下面以在 HTML 网页文档中新建 CSS 规则加以说明。

新建一个 HTML 网页文档，打开"CSS 样式"面板，单击"新建 CSS 规则"按钮，弹出"新建 CSS 规则"对话框，如图 4-4 所示。

图 4-4 "新建 CSS 规则"对话框

下面介绍定义一个 CSS 规则的具体步骤。

（1）在"新建 CSS 规则"对话框中设置"选择器类型"，该下拉列表中有 4 个选项，根据所要定义的 CSS 规则的需要任意选择一个类型。这里保持默认设置，即"类（可应用于任何 HTML 元素）"。

（2）在"选择器名称"文本框中选择或者输入一个 CSS 规则名称。这里需要注意不同的选择器类型 CSS 规则名称的命名格式和方法是不一样的。因为前一个步骤设置的选择器类型是"类"，所以这里在"名称"文本框中输入.mycss1（名称以点号.开始）。

（3）在"规则定义"下拉列表中有两个选项，可以用来设置 CSS 规则定义在本文档内还是定义在外部样式表文件中。这里选择"仅限该文档"选项，如图4-5所示。

图 4-5　新建一个 CSS 规则

（4）单击"确定"按钮，弹出".mycss1 的 CSS 规则定义"对话框，如图4-6所示。在该对话框中可以分类设置 CSS 规则的属性。

图 4-6　".mycss1 的 CSS 规则定义"对话框

（5）在这里任意设置一下字体、字体粗细、字体颜色等属性，设置完成后单击"确定"按钮即可完成一个 CSS 规则的定义，这时在"CSS 样式"面板中就可以看到定义好的 CSS 规则名称以及对应这个 CSS 规则的属性列表，如图4-7所示。

（6）切换到代码视图，可以看到在 HTML 代码中新增了一段 CSS 样式代码，如图4-8所示。

从代码视图中可以看出 CSS 代码应该位于<head>和</head>标签之间。定义样式表规则的部分用<style>和</style>标签来表示。样式表代码的一般格式如下：

```
CSS规则名称
{
```

属性1：值；

属性2：值；

…

…

}

图 4-7 "CSS 样式"面板

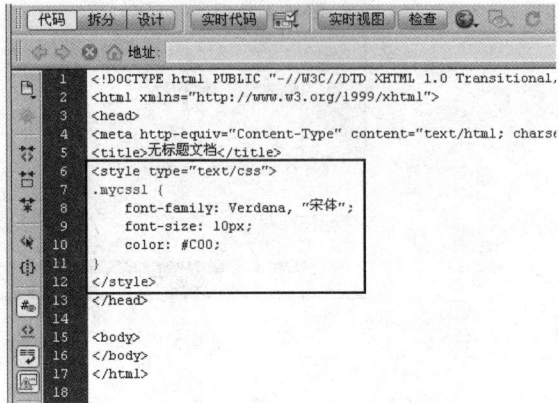

图 4-8 代码视图

4.1.3 在网页中应用 CSS 样式

定义好 CSS 样式后就可以在网页文档中套用这些样式了，套用样式表的方法主要有 3 种，下面分别进行介绍。

1．在"属性"面板中选择应用特定的样式

打开"属性"面板，在"类"下拉列表框中列出了已经定义的一些类规则，如图 4-9 所示；在 ID 下拉列表框中列出了已经定义的一些 ID 规则，如图 4-10 所示。

图 4-9 "类"下拉列表框

图 4-10 ID 下拉列表框

在为页面中的元素指定样式时必须先选中将要应用此样式的内容，然后在"类"或者 ID 下拉列表框中选择需要的样式即可将样式应用于选定内容。

2．利用"标签选择器"应用样式

首先需要在"标签选择器"上选择一个标签，如图 4-11 中的<p>标签，然后在<p>标签上右击，在弹出的快捷菜单中选择"设置类"| mycss1 命令，则可以快速把已经定义的 mycss1 样式指定给<p>标签。

3．使用快捷菜单

也可以使用快捷菜单直接给对象指定一个样式，首先选中对象，然后右击，在快捷菜

单中指定样式，如图 4-12 所示。

图 4-11   利用"标签选择器"应用样式   图 4-12   从快捷菜单中直接给对象指定样式

专家点拨：如果清除网页对象上应用的某个类规则，首先选中对象，然后在"属性"面板的"类"下拉列表框中选择"无"，即可清除原有的样式。如果清除网页对象上应用的某个 ID 规则，首先选中对象，然后在"属性"面板的 ID 下拉列表框中选择"无"，即可清除原有的样式。

4.1.4 CSS 规则的类型

在创建 CSS 样式时，在"新建 CSS 规则"对话框中设置不同的"选择器类型"可以创建不同类型的 CSS 规则。一般情况下，经常创建的 CSS 规则类型包括类（可应用于任何 HTML 元素）、ID（仅应用于一个 HTML 元素）、标签（重新定义 HTML 元素）、复合内容（基于选择的内容）等。

1. 类（可应用于任何 HTML 元素）

CSS 选择器有类选择器和 ID 选择器两种。类选择器以英文句点（.）开头，而 ID 选择器以英文井号（#）开头。类选择器和 ID 选择器的不同之处在于类选择器用在不止一个的元素上，而 ID 选择器一般只用在唯一的元素上。

在"新建 CSS 规则"对话框的"选择器类型"下拉列表中选择"类（可应用于任何 HTML 元素）"后需要在下方的"名称"文本框中填入一个样式名字，需要注意此类名称必须以"."开头。以这种方式定义的样式可以用来定义绝大多数的 HTML 对象，可以使这些对象有统一的外观。图 4-13 所示为创建 .myCSS_Class 的样式。

2. ID（仅应用于一个 HTML 元素）

ID 选择器又称为标识选择器，它的名字以英文井号（#）开头，这种选择器样式在页面中一般只用在一个元素上。当然也可以用在多个元素上，但是在某些操作中有可能引起地址（ID 属性）冲突。

3. 标签（重新定义 HTML 元素）

在创建 CSS 样式时，在"新建 CSS 规则"对话框中将"选择器类型"设置为"标签（重新定义 HTML 元素）"，可以实现用 CSS 重新定义 HTML 标签的外观的功能。

图 4-13　创建一个类选择器

4. 复合内容（基于选择的内容）

若要定义同时影响两个或者多个标签、类或 ID 的复合规则，需要在"新建 CSS 规则"对话框中将"选择器类型"设置为"复合内容（基于选择的内容）"，并在"选择器名称"文本框中输入用于复合规则的选择器。例如，图 4-14 针对<h1>标签、<h2>标签、<h3>标签同时进行了 CSS 规则定义。这样就可以不用针对一个个标签进行同样的 CSS 规则定义，较大地提高了工作效率。

图 4-14　创建一个复合内容

另外，在"新建 CSS 规则"对话框中将"选择器类型"设置为"复合内容（基于选择的内容）"后"选择器名称"下拉列表框中包含 4 个有关超链接的选择器名称，利用它们可以对超链接的外观进行重新定义。

- a:link 指超链接的正常状态，没有任何动作的时候。
- a:visited 指访问过的超链接状态。
- a:hover 指鼠标指针指向超链接的状态。
- a:active 指选中超链接的状态。

4.2 CSS 样式详解

在 Dreamweaver 的 CSS 样式里包含了 W3C 规范定义的所有 CSS1 的属性，Dreamweaver 把这些属性分为类型、背景、区块、方框、边框、列表、定位、扩展 8 个部分，如图 4-15 所示。

图 4-15　CSS 规则定义

专家点拨：CSS 存在 3 个版本，即 CSS1、CSS2 和 CSS3。CSS1 提供有关字体、颜色、位置和文本属性的基本信息，该版本已经得到了目前解析 HTML 和 XML 的浏览器的广泛支持。

4.2.1　类型

类型选项主要对文字的字体大小、颜色、效果等基本样式进行设置，如图 4-15 所示。注意，它只对要改变的属性进行设置，没有必要改变的属性使之为空。

1. Font-family（字体）

字体系列是指对文字设定几个字体，当遇到第一个字体不能显示时会自动用系列中的第二个字体或后面的字体显示。其对应的 CSS 属性是 font-family。

Dreamweaver 已经内置了 6 个系列的英文字体，一般英文字体用"Verdana，Arial，Helvetica，sans-serif"这个系列比较好看。如果不用这些字体系列，就需要自己编辑字体系列，可以通过下拉列表框最下面的"编辑字体列表"来创建新的字体系列，还可以直接手动在下拉列表框里写字体名，字体之间用逗号隔开。中文网页的默认字体是宋体，一般空着，不要选取任何字体。

2. Font-size（字体大小）

Font-size 通过选取数字和度量单位来选择具体的字体大小，或者选择一个相对的字体大小，最好使用像素作为单位，这样文本在浏览器中不会变形。一般小字体用比较标准的 12 像素。其对应的 CSS 属性是 font-size。

CSS 中长度的单位分为绝对长度单位和相对长度单位，常用的绝对长度单位有以下几种。

- px（像素）：根据显示器的分辨率来确定长度。

- pt（字号）：根据 Windows 系统定义的字号大小来确定长度。
- mm、cn、in（毫米、厘米、英寸）：根据显示的实际尺寸来确定长度。此类单位不随显示器分辨率的改变而改变。

常用的相对长度单位有以下 3 种。

- em：当前文本的尺寸。例如，{font-size:2em}指文字大小为原来的两倍。
- ex：当前字母 x 的高度，一般为字体尺寸的一半。
- %：以当前文本的百分比定义尺寸。例如，{font-size:300%}指文字大小为原来的 3 倍。
- small 和 large：表示比当前小一个级别或大一个级别的尺寸。

3. Font-style（字体样式）

Font-style 定义字体样式为"正常""斜体"或"偏斜体"，默认设置为正常。其对应的 CSS 属性是 font-style。

"斜体"和"偏斜体"都是斜体字体。它们的不同之处在于"斜体"是斜体字，而"偏斜体"是倾斜的文字，对于没有斜体的字体应该用"偏斜体"。

4. Line-height（行高）

Line-height 设置文本所在行的行高，默认为正常，用户也可以自己输入一个精确的数值并选取一个计量单位。其比较直观的写法用百分比，例如 140%指行高等于文字大小的 1.4 倍，相对应的 CSS 属性是 line-height。

5. Text-decoration（修饰）

Text-decoration 用于向文本中添加下画线、上画线、删除线，或使文本闪烁。常规文本的默认设置是"无"，链接的默认设置是"下画线"。当将链接设置为"无"时可以通过定义一个特殊的类去除链接中的下画线。这些效果可以同时存在，将效果前的复选框选中即可。其对应的 CSS 属性是 text-decoration。

6. Font-weight（字体粗细）

Font-weight 用于对字体应用特定或相对的粗体量。"正常"等于 400，"粗体"等于 700。其对应的 CSS 属性是 font-weight。

7. Font-variant（变体）

Font-variant 设置文本的小型大写字母变体。Dreamweaver 不在文档编辑区中显示此属性。Internet Explorer 支持变体属性，但 Navigator 不支持。其对应的 CSS 属性是 font-variant。

8. Text-transform（大小写）

Text-transform 用于将选区中每个单词的第一个字母转为大写，或者令单词全部大写或全部小写。其对应的 CSS 属性是 text-transform。

9. Color（颜色）

Color 定义文字颜色。其对应的 CSS 属性是 color。CSS 中颜色的值有以下 3 种表示方法。

- #RRGGBB 格式：红、绿、蓝 3 种颜色的组合值，每种颜色的值为 00～FF 的两位十六进制正整数。例如#FF0000 表示红色，#FFFF00 表示黄色。
- RGB 格式：RGB 为三色的值，取 0～255。例如 RGB(255,0,0)表示红色，RGB(255,255,0)

表示黄色。

- 用颜色名称：CSS 可以使用已经定义好的颜色名称。例如 red 表示红色，yellow 表示黄色。

4.2.2 背景

背景选项主要对元素的背景进行设置，包括背景颜色、背景图像、背景图像的控制，如图 4-16 所示。其一般是对 BODY（页面）、TABLE（表格）、DIV（区域）的设置。

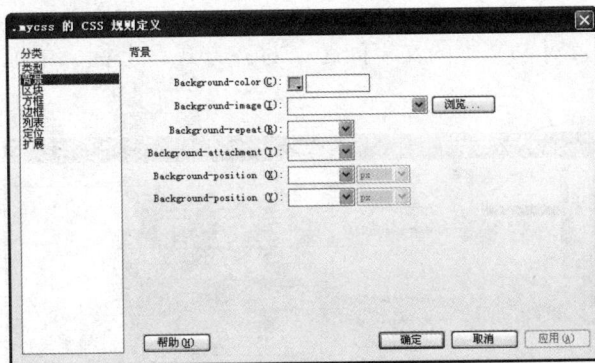

图 4-16 背景选项

1. Background-color（背景颜色）

Background-color 设置元素的背景色，相对应的 CSS 属性是 background-color。用户可以单击"颜色"按钮打开调色板，然后在其中选择需要的颜色，或者直接在文本框中输入颜色代码。

2. Background-image（背景图像）

Background-image 设置元素的背景图像，相对应的 CSS 属性是 background-image。用户可以单击"浏览"按钮打开"选择图像源文件"对话框，在其中选择需要的图像文件，或者直接在文本框中输入图像文件的完整路径。

3. Background-Repeat（重复）

Background-repeat 确定背景图像是否重复以及如何重复，相对应的 CSS 属性是 background-repeat。在该下拉列表中包括以下 4 个选项。

- 不重复：在元素的开头显示一遍图像。
- 重复：在元素的背景部分以水平和垂直方向平铺图像。
- 横向重复：在水平方向重复显示。
- 纵向重复：在垂直方向重复显示。

4. Background-attachment（附件）

Background-attachment 确定背景图像是固定在其原始位置还是随内容一起滚动。注意，某些浏览器可能将"固定"选项视为"滚动"。Internet Explorer 支持该选项，但 Netscape Navigator 不支持。其对应的 CSS 属性是 background-attachment。

5. Background-position（水平位置）

Background-position 指定背景图像相对于元素的水平位置，相对应的 CSS 属性是

background-position。在该下拉列表中可以指定为 left（左边）、center（居中）、right（右边）；也可以在文本框中直接输入数值，如 20px 指背景距离左边 20 像素。

6. Background-position（垂直位置）

Background-position 指定背景图像相对于元素的垂直位置，相对应的 CSS 属性是 background-position。在该下拉列表中可以指定为 top（顶部）、center（居中）、bottom（底部），也可以在文本框中直接输入数值。

4.2.3 区块

区块选项主要设置对象文本的文字间距、对齐方式、上标、下标、排列方式、首行缩进等，如图 4-17 所示。

图 4-17 区块选项

1. Word-spacing（单词间距）

Word-spacing 设置单词之间的间距。若要设置特定的值，请在该下拉列表中选择"值"选项，然后输入一个数值。在第二个下拉列表中选择度量单位（例如像素、点等）。其对应的 CSS 属性是 word-spacing。此属性可以指定负值，但显示方式取决于浏览器。Dreamweaver 不在文档窗口中显示此属性。

2. Letter-spacing（字母间距）

Letter-spacing 设置字符之间的间距，可以指定负值，因为中文也是字符，这个参数可以设置文字间的间距。其对应的 CSS 属性是 letter-spacing。

3. Vertical-align（垂直对齐）

Vertical-align 指定元素的垂直对齐方式，可以指定 sub（下标）、super（上标）、top（与顶端对齐）、middle（居中）、bottom（与底端对齐）等。其对应的 CSS 属性是 vertical-align。

4. Text-align（文本对齐）

Text-align 设置文本的排列方式。该下拉列表中包括 left（左对齐）、right（右对齐）、center（居中）、justify（两端对齐）几个选项。其对应的 CSS 属性是 text-align。

5. Text-indent（文字缩进）

Text-indent 设置文本第一行的缩进值，负值用于将文本第一行向外拉。如果要在每段前空两格，可将其设置为 2em，因为 em 是当前字体尺寸，2em 就是两个字的大小。其对应的 CSS 属性是 text-indent。

6. White-space（空格）

White-space 设置如何处理元素内的空白符，相对应的 CSS 属性是 white-space。在该下拉列表中包括"正常""保留"和"不换行"3 个选项。

- 正常：会将空白符全部压缩。
- 保留：如同处理 pre 标签内的文本处理这些空白符（也就是说所有的空白符，包括空格、标签、回车等都会得以保留）。
- 不换行：指定文本只有遇到 br 标签时才换行。

7. Display（显示）

Display 指定是否显示元素以及如何显示。对于某个元素，当指定为"无"时将禁用该元素的显示。

4.2.4 方框

方框选项主要设置对象的边界、间距、高度、宽度和浮动方式等，如图 4-18 所示。

图 4-18　方框选项

1. Width（宽）

Width 定义元素的宽，相对应的 CSS 属性是 width。在该下拉列表中包括"自动"和"值"两个选项。在选择"值"这个选项后可以在文本框中输入具体的数值，并且可在后面的下拉列表中选择一个单位。

2. Height（高）

Height 定义元素的高，相对应的 CSS 属性是 height。在该下拉列表中包括"自动"和"值"两个选项。在选择"值"这个选项后可以在文本框中输入具体的数值，并且可在后面的下拉列表中选择一个单位。

专家点拨：用宽和高定义的对象多为图片、表格、AP 元素等。

3. Float（浮动）

Float 定义元素的浮动方式。在该下拉列表中包括左对齐、右对齐和无 3 个选项。其对应的 CSS 属性是 float。

4. Clear（清除）

Clear 定义不允许 AP 元素的边。如果清除边上出现 AP 元素，则带清除设置的元素将被移到该元素的下方。其对应的 CSS 属性是 clear。

5. Padding（填充）

Padding 定义元素内容与其边框的空距（如果元素没有边框就是指页边的空白），可以分别设置上、右、下、左的值。其对应的 CSS 属性分别是 padding-top、 padding-right、padding-bottom、padding-left。

如果选中"全部相同"复选框，则为应用此属性的元素的"上""右""下"和"左"设置相同的填充属性。

6. Margin（边界）

Margin 定义元素的边框与其他元素之间的距离（如果没有边框就是指内容之间的距离），可以分别设置上、右、下、左的值。其对应的 CSS 属性分别是 margin-top、margin-right、margin-bottom、margin-left。

如果选中"全部相同"复选框，则为应用此属性的元素的"上""右""下"和"左"设置相同的边界属性。

4.2.5 边框

边框选项可以设置对象边框的宽度、颜色及样式，如图 4-19 所示。

图 4-19　边框选项

1. Style（样式）

Style 设置边框样式，可以设置为 none（无边框）、dotted（点画线）、dashed（虚线）、solid（实线）、double（双线）、groove（槽状）、ridge（脊状）、inset（凹陷）、outset（凸出）等边框样式。其对应的 CSS 属性是 border-style。

专家点拨：dotted（点画线）、dashed（虚线）必须要在 IE 5.5 以上版本或者 MAC 平台上实现，否则效果为实线。

如果选中"全部相同"复选框，则为应用此属性的元素的"上""右""下"和"左"设置相同的边框样式属性。

2. Width（宽度）

Width 设置元素边的宽度，可以分别设定上、右、下、左的值。其对应的 CSS 属性分别是 border-top、border-right、border-bottom、border-left。

如果选中"全部相同"复选框，则为应用此属性的元素的"上""右""下"和"左"设置相同的边框宽度属性。

3. Color（颜色）

　　Color 设置边框的颜色，可以分别对每条边设置颜色。其对应的 CSS 属性分别是border-top-color、border-right-color、border-bottom-color、border-left-color。用户可以通过设置不同的颜色做出亮边和暗边的效果，这样元素看起来是立体的。

　　如果选中"全部相同"复选框，则为应用此属性的元素的"上""右""下"和"左"设置相同的边框颜色属性。

4.2.6 列表

　　列表选项可以设置列表项样式、列表项图片和位置，如图 4-20 所示。

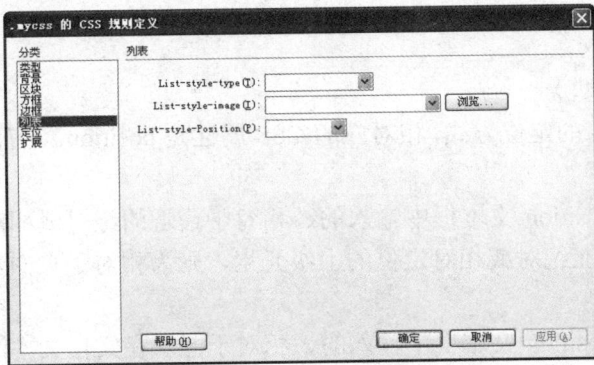

图 4-20　列表选项

1. List-style-type（类型）

　　List-style-type 设置列表项所使用的预设标记，可以设置的样式有 disc（实心圆）、circle（空心圆）、square（方块）、decimal（阿拉伯数字）、lower-roman（小写罗马数字）、upper-roman（大写罗马数字）、lower-alpha（小写英文字母）、upper-alpha（大写英文字母）、none（无项目符号）。其对应的 CSS 属性是 list-style-type。

2. List-style-image（项目符号图像）

　　List-style-image 设置列表项的图像，相对应的 CSS 属性是 list-style-image。用户可以在相应文本框中直接输入图像的 URL 地址或路径，或者单击"浏览"按钮，在弹出的"选项图像源文件"对话框中选择需要的图像文件。

3. List-style-position（位置）

　　List-style-position 设置列表项在文本内还是在文本外，相对应的 CSS 属性是list-style-position。在该下拉列表中包括以下两个选项。

- 内：列表项目标记放置在文本以内。
- 外：列表项目标记放置在文本以外。

4.2.7 定位

　　定位选项中的 CSS 属性用来确定与选定的 CSS 样式相关的内容在页面上的定位方式，

如图 4-21 所示。这就相当于将对象放在一个 AP 元素里来定位，它相当于 HTML 的 DIV 标记，可以看作一个 CSS 定义的 AP 元素。

图 4-21　定位选项

1. Position（类型）

Position 设定对象的定位方式，相对应的 CSS 属性是 position。它有 4 种方式可以选择，如下所述。

- 绝对：使用 Position 文本框中输入的、相对于最近的绝对或相对定位上级元素的坐标（如果不存在绝对或相对定位的上级元素，则为相对于页面左上角的坐标）来放置内容。
- 相对：使用 Position 文本框中输入的、相对于区块在文档文本流中的位置的坐标来放置内容区块。例如，若为元素指定一个相对位置，并且其上坐标和左坐标均为 20px，则将元素从其在文本流中的正常位置向右和向下移动 20px。用户也可以在使用（或不使用）上坐标、左坐标、右坐标或下坐标的情况下对元素进行相对定位，以便为绝对定位的子元素创建一个上下文。
- 固定：使用 Position 文本框中输入的坐标（相对于浏览器的左上角）来放置内容。当用户滚动页面时内容将在此位置保持固定。
- 静态：将内容放在其在文本流中的位置。这是所有可定位的 HTML 元素的默认位置。

2. Visibility（显示）

Visibility 确定内容的初始显示条件，相对应的 CSS 属性是 visibility。如果不指定 Visibility 属性，则默认情况下内容将继承父级标签的值。body 标签的默认可见性是可见的。在 Visibility 下拉列表中包括以下 3 个选项。

- 继承（默认）：继承内容的父级可见性属性。
- 可见：将显示内容，与父级的值无关。
- 隐藏：将隐藏内容，与父级的值无关。

3. Z-Index（Z 轴）

Z-Index 确定内容的堆叠顺序。Z 轴值较高的元素显示在 Z 轴值较低的元素（或根本没有 Z 轴值的元素）的上方。其值可以为正，也可以为负。

4. Overflow（溢出）

Overflow 确定当容器（如 DIV 或 P）的内容超出容器的显示范围时的处理方式。在该下拉列表中包括以下 4 个选项。

- 可见：将增加容器的大小，以使其所有内容都可见，容器将向右下方扩展。
- 隐藏：保持容器的大小并剪辑任何超出的内容，不提供任何滚动条。
- 滚动：将在容器中添加滚动条，而不论内容是否超出容器的大小。明确提供滚动条可避免滚动条在动态环境中出现或消失所引起的混乱。
- 自动：使滚动条仅在容器的内容超出容器的边界时才出现。

5. Placement（定位）

Placement 指定内容块的位置和大小，包括上、下、左、右 4 个选项。浏览器如何解释位置取决于 Placement 设置。如果内容块的内容超出指定的大小，则将改写大小值。

位置和大小的默认单位是像素，还可以指定为 pc（皮卡）、pt（点）、in（英寸）、mm（毫米）、cm（厘米）、em（全方）、ex（字母 x 的高度）或%（父级值的百分比）。单位缩写字母必须紧跟在值之后，中间不留空格，例如 5mm。

6. Clip（剪辑）

Clip 定义内容的可见部分，包括上、下、左、右 4 个选项。如果指定了剪辑区域，可以通过脚本语言（如 JavaScript）访问它，并可通过"改变属性"行为设置擦除效果。

4.2.8 扩展

扩展选项中的 CSS 属性包括分页、光标和过滤器（滤镜效果）选项，如图 4-22 所示。

图 4-22 扩展选项

1. 分页

在打印网页时，"分页"属性用于在样式所控制的对象之前或者之后强行分页（Page-break-before 或者 Page-break-after）。在该下拉列表中包括自动、总是、左对齐和右对齐 4 个选项。

专家点拨："分页"属性不受任何 4.0 版本浏览器的支持，但可能受未来浏览器的支持。

2. Cursor（光标）

Cursor 在鼠标指针位于样式所控制的对象上时改变鼠标指针的外观。在该下拉列表中包括一些具体的选项，选择后可以改变鼠标指针的视觉效果。

专家点拨：Internet Explorer 4.0 和更高版本以及 Netscape Navigator 6 支持该属性。

CSS 样式表

3．Filter（过滤器）

Filter 对样式所控制的对象应用特殊效果（包括模糊和反转等滤镜效果）。在该下拉列表中包括一些具体的选项，将它们应用到网页中的元素上后可以得到类似于 Photoshop 滤镜的效果。

4.3　创建 CSS 样式

在需要设置单个页面的格式时可以使用内部样式表——保存在网页文档内部的样式表；在需要同时控制多个文档的外观以便在多个页面上实现统一的格式时可以使用外部样式表，这是保存在网页文档外部的样式表，它被链接到当前页面。

4.3.1　内部样式表

内部样式是定义了只使用当前文档的样式，如果用户想定义只在自己站点的一个页面中使用的样式就可以使用内部样式。

下面通过创建 CSS 样式对网页中的文本进行格式化。

（1）用 Dreamweaver 打开网页文档"4.3.1.html"。

（2）单击"样式表"面板中的"新建 CSS 规则"按钮，弹出"新建 CSS 规则"对话框。

（3）在"选择器类型"下拉列表中选择"类（可应用于任何 HTML 元素）"，在"选择器名称"文本框中输入要定义的 CSS 样式的名称.ziti，在"规则定义"下拉列表中选择"仅限该文档"，如图 4-23 所示。

图 4-23　"新建 CSS 规则"对话框

（4）单击"确定"按钮，在".ziti 的 CSS 规则定义"对话框中选择左边"分类"列表框中的"类型"，把 Font-size（字体大小）设为 12px（像素），如图 4-24 所示。

（5）选择"分类"列表框中的"区块"，把 Text-index（文字缩进）设为两个字体高（ems），即两个汉字，这是让每一段落的行首自动空两个汉字，如图 4-25 所示。

（6）单击"确定"按钮，字体的 CSS 样式就定义成功了，此时用户可以在"CSS 样式"

面板中看到增加了一个名为.ziti 的 CSS 样式，如图 4-26 所示。

图 4-24　设置大小

图 4-25　设置文字缩进

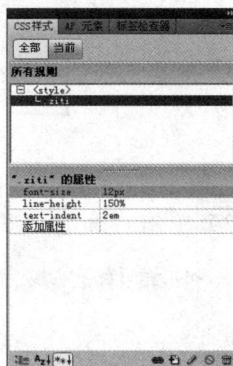

图 4-26　"CSS 样式"面板

（7）切换到代码视图，可以看到在<head></head>之间增加了以下代码：

```css
<style type="text/css">
<!--
.ziti {
    font-size: 12px;
    text-indent: 2em;
}
-->
</style>
```

这是在 HTML 文档内部定义的 CSS 代码。

（8）切换到设计视图，在"标签选择器"上选定<body>标签，然后在<body>标签上右击，在弹出的快捷菜单中选择"设置类"|ziti 命令，这样就可以快速把已经定义的 ziti 样式类指定给<body>标签。切换到代码视图，可以看到<body>标签变成了以下代码：

```html
<body class="ziti">
```

（9）将网页文档另存为"4.3.1(css).html"，用浏览器预览效果，网页的字体看起来就像专业网站的字体了，并且字体尺寸也不会随浏览器字体大小的设置而改变，每个段落的首位自动空了两个汉字的距离。

（10）在"CSS 样式"面板中选择.ziti 样式，单击"编辑样式"按钮 ✎，弹出".ziti 的 CSS 规则定义"对话框。

（11）在 Line-height（行高）右边的两个下拉列表中分别选择"值""％"选项，然后在"（值）"文本框中输入数值，这里输入 150%作为网页文字的行间距，如图 4-27 所示。

图 4-27　定义行高

（12）单击"确定"按钮，此时网页中文字的行间距会自动调整为定义的样式。

4.3.2　外部样式表

内部样式表只在一个网页中起作用，如果想制作很多具有统一样式的网页，就必须在每个网页内定义相同的 CSS 样式表。这样很麻烦，效率也很低，使用外部 CSS 样式表能够较好地解决这个问题。具体实现方法是先建立一个外部 CSS 样式表文件，在这个文件中定义文字、段落、表格、超链接等网页元素的样式，然后在需要的网页上链接这个外部 CSS 样式表文件。

下面通过实例介绍外部 CSS 样式表的创建及应用方法。

1. 创建外部 CSS 样式表

（1）在开始页的"新建"列表中选择 CSS 选项，新建一个外部 CSS 文件，将其保存为 mycss.css。

（2）单击"CSS 样式"面板中的"新建 CSS 规则"按钮 ⊕，弹出"新建 CSS 规则"对话框，在"选择器类型"下拉列表中选择"类（可应用于任何 HTML 元素）"，在"选择器名称"文本框中输入要定义的 CSS 样式的名称.text，在"规则定义"下拉列表中选择"仅限该文档"，如图 4-28 所示。

（3）单击"确定"按钮，弹出".text 的 CSS 规则定义"对话框，在"分类"列表框中选择"类型"，定义字体、大小、行高分别为宋体、12 像素、150%，如图 4-29 所示。

（4）在"分类"列表框中选择"区块"，定义对齐方式为顶部（top）、左对齐（left），文字缩进为两个字体高，如图 4-30 所示。

（5）单击"确定"按钮完成.text 样式的定义，这时的"CSS 样式"面板如图 4-31 所示，CSS 文档的代码内容如图 4-32 所示。

图 4-28 "新建 CSS 规则"对话框

图 4-29 定义字体、大小和行高

图 4-30 定义段落的对齐方式、文字缩进

图 4-31 "CSS 样式"面板

图 4-32 mycss.css 的代码内容

第

4

章

CSS 样式表

（6）单击"CSS 样式"面板中的"新建 CSS 规则"按钮，弹出"新建 CSS 规则"对话框，在"选择器类型"下拉列表中选择"标签（重新定义 HTML 元素）"，在"选择器名称"文本框中输入表格标签 table，在"规则定义"下拉列表中选择"仅限该文档"，如图 4-33 所示。

图 4-33 "新建 CSS 规则"对话框

（7）单击"确定"按钮，弹出"table 的 CSS 规则定义"对话框，选择"分类"列表框中的"边框"，然后按照图 4-34 进行设置。

图 4-34 定义 table 的 CSS 规则

（8）单击"确定"按钮完成 table 的 CSS 规则定义。

（9）新建一个 CSS 样式。在"选择器类型"下拉列表中选择"复合内容（基于选择的内容）"，在"选择器名称"下拉列表中选择 a:link 选项，在"规则定义"下拉列表中选择"仅限该文档"，如图 4-35 所示。

（10）单击"确定"按钮，弹出"a:link 的 CSS 规则定义"对话框，在"分类"列表框中选择"类型"，定义字体、大小、颜色、修饰分别为宋体、12 像素、#FFFFFF、无。

（11）新建一个 CSS 样式。在"选择器类型"下拉列表中选择"复合内容（基于选择的内容）"，在"选择器名称"下拉列表中选择 a:hover 选项，在"规则定义"下拉列表中选择"仅限该文档"。

（12）单击"确定"按钮后在"a:hover 的 CSS 规则定义"对话框的"分类"列表框中

选择"类型",定义颜色为#000000；在"分类"列表框中选择"背景"，定义背景颜色为#00FF00。然后单击"确定"按钮，完成超链接样式的定义。

图 4-35　新建超链接 CSS 样式

（13）选择"文件"|"保存"命令保存 CSS 文件，这时的 CSS 代码如下：

```
@charset "utf-8";
/* CSS Document */
.text {
    font-family: "宋体";
    font-size: 12px;
    line-height: 150%;
    text-align: left;
    text-indent: 2em;
    vertical-align: top;
}
table {
    border: 1px dotted #FF9900;
}
a:link {
    font-family: "宋体";
    font-size: 12px;
    color: #FFFFFF;
    text-decoration: none;
}
```

2. 链接外部 CSS 样式表

前面创建了一个外部 CSS 样式表文件，下面将这个外部样式表链接到某个网页上加以应用。

（1）在浏览器中查看一下，发现没有应用外部 CSS 样式表时网页的效果（网页文件 4.3.2.html）如图 4-36 所示。

（2）在 Dreamweaver 中打开网页文件"4.3.2.html"。

（3）在"CSS 样式"面板上单击"附加样式表"按钮，弹出"链接外部样式表"对话框，在"添加为"选项组中选中"链接"单选按钮，然后单击浏览按钮，选择创建的外部样式表文件 mycss.css，如图 4-37 所示。

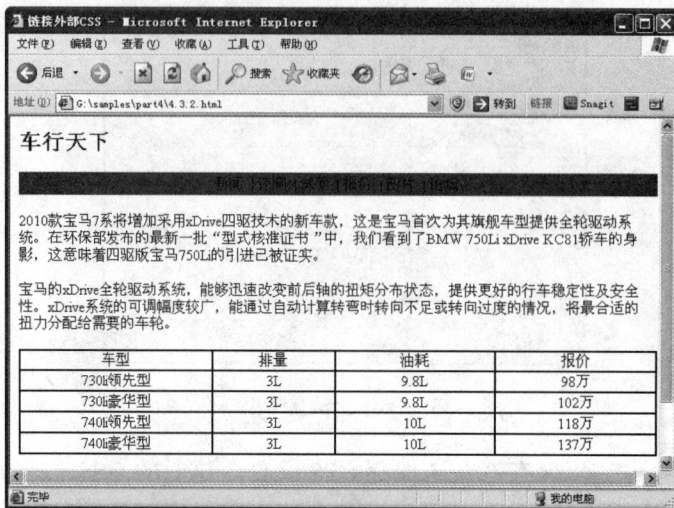

图 4-36　没有应用外部 CSS 样式表时网页的效果

图 4-37　"选择样式表文件"对话框

（4）单击"确定"按钮返回"链接外部样式表"对话框，如图 4-38 所示。

图 4-38　"链接外部样式表"对话框

专家点拨：在"链接外部样式表"对话框中有两种添加外部样式表的方式，一种是"链接"，另一种是"导入"。"导入"是将外部样式表直接导入到网页文档中，而"链接"则是一种指向关系，只是有一个指针将网页文件和外部样式表文件联系在了一起。

（5）单击"确定"按钮，外部样式表文件 mycss.css 就会自动链接到网页中，在"CSS样式"面板中将自动出现一个可折叠的 mycss.css 样式表。

因为控制超链接和表格的 CSS 规则是用相应的标签重新定义得到的，所以网页中的超链接和表格会自动应用样式。

用户可以将.text 样式应用到\<body>标签上，这样网页中的文字都用.text 这个样式来控制外观。

（6）在浏览器中预览一下效果，如图 4-39 所示，可以发现在外部样式表中定义的一些样式已经应用到了网页中。

图 4-39　应用外部 CSS 样式表时网页的效果

　按照上面的方法还可以将外部样式表文件 mycss.css 应用到其他网页文档中。如果需要统一更改这些网页的外观，只需修改外部样式表文件 mycss.css 即可。

4.4　本章习题

一、选择题

1．如果定义了一个名称为.text 的样式表，那么这个样式表的"选择器类型"为（　　　）。

    A．类　　　　　　B．标签　　　　　　C．复合内容　　　　　　D．以上 3 种任一类型

2．外部 CSS 样式表文件的扩展名是（　　）。

    A．.htm　　　　　B．.html　　　　　　C．.css　　　　　　　　D．.asp

3．以下说法正确的是（　　）。

    A．只要在网页文档中定义了 CSS 样式表，那么样式表效果就可以在网页中自动

CSS 样式表

显示出来

B．只要在网页文档中定义了 CSS 样式表就不能把它清除了

C．有些定义好的 CSS 样式表必须应用到网页的某个元素中（文字、段落或者标签等）才能显示出来效果

D．以上都不对

二、填空题

1．根据运用 CSS 样式表的范围局限于当前网页内部还是可以运用到其他网页文件，CSS 样式表可以分为两种类型，分别是_____和_____。

2．Dreamweaver 把简单运用 CSS 样式表的相关功能都汇集到了_____面板，在这个面板中可以新建、编辑、删除 CSS 样式表。

3．在定义 CSS 样式表的时候，如果统一改变网页中超链接文字的外观，通常会定义一种 CSS 样式，它的选择器类型为_____。

4.5 上 机 练 习

练习 1　使用 CSS 自定义项目列表

在 Dreamweaver 中制作项目列表时系统默认的项目列表图标是圆点。本练习要利用 CSS 定义个性化的项目列表图标，效果如图 4-40 所示。

图 4-40　个性化项目列表图标

练习 2　外部 CSS 文件的创建和应用

创建一个 CSS 文件，定义若干 CSS 样式（包括对文本段落格式控制的样式、超链接样式、表格样式等）；然后创建一个网页效果，尽量让网页包括常用的一些元素（文字、图像、表格、导航条等）；最后将外部 CSS 文件链接到这个网页上，并应用相应的 CSS 样式控制网页的外观。

第5章 | 网 页 布 局

网站的设计不仅体现在具体内容与细节的设计制作上，也需要对框架进行整体把握。在进行网站设计时需要对网站的版面与布局进行一个整体性的规划。

本章主要内容：
- 网页布局的类型
- 用表格进行网页布局
- 框架
- 用 CSS 进行网页布局

5.1 网页布局的类型

在网页布局的设计上，根据用户的使用习惯与设计经验已经形成了一些常见的布局方式。网页布局方式主要从用户使用的方便性、界面大方美观、网页特色等方面考虑。

1. "国"字型

"国"字型布局是一种常见的网页布局类型。这种布局类型是在网页的上、下各设计一个通幅广告条，左面是主菜单或导航条，右面是友情链接或其他链接内容，中间是网页的主要内容。这样布局可以充分利用网页的版面，信息量较大。"国"字型布局效果如图 5-1 所示。

2. "厂"字型

"厂"字型布局是在网页的上部放置 Logo 和 Banner，在网页的左边放置导航条与其他链接，在网页的右下方放置网页的主要内容。这种布局的好处是网页的各部分布局非常集中，可以在一个区域突出网页的重要内容。网页中的内容主次分明，很有层次感。"厂"字型布局效果如图 5-2 所示。

3. "框架"型

"框架"型布局是指以框架网页的形式实现网页的布局。框架网页的功能是将浏览器窗口划分为若干个区域，每个区域可以分别显示不同的网页，这样框架就可以实现网页的布局。

与其他网页布局类型不同，其他网页布局都是在一个网页上实现的，而框架布局是在几个不同的网页上实现布局，然后再通过框架网页集合在一起。"框架"型布局效果如图 5-3 所示。

4. "封面"型

"封面"型布局一般出现在网站的首页，页面上通常是一些精美的平面设计结合一些小的动画，放上几个简单的链接或者仅仅是一个"进入"链接，甚至直接在首页的图片上设计链接。"封面"型布局的网页结构通常很简单，需要使用精美的封面效果来体现网页的内容。"封面"型布局效果如图 5-4 所示。

图 5-1　"国"字型布局

图 5-2　"厂"字型布局

图 5-3 "框架"型布局

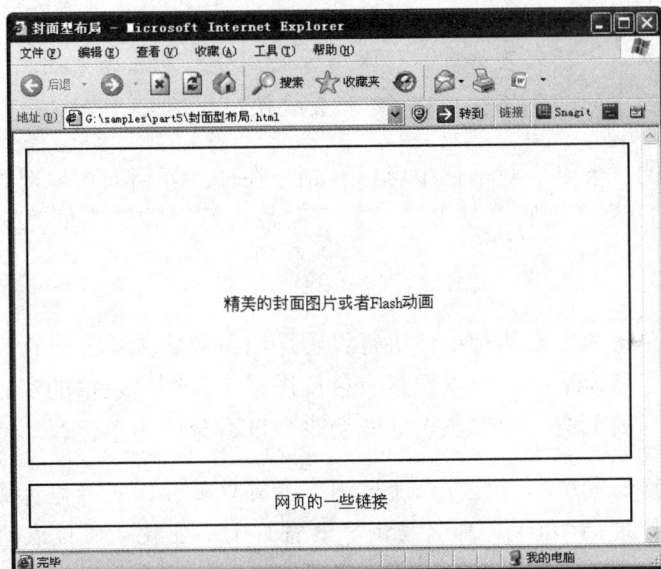

图 5-4 "封面"型布局

5.2 用表格进行网页布局

表格可以用来控制页面布局，通过在表格里放置内容用户能够把对象放置到页面的指定位置，创建更复杂的视觉结构。表格是一种可以让设计人员初步控制站点布局的 HTML 元素。

5.2.1 在页面中插入表格

新建一个 HTML 文档，选择"插入"|"表格"命令，弹出"表格"对话框，如图 5-5

所示。这里插入一个 4 行 3 列的表格，表格宽度为 500 像素，边框粗细为 1 像素，单元格边距和间距都为 0，在"标题"文本框中输入文字"一个简单的表格"，然后单击"确定"按钮，页面中将出现一个表格，效果如图 5-6 所示。

图 5-5　"表格"对话框　　　　图 5-6　表格效果

专家点拨：在网页中插入表格有 3 种常用方法，分别是选择"插入"|"表格"命令、单击"常用"选项卡中的"表格"按钮 田 和直接按组合键 Ctrl+Alt+T。

在图 5-5 所示的"表格"对话框中可以看到，在插入表格时可以对表格宽度、边框粗细、单元格边距和间距、页眉以及表格标题等参数进行设置。下面对这些参数进行详细介绍。

1. 表格宽度

表格宽度有百分比和像素两种单位进行设置。以百分比为单位进行设置在浏览网页时按照网页浏览区的宽度为基准，而以像素为单位进行设置则是表格的实际宽度，在不同的情况下需要使用不同的单位，例如在表格嵌套时多以百分比为单位。

专家点拨：表格的宽度和高度可以通过浏览器窗口百分比或者绝对像素值来定义，比如设置宽度为窗口宽度的 100%，那么当浏览器窗口大小变化的时候表格的宽度也随之变化；如果设置宽度为 760 像素，那么无论浏览器窗口大小为多少表格的宽度都不会变化。

2. 边框粗细

边框粗细用来设置表格边框的粗细，在插入表格时表格边框的默认值为 1 像素，如果把表格边框的值设置为 0，表格的边框则为虚线，如图 5-7 所示，这样在浏览网页时就看不到表格的边框了。如果把表格边框的值设置为 5 像素，那么表格的边框就变宽了许多，如图 5-8 所示。

图 5-7　边框值为 0

图 5-8　边框值为 5 像素

3. 单元格边距

单元格边距表示单元格中的内容与边框距离的大小，如果单元格边距为默认值，其单元格中的内容与边框的距离很近，如图 5-9 所示。如果把单元格的边距设为 8 像素，在单元格中的内容与边框之间就存在了一定的距离，如图 5-10 所示。

图 5-9　单元格边距为默认值

图 5-10　单元格边距为 8 像素

4. 单元格间距

单元格边距和单元格间距是两个不同的概念，单元格间距是指单元格与单元格、单元格与表格边框的距离。两者的单位都是像素，在默认情况下边距的值为 1 像素、间距的值为 2 像素。图 5-11 所示就是把单元格间距设置为 8 像素的表格外观。

图 5-11　单元格间距为 8 像素

5. 页眉设置

页眉设置其实就是为表格选择一个加粗文字的标题栏，这样对于要求标题以默认粗体显示的表格省去了每次手动执行加粗的动作，提高了工作效率。用户可将页眉设置为无、左部、顶部，或者左部和顶部同时设置。图 5-12 和图 5-13 所示分别为将页眉设置在左部和顶部时的效果。

图 5-12　页眉设在左部

图 5-13　页眉设在顶部

6. 辅助功能

辅助功能的作用主要是为表格和表格的内容提供一些简单的文本描述。用户可以在"标题"文本框中为表格设置一个标题，在"对齐标题"下拉列表中选择一种标题的对齐方式，在"摘要"文本域中输入对所创建表格的简单描述信息。

5.2.2　设置表格属性

在页面中插入表格以后可以在"属性"面板中对表格进行设置，除了某些属性与"表格"对话框中的设置一样以外，还可以设置表格的背景颜色、边框颜色和对齐方式等属性。在选中表格以后就会在"属性"面板中显示表格的各种属性，如图 5-14 所示。

图 5-14　表格的"属性"面板

专家点拨：在编辑网页中的表格时必须先选中表格，利用"标签选择器"可以快速选择表格。具体方法是在要选择表格中的任意位置单击，然后在"标签选择器"上单击要选择的表格或者单元格的对应标签。

下面分别对表格中的属性进行说明。

（1）表格：指的是表格名称，用户可以在此输入一个名称来为表格命名。

（2）行和列：可以重新设置表格中行和列的数量。

（3）宽：设定表格的宽度，宽度可以在"表格"对话框中进行设置，单位有"百分比"和"像素"两种。一般情况下不需要设置表格高度。

（4）填充：设置单元格内容与单元格边框之间的像素数。

（5）间距：设置相邻的表格单元格之间的像素数。

（6）对齐：可以设定表格的对齐方式。表格有 3 种对齐方式，分别为"左对齐""居中对齐"和"右对齐"。单击它的下三角按钮，可以在下拉列表中选择对齐方式。如果保持默认，表格会居左对齐。

（7）边框：指定表格边框的宽度，和"表格"对话框中的设置一样，它的单位为像素。如果没有明确指定边框的数值，则大多数浏览器按边框设置为 1 像素显示表格。如果要浏览器不显示表格边框，可以将"边框"数值设置为 0。

（8）清除列宽和清除行高：这两个按钮可以将表格中所有明确指定的行高或列宽删除，如图 5-15 所示。

（9）将表格宽度转换成像素和将表格宽度转换成百分比：前者将表格中每列的宽度设置为以像素为单位的当前宽度，还将整个表格的宽度设置为以像素为单位的当前宽度。后者将表格中每列的宽度或高度设置为按占文档窗口宽度百分比表示的当前宽度，还将整个表格的宽度设置为按占文档窗口宽度百分比表示的当前宽度，如图 5-16 所示。

图 5-15　清除列宽和清除行高

图 5-16　转换表格宽度

5.2.3　表格标签

前面介绍了如何在 Dreamweaver 设计视图下创建表格，为了让读者对表格有更深刻的理解，本节介绍表格标签。与表格相关的标签有<table>、<tr>、<td>等，分别表示表格、行、列。

1.　<table>标签

<table>标签表示一个表格的开始。每一个<table>标签需要一个</table>标签关闭。其相关属性如下。

- width：表格的宽度。
- height：表格的高度。
- border：表格边框的线宽。
- cellpadding：表格边框之间的填充宽度。
- cellspacing：表格边框之间的间距。
- bordercolor：边框的颜色。
- background：表格背景的图片。
- bgcolor：表格背景的颜色。
- align：表格的对齐方式，可以是 left、center、right 等值。

例如，下面是一个表格的代码：

```
<table width="500" height="200" border="2" cellspacing="1" cellpadding="2"
bordercolor="##CC0000" bgcolor="#0033FF" align="center">
```

这些代码表示开始一个表格，宽 500 像素、高 200 像素，边框宽度为 2 像素，边框之间的填充为 1 像素，外边框和内边框的间距为 2 像素，边框颜色为红色，背景颜色为蓝色，居中对齐。

专家点拨：表格的宽度值和高度值如果是一个数字，比如<table width="500">，则尺寸单位为像素；如果是一个百分比，比如<table width="50%">，则尺寸单位为百分比，表示宽度或高度占上一级元素的百分比。

2.　<tr>标签

<tr>标签表示表格的一行，具有和<table>标签相同的高度、宽度、背景等属性。每一个<tr>标签需要一个</tr>标签关闭。

3.　<td>标签

<td>标签表示表格的一个单元格，具有和<table>标签相同的高度、宽度、背景等属性。每一个<td>标签需要一个</td>标签关闭。

例如下面是网页中一个表格的代码：

```
<table width="500" height="200" border="2" cellpadding="1" cellspacing="1"
bordercolor="#0000FF" bgcolor="#999999">
  <tr>
```

```
    <td bgcolor="#990033">设置单元格背景</td>
    <td>灰色背景</td>
    <td>黄色背景</td>
  </tr>
  <tr>
    <td> </td>
    <td align="center">居中对齐</td>
    <td align="left">左对齐</td>
  </tr>
</table>
```

表格的显示效果如图 5-17 所示。

图 5-17　表格效果

5.2.4　用表格布局网页

　　表格是最常用的网页布局实现方式，在表格中可以很容易地对表格的行和列进行调整，从而方便地实现网页布局。本节通过实例介绍利用表格进行网页布局的方法。

　　网页布局实例效果如图 5-18 所示。这个页面是由 4 个表格组成的，在某些单元格中又嵌套了表格，布局示意图如图 5-19 所示。其中，表 1 为网页的顶部，包括网站的 Logo 及 Banner；表 2 是网站导航条；表 3 是页面的主体区，包括左侧的文章列表、右侧的其他链接和下部的搜索条，其中又分别嵌套了小表格；表 4 是网页的底部，是网站的版权栏。

图 5-18　网页布局实例效果

图 5-19　布局示意图

下面详细介绍本实例的制作步骤。

1．创建第一个表格

（1）新建一个 HTML 网页文件，将文件另存为"5.2.4.html"。选择"插入"|"表格"命令，在弹出的"表格"对话框中设置表格为 1 行 2 列，宽为 760 像素，边框粗细、单元格边距和单元格间距均为 0，如图 5-20 所示。单击"确定"按钮，即创建了一个表格。

图 5-20　"表格"对话框

（2）单击"标签选择器"上的<table>标签选中表格，然后打开"属性"面板，设置对齐方式为"居中对齐"，如图 5-21 所示。

（3）单击表格的第一个单元格，在"属性"面板中设置单元格的宽为 180 像素、高为 60 像素，设置背景颜色为蓝色。单击第二个单元格，在"属性"面板中设置单元格的背景颜色为红色。在空白处单击就得到了如图 5-22 所示的效果。

图 5-21　修改表格属性

图 5-22　第一个表格的效果

2. 创建第二个表格

（1）按 Enter 键把光标移到表格的下面，单击"常用"选项卡中的"表格"按钮，插入一个 1 行 1 列、宽为 760 像素的表格。

专家点拨：这次插入的表格继承了前面设置的部分属性，在"表格"对话框中不用再设置边框粗细、单元格边距和单元格间距等属性。

（2）选中此表格，在"属性"面板中设置其对齐方式为"居中对齐"。

（3）单击单元格，在"属性"面板中单击 CSS 按钮切换到 CSS 属性检查器，设置单元格高度为 40 像素。

（4）单击"编辑规则"按钮，打开"新建 CSS 规则"对话框，在"选择器名称"文本框中输入.bimage，其他保持默认设置，如图 5-23 所示。单击"确定"按钮打开".bimage的 CSS 规则定义"对话框，在"分类"列表中选择"背景"，然后单击"浏览"按钮，在弹出的"选择图像源文件"对话框中选择已经准备好的背景图片（\images\bg.jpg），单击"确定"按钮返回".bimage 的 CSS 规则定义"对话框，如图 5-24 所示。单击"确定"按钮，该单元格就应用了一个背景图片。

图 5-23　"新建 CSS 规则"对话框

图 5-24 ".bimage 的 CSS 规则定义"对话框

3. 创建第三个表格

（1）在表格下面的空白处单击，光标就移到了表格的后面，再次插入一个表格，由于"表格"对话框设置了记忆功能，因此这里不进行设置直接单击"确定"按钮即可。

（2）选中这个表格，在"属性"面板中设置表格的对齐方式仍为"居中对齐"，在"行"和"列"文本框中分别输入 1 和 3，设置表格为 1 行 3 列。

（3）单击第一个单元格，将光标定位在此单元格中，在"属性"面板中设置单元格的宽度为 570 像素、单元格内容的垂直对齐方式为"顶端"，如图 5-25 所示。

（4）将光标定位在第二个单元格中，设置其宽度为 10 像素、垂直对齐方式为"顶端"。

（5）将光标定位在第三个单元格中，设置宽度为 180 像素、背景颜色为浅灰色，这样 3 个单元格宽度合起来正好是 760 像素。

（6）在第一个单元格中单击，插入一个 2 行 3 列、宽为 570 像素的表格。选中此表格第一行的第一个单元格，设置其宽为 280 像素、高为 24 像素、背景颜色为"#CC8800"；设置第二个单元格的宽为 10 像素，背景颜色为白色。第三个单元格的设置和第一个单元格一样。选中第二行的第一个单元格，将高度设为 120 像素，将背景颜色设置为浅灰色。选中第二行的第二个单元格，将背景颜色设置为白色。选中第二行的第三个单元格，将背景颜色设置为浅灰色。

（7）选中宽度为 570 像素的表格，按 Ctrl+C 组合键进行复制；将光标移到这个表格的后面（在选中表格的状态下只需按一下向右方向键,光标即移到此表格的右侧了），按 Ctrl+V 组合键进行粘贴，效果如图 5-26 所示。

图 5-25 单元格属性设置

图 5-26 复制内嵌表格后的效果图

网页布局

（8）在所有表格的下部空白处单击，使光标移到大表格的后面，再按 Ctrl+V 组合键粘贴一次。选中新复制的表格，将其行、列属性改为 2 行 1 列，将宽度设置为 180 像素，然后单击第一个单元格，将背景颜色改为"#805500"。

（9）选中这个新复制的表格，按 Ctrl+X 组合键剪切，然后将光标移到右侧浅灰背景的单元格中连续粘贴两次。

（10）将光标移到左侧两个内嵌表格的后面，再插入一个 1 行 1 列、宽度为 570 像素的表格，设置表格的高度为 36 像素、背景颜色为深灰色。

4．创建第四个表格

（1）将光标移到所有表格的下面，插入一个 1 行 1 列、宽度为 760 像素的表格，设置其对齐方式为"居中对齐"。

（2）将光标移至单元格内，设置单元格高度为 60 像素、单元格垂直对齐方式为"顶端"、背景颜色为浅灰色。选择"插入"|HTML|"水平线"命令，插入一条水平线，设置其高度为 1 像素。

最后在相应的单元格中添加文字和图片并保存网页，完成本实例的制作。

5.2.5 表格模式

为了简化使用表格进行页面布局的过程，Dreamweaver 提供了"布局"选项卡，其中包括有关表格的操作工具，如图 5-27 所示。利用这些工具可以更方便地布局表格。

图 5-27 "布局"选项卡

在"布局"选项卡中表格有两种布局模式，即标准表格模式和扩展表格模式，默认情况下处于标准表格模式。如果单击"扩展"按钮可以切换到扩展表格模式，如图 5-28 所示。在扩展表格模式下，Dreamweaver 临时向文档中的所有表格添加单元格边距和间距，并且增加表格的边框以使编辑操作更加容易。利用这种模式可以更方便地选择和操作表格，以利于表格的布局。

图 5-28 扩展表格模式

在扩展表格模式下单击"退出"或者"标准"按钮即可返回到标准表格模式。

5.3 框　　架

框架的作用就是把浏览器窗口划分为若干个区域，每个区域可以分别显示不同的网页。当访问者浏览站点时可以使某个区域的文档永远不更改，通过导航条的链接更改主要内容框架的内容，从而达到网页布局的相对统一。一般情况下可以用框架保持网页中固定的几个部分，如网页大标题、链接按钮等，剩下的框架用来展现所选择的网页内容。

5.3.1　用框架布局页面

如果要制作框架网页，就要建立框架集。框架集是组织页面内容的常见方法，通过框架集可以将网页的内容组织到相互独立的 HTML 页面内，相对固定的内容（比如导航栏、标题栏）和经常变动的内容分别以不同的文件保存将会大大提高网页设计和维护的效率。

本节制作一个简单的框架网页，首先对框架集和框架等概念有一个初步的认识。

1. 建立框架集

（1）新建一个网页文档，并保存为 mainFrame.html，在这个网页中输入一些文字，效果如图 5-29 所示。

（2）选择"插入"|HTML|"框架"|"对齐上缘"命令，如图 5-30 所示。

图 5-29　创建一个网页文档

图 5-30　插入框架

（3）弹出"框架标签辅助功能属性"对话框，在"框架"下拉列表框中列出了当前框架集中所包含的框架名称，展开列表，分别为两个框架设置"标题"属性，将 mainFrame 的"标题"设置为 mainFrame，将 topFrame 的"标题"设置为 topFrame，如图 5-31 所示。

图 5-31　设置框架标题

（4）单击"确定"按钮，设计视图被分成了两个区域（两个框架），如图 5-32 所示。目前是整个框架集被选中的状态，边框呈虚线显示。

2. 保存框架和框架集

（1）进入"框架"面板（打开"框架"面板的快捷键是 Shift+F2），这里以缩略图的形式列出了框架集和内部的框架，每个框架中间的文字就是框架的名称，如图 5-33 所示。

图 5-32　两个框架

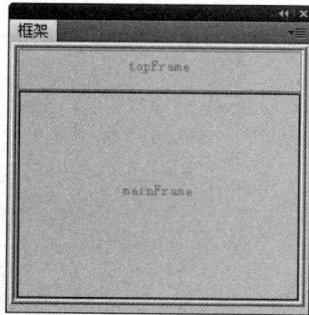

图 5-33　"框架"面板

（2）在"框架"面板中单击选中框架 topFrame（注意其周围的黑色细线框），如图 5-34 所示。按快捷键 Ctrl+S，在弹出的"另存为"对话框中设置文件名为"topFrame.html"并保存。

（3）在"框架"面板中单击最外面的大方框选中整个框架集，注意黑色的粗线方框，如图 5-35 所示。按快捷键 Ctrl+Shift+S，在弹出的"另存为"对话框中设置文件名为"5.3.1.html"并进行保存。

图 5-34 选中框架 topFrame

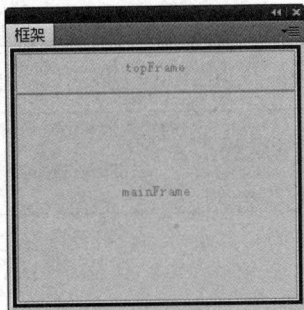

图 5-35 选择框架集

专家点拨：用户除了可以用快捷键进行框架和框架集的保存外，还可以选择"文件"菜单下的相应保存命令进行操作。

（4）在设计视图中单击框架 topFrame 的内部，在这个框架中输入相应文字，最终的框架集及其内部框架对应的 HTML 文件如图 5-36 所示。

图 5-36 框架集及其内包含的框架

专家点拨：这里制作了一个包含两个框架的网页效果，一个框架是 topFrame，另一个框架是 mainFrame。这个包含两个框架的网页效果共对应 3 个网页文件，一个是框架集文件 5.3.1.html，另两个是框架文件 topFrame.html 和 mainFrame.html。

3. 理解框架集 HTML 代码

打开文件 5.3.1.html，切换到代码视图，如图 5-37 所示。为了便于阅读，对图中的代码进行了折叠。定义框架集的 HTML 标签是<frameset></frameset>，含有这对标签的源代码存放在框架集文件中。

```
<frameset rows="120,*" frameborder="yes" border="1" framespacing="1">
    <frame ...
    <frame ...
</frameset>
```

图 5-37 框架集源代码

网页布局

<frameset></frameset>中含有<frame/>标签，每个<frame/>标签定义一个框架，并为框架设置名称、源文件等属性，如图 5-38 所示。

```
<frameset rows="120,*" frameborder="yes" border="1" framespacing="1">
  <frame ...
  <frame src="mainFrame.html" name="mainFrame" id="mainFrame" title="mainFrame" />
</frameset>
```

图 5-38　<frame/>标签

5.3.2　创建框架和框架集

读者通过上面的学习已经对框架和框架集有了初步的认识，下面继续深入学习框架和框架集的创建方法。每一个框架都是一个独立的 HTML 页面，它是浏览器窗口中的一个区域，可以显示与浏览器窗口的其余部分中所显示内容无关的 HTML 文档。通过使用框架集，这些框架能够很好地在一起运作。所谓框架集就是指定义网页结构与属性的 HTML 页面，其中包含了显示在页面中框架的数目、框架的尺寸、装入框架的页面的来源，以及其他一些可定义的属性的相关信息。框架集页面不会在浏览器中显示（noframes 部分除外），它只是向浏览器提供如何显示一组框架以及在这些框架中应显示哪些文档的有关信息。

1. 在现有文档中创建预定义的框架集

在现有文档中创建框架集可以通过以下两种方法来实现：

- 将光标置于文档中，确定要插入框架的位置，然后选择"插入"|HTML|"框架"命令，在子菜单中选择一种框架格式。
- 选择"修改"|"框架集"命令，在弹出的子菜单中选择想要的框架格式，例如"拆分左框架""拆分上框架"等，当前的文档将出现在其中的一个框架中。

2. 拆分和删除框架

在创建好框架以后，如果想对框架进行局部分割，可以将一个框架拆分成更小的几个框架。拆分框架有以下几种方法：

- 将光标放置在要拆分的框架中，从"修改"|"框架集"的子菜单中选择拆分项。
- 在设计视图中将框架边框从视图的边缘拖入视图的中间，以垂直或水平方式拆分一个框架或一组框架，如图 5-39 所示。

专家点拨：如果不显示框架边框，可以选择"查看"|"可视化助理"|"框架边框"命令来显示框架边框。

- 如果使用不在视图边缘的框架边框来拆分框架，可以按住 Alt 键并同时拖动框架边框。如果要将一个框架拆分成 4 个框架，可将框架边框从设计视图的一角拖入框架的中间，如图 5-40 所示。

如果要删除一个框架，只需将它的边框拖到页面之外或拖到父框架的边框上即可。如果要删除的框架中的文档有未保存的内容，Dreamweaver 将提示保存该文档。

专家点拨：不能通过拖动边框完全删除一个框架集。如果要删除一个框架集，必须关闭显示它的文档窗口。如果该框架集文件已保存，则删除该文件。

图 5-39　拖动视图边缘的框架边框来拆分框架

图 5-40　拖动视图的一角来拆分 4 个框架

5.3.3　设置框架和框架集属性

框架和框架集是一些独立的 HTML 文档，可以通过设置框架或框架集的属性来对框架或框架集进行修改。对于框架和框架集的设置，既可以在框架集文件的源代码中修改标签 <frameset></frameset> 和 <frame/> 的属性来完成，也可以在"属性"面板中进行，后者更加直观。

1.　选中框架和框架集

框架和框架集是独立的 HTML 文档，如果要对其进行修改，首先要选中它们。用户可以在"框架"面板中选择框架和框架集，选择"窗口"|"框架"命令，打开"框架"面板，如图 5-41 所示。

"框架"面板以一种在设计视图窗口中不能显示的方式显示框架集的层次结构。在"框架"面板中框架集边框是粗三维边框，而框架边框是细灰线边框，每个框架是用框架名来识别的。

在"框架"面板中单击某个框架就可以选中这个框架，当框架或框架集在"框架"面板中被选中时设计视图窗口中对应的框架或框架集的边框会出现表示被选中的轮廓线。单击最外面的大方框可以选中整个框架集，显示为黑色的粗线方框。

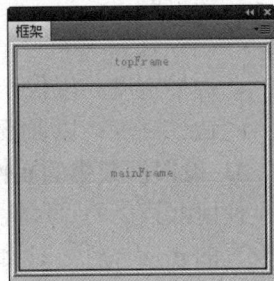

图 5-41　"框架"面板

专家点拨：在设计视图窗口中单击某个框架的边框就可以选中该框架所属的框架集，当一个框架集被选中时框架集内所有框架的边框带有点线轮廓。

2.　设置框架的属性

框架的背景颜色可以在页面属性中进行设置，而框架的其他属性（比如确定各框架集内各框架的名称、源文件、链接、边距、滚动、边框和能否调整大小等）要在自己的"属性"面板中进行设置。

选中框架，打开框架的"属性"面板，如图 5-42 所示。

图 5-42　框架的"属性"面板

- 框架名称：为当前框架命名（为了便于确定超链接应给框架命名）。
- 源文件：确定框架的源文档，可以直接输入文件路径，也可以单击文件夹图标查找并选取文件，还可以将插入点放在框架内并选择"文件"|"在框架中打开"命令打开文件。
- 边框：用来控制当前框架有无边框，选项有"是"（显示边框）、"否"（隐藏边框）和"默认"。大多数浏览器默认显示边框，除非父框架集已将"边框"设置为"否"，只有当共享该边框的所有框架都将"边框"设置为"否"，或者当父框架集的"边框"属性设置为"否"并且共享该边框的框架都将"边框"设置为"默认值"时边框才是隐藏的。
- 滚动：确定框架中的内容显示不下的时候是否出现滚动条，选项有"是""否""自动"和"默认"。"是"表示显示滚动条；"否"表示不显示滚动条；"自动"则是自动显示，也就是当该框架中的内容超过当前屏幕上下或左右边界时滚动条才会显示，否则不显示；"默认"将不设置相应属性的值，从而使各浏览器使用其默认值。
- 不能调整大小：限定框架尺寸，令访问者无法通过拖动框架边框在浏览器中调整框架大小。注意，在 Dreamweaver 设计视图中始终可以调整边框大小，该选项仅适用于在浏览器中查看框架的访问者。
- 边框颜色：设置与当前框架相邻的所有边框的颜色，此项选择覆盖框架集的边框颜色设置。
- 边界宽度：以像素为单位设置框架边框和内容之间的左右边距。
- 边界高度：以像素为单位设置框架边框和内容之间的上下边距。

3. 设置框架集的属性

使用框架集的"属性"面板可以设置边框和边框大小，设置框架属性会覆盖在框架集中设置的相应属性。比如设置某框架的边框属性将覆盖在框架集中对该框架设置的边框属性。

选中框架集，打开框架集的"属性"面板，如图 5-43 所示。

图 5-43　框架集的"属性"面板

- 边框：设置在浏览器中查看文档时是否显示框架边框。
- 边框颜色：设置边框的颜色。

- 边框宽度：指定框架集中所有边框的宽度。
- 框架大小：单击"行列选定范围"区域左侧或顶部的选项卡，然后在"值"文本框中输入高度或宽度。
- 行列大小的单位：其单位有"像素""百分比"和"相对"几个选项。"像素"将选定列或行的大小设置为一个绝对值，对于应始终保持相同大小的框架（例如导航条）而言此选项是最佳选择；"百分比"指定选定列或行应相当于其框架集的总宽度或总高度的百分比；"相对"指定在为"像素"和"百分比"框架分配空间后为选定列或行分配其余可用空间。

设置框架大小的最常用的方法是将左侧框架设置为固定像素宽度，将右侧框架大小设置为相对大小，这样在分配像素宽度后能够使右侧框架伸展以占据所有剩余空间。当从"单位"下拉列表框中选择"相对"选项时，在"值"文本框中输入的所有数字均消失；如果想要指定一个数字，则必须重新输入。不过，如果只有一行或一列设置为"相对"，则不需要输入数字，因为该行或列在其他行和列已分配空间后将接受所有剩余空间。为了确保完全与浏览器兼容，可以在"值"文本框中输入 1。

专家点拨：嵌套框架是指在框架内部进一步包含框架集。使用嵌套框架可以为一个网页文档设置多个框架，而且它们都有独立的 HTML 文档和框架文档。利用嵌套框架可以实现比较复杂的网页框架结构。

5.3.4　保存框架和框架集

框架集文件和与之相关的框架文件必须先保存，然后才可以在浏览器中预览该页面。当使用 Dreamweaver 创建框架文档时每个新的框架文档都会被赋予一个临时的文件名。例如，UntitledFrameset-1.html 代表框架集页面，UntitledFrame-1.html、UntitledFrame-2.html 等文件名代表框架页面，一般主框架页面的文件名如 Untitled-1-html 等。

1. 保存框架集内所有的文件

选择"文件"|"保存全部"命令，此时会弹出一个对话框要求用户选择保存路径和文件名，同时在视图中会出现一个粗框。粗框的范围表明了此时正要保存的文件，如果粗框围住整个视图说明此时保存的是框架集，所有没有保存的框架文档都将在框架的周围出现粗框，并且出现一个对话框要求用户选择保存路径和文件名。

2. 保存框架中显示的文档

在需要保存的框架内单击，选择"文件"|"保存框架"命令或者选择"文件"|"框架另存为"命令。

3. 保存框架集文件

在"框架"面板或视图窗口中选择框架集，然后选择"文件"|"保存框架页"命令或者选择"文件"|"框架集另存为"命令。

5.3.5　控制带有链接的框架内容

如果要在一个框架中使用链接以打开另一个框架中的文档，必须设置链接目标。链接的 target 属性指定在其中打开链接的内容的框架或窗口。

例如，如果导航条位于左框架，并且希望链接的材料显示在右侧的主要内容框架中，必须将主要内容框架的名称指定为每个导航条链接的目标。当访问者单击导航链接时将在主框架中打开指定的内容。

设置链接的目标框架的方法如下。

（1）在文档中选择需要链接的文本或者对象。

（2）展开"属性"面板，在"链接"后的文本框中选择或输入要链接到的文件。

（3）在"属性"面板的"目标"下拉列表中选择链接文档显示的窗口或框架。

- _blank：在新的窗口中打开链接文档，保留当前窗口。
- _parent：在链接的父框架内显示链接文档。
- _self：在当前框架打开链接文档，替换当前框架中的内容。
- _top：在当前文档的最外边的框架集内打开链接文档，替换所有框架。
- 框架名称：选择一个命名框架以打开该框架中链接的文档。注意只有在框架集内编辑文档时才显示框架名称。如果单独打开文档窗口编辑链接，框架名称将不显示在"目标"下拉列表中，此时可以将目标框架的名称直接输入"目标"文本框中。

5.4　用 CSS 进行网页布局

随着 Web 2.0 的广泛流行，越来越多的网站工程师采用符合 W3C 标准的技术开发网页，这是今后网页设计的发展方向。CSS 页面布局使用层叠样式表格式（而不是传统的 HTML 表格或框架），用于组织网页上的内容。CSS 布局的基本构造块是 div 标签，它是一个 HTML 标签，在大多数情况下用作文本、图像或其他页面元素的容器。

5.4.1　表格+CSS 布局

表格+CSS 布局是从传统的网页设计技术到符合 Web 2.0 标准的网页设计技术的一种过渡。本节介绍表格+CSS 布局的方法。

传统的网页设计往往都是利用表格进行网页布局，其实<table>标签的本意并不是用来布局网页，它的本意是创建表格数据，用来表现网页中具有二维关系的数据。传统的网页设计采用大量的嵌套表格进行布局，容易将网页内容、结构和表现混杂在一起，这样设计出来的网页不利于维护和搜索引擎的搜索。

图 5-44 所示为传统布局方式的一个网页的源文件代码片段，可以看出这个网页利用了大量的嵌套表格进行布局，代码十分复杂，不利于维护和管理。

符合 Web 2.0 标准的网页设计是将网页内容、结构与表现分开，做到"表现和结构相分离"。表格+CSS 布局可以使设计的网页结构更加合理，更便于维护和更改网页的样式，但是从本质上讲这种布局网页的方式只是从传统的网页设计技术到符合 Web 2.0 标准的网页设计技术的一种过渡。

图 5-45 所示为用户在网站首页布局中经常会看到的局部布局效果，一般位于网页的两侧。

针对这个布局效果，传统的表格布局方法是创建一个 3 行 1 列的表格，然后直接设置表格和每个单元格的属性。表格+CSS 布局的方法不是这样，具体方法是先创建一个 3 行 1

列的表格，表格和每个单元格的样式用 CSS 来控制，示意如图 5-46 所示。

图 5-44　传统的表格布局代码

图 5-45　布局效果

图 5-46　用 CSS 样式控制表格的示意图

　　这里定义了 4 个 CSS 类选择符，即.left_tdbgall、.left_top、.left_mid、.left_end，它们分别用来控制表格的样式和 3 个单元格的样式。

　　下面详细介绍这个网页布局实例的制作方法。

1. 创建 CSS 文件

（1）新建一个 CSS 文档，保存为 5.4.1.css。单击"CSS 样式"面板中的"新建 CSS 规则"按钮，弹出"新建 CSS 规则"对话框，在其中进行设置，具体情况如图 5-47 所示。

图 5-47　新建.left_tdbgall 样式

　　单击"确定"按钮进入".left_tdbgall 的 CSS 规则定义"对话框，在其中选择"分类"
列表框中的"背景"，设置 Background-color（背景颜色）为#666666（灰色）；然后选择"分
类"列表框中的"方框"，设置 Width（宽）和 Height（高）分别为 190 像素和 250 像素，
如图 5-48 所示。

图 5-48　设置方框属性

　　选择"分类"列表框中的"边框"，设置属性如图 5-49 所示，定义整个表格的边框为
1 像素的绿色细实线。
　　完成 CSS 规则定义以后单击"确定"按钮，这时文档窗口中增加以下代码：

```
/* 表格样式的定义 */
.left_tdbgall {
    height: 250px;                        /*定义单元格高度*/
    width: 190px;                         /*定义单元格宽度*/
    background-color: #666666;            /*定义背景颜色为灰色*/
    border: 1px solid #99CC00;            /*定义表格边框为1像素的绿色细线*/
}
```

图 5-49　设置边框属性

（2）按照同样的方法定义.left_top 类选择符，这个 CSS 样式用来控制第一个单元格（顶部单元格）。代码如下：

```
/* 顶部单元格背景、文字、段落格式等的定义 */
.left_top
{
    color: #FFFFFF;                           /*定义文字颜色*/
    height: 30px;                             /*定义单元格高度*/
    width: 190px;                             /*定义单元格宽度*/
    text-align: left;                         /*定义段落对齐方式为左对齐*/
    background-image:url(img/head.png);       /*定义单元格背景图像*/
    background-position: center;              /*定义背景图像居中*/
    background-repeat: no-repeat;             /*定义背景图像不重复*/
    padding-left:35px;                        /*设置方框中填充对象的左边距为35像素*/
    font-size: 12px;                          /*定义文字大小*/
    vertical-align: middle;                   /*定义文字在单元格垂直方向上居中对齐*/
}
```

（3）按照同样的方法定义.left_mid 类选择符，这个 CSS 样式用来控制第二个单元格（中部单元格）。代码如下：

```
/* 中部单元格背景、文字、段落格式等的定义 */
.left_mid
{
    padding: 5px;                             /*定义填充内容的边距*/
    height: 200px;                            /*定义单元格高度*/
    width: 190px;                             /*定义单元格宽度*/
    font-size: 12px;                          /*定义文字大小*/
    background-color: #CCCCCC;                /*定义背景颜色为浅灰色*/
    color: #000000;                           /*定义文字颜色*/
    list-style-position: inside;              /*定义列表位置为内部*/
```

```
        list-style-image: url(img/s_left.gif);  /*定义列表项前面的图标*/
}
```

（4）按照同样的方法定义.left_end 类选择符，这个 CSS 样式用来控制第三个单元格（底部单元格）。代码如下：

```
.left_end
{
    height:20px;                          /*定义单元格高度*/
    width: 190px;                         /*定义单元格宽度*/
    font-size: 12px;                      /*定义文字大小*/
    color: #FFFFFF;                       /*定义文字颜色*/
    text-align: right;                    /*定义段落对齐方式为右对齐*/
    background-color: #99CC00;            /*定义背景颜色为绿色*/
}
```

专家点拨： Dreamweaver 提供了可视化的 CSS 定义工具，十分适合初学者使用。如果用户对 CSS 已经有了相当的理解，也可以直接在代码视图中输入需要的 CSS 代码。利用手工输入的方式可以创建更加简洁的 CSS 代码。

2. 创建网页文档

（1）新建一个网页文档，保存为 5.4.1.html。在"CSS 样式"面板中单击"附加样式表"按钮，弹出"链接外部样式表"对话框，设置情况如图 5-50 所示。

设置完成后单击"确定"按钮，这样"CSS 样式"面板中就出现了定义好的样式，如图 5-51 所示。

图 5-50　链接外部样式表

图 5-51　"CSS 样式"面板

（2）在设计视图下插入一个 3 行 1 列的表格，然后切换到代码视图，重新编辑\<body\>标签内的代码，最终\<body\>标签内的代码如下。

```
<body>
<table border="0" cellpadding="0" cellspacing="0" class="left_tdbgall">
    <tr>
      <td class="left_top">站内资讯</td>
    </tr>
```

```
        <tr>
          <td class="left_mid">
            <li>资讯列表1
            <li>资讯列表2
            <li>资讯列表3
            <li>资讯列表4
            <li>资讯列表5
          </td>
        </tr>
        <tr>
          <td class="left_end">更多资讯>></td>
        </tr>
      </table>
    </body>
```

以上创建的网页文件结构合理，代码比较简洁，网页内容和内容的表现（外观）基本上是分开的，各自独立创建在不同的文件中。如果用户想改变网页外观，可以直接编辑5.4.1.css 文件，重新设定相应的样式，这样也比较易于网站的维护。

5.4.2 DIV+CSS 布局

利用 DIV+CSS 布局网页是一种盒子模式的开发技术，它通过由 CSS 定义的大小不一的盒子和盒子嵌套来编排网页。因为用这种方式排版的网页代码简洁、更新方便，能兼容更多的浏览器，比如 PDA 设备也能正常浏览，所以越来越受到网页开发者的欢迎。

1. CSS 布局简介

网页中的表格或者其他区块都具有内容（content）、填充（padding）、边框（border）、边界（margin）等基本属性，一个 CSS 盒子也都具有这些属性。图 5-52 所示为一个 CSS 盒子的示意图。

在利用 DIV+CSS 布局网页时需要利用 CSS 定义大小不一的 CSS 盒子以及盒子嵌套。图 5-53 所示为一个网站首页的 CSS 盒子布局示意图。

从图 5-53 可以看出这个网页一共设计了 7 个盒子，最大的盒子是 body{}，这是一个 HTML 元素，是 HTML 网页的主体标签。在 body{}盒子中嵌套一个#container{}盒子（这里的#container 是一个 CSS 样式定义，是一个标识选择符），可以称这个盒子为页面容器。在#container{}盒子中又嵌套盒子#header{}、#main{}、#bottom{}，这 3 个盒子分别是网页的头部（Banner、Logo、导航条等）、中部（网页的主体内容）、底部（版权信息等）。在#main{}盒子中嵌套#left{}、#right{}两个盒子，这是一个两栏的页面布局，这两个盒子分别用来容纳左栏和右栏的内容。

2. 利用 DIV+CSS 布局

XHTML 是一种在 HTML 4.0 的基础上优化和改进的新语言，目的是基于 XML 应用。XHTML 是一种增强了的 HTML，它的可扩展性和灵活性将适应未来网络应用更多的需求。

在网页文档中利用 Div 标签定义 XHTML 代码进行网页布局。在 Dreamweaver 中将插入工具栏切换到"布局"选项卡，可以看到一个"插入 Div 标签"按钮，如图 5-54 所示。

图 5-52　CSS 盒子模型

图 5-53　CSS 布局示意图

图 5-54　"插入 Div 标签"按钮

下面利用 DIV+CSS 具体创建一个盒子。

（1）新建一个网页文档，切换到代码视图下，可以看到\<head\>标签前的几行代码是用来定义网页文档 XHTML 类型的。在使用 DIV+CSS 布局页面时这几行代码是不能缺少的，如图 5-55 所示。

图 5-55　新建网页文档的代码视图

（2）将光标定位在\<body\>标签的下面一行，单击"布局"选项卡中的"插入 Div 标签"按钮 ，弹出"插入 Div 标签"对话框，如图 5-56 所示。

在这个对话框中可以选择插入 Div 标签的位置以及控制这个 Div 标签的 CSS 样式，这里不做选择，直接单击"确定"按钮，此时在 body 标签中间新增了一对 div 标签，如图 5-57 所示。

这一对 div 标签定义了一个盒子结构，此时切换到设计视图可以看到一个虚线框。下面定义一个 CSS 样式，用这个 CSS 样式控制这个盒子的外观。

（3）在"CSS 样式"面板中单击"新建 CSS 规则"按钮，在弹出的"新建 CSS 规则"

对话框中进行图 5-58 所示的设置。

图 5-56 "插入 Div 标签"对话框

图 5-57 新增一对 div 标签

图 5-58 "新建 CSS 规则"对话框

设置完成以后单击"确定"按钮,在弹出的"#divcss1 的 CSS 规则定义"对话框中选择"分类"列表框中的"背景",设置背景颜色为灰色;然后选择"分类"列表框中的"方框",设置宽和高分别为 700 像素和 300 像素,如图 5-59 所示。

选择"分类"列表框中的"边框",设置样式为实线,宽度为 1 像素,颜色为红色,并将 3 个"全部相同"复选框选中,如图 5-60 所示。

设置完成后单击"确定"按钮,这时在代码视图中新增了一些 CSS 样式定义代码,如图 5-61 所示。

(4)将光标定位在 div 标签代码行,在标签选择器上选择<div>标签并右击,在弹出的快捷菜单中选择"设置 ID"|divcss1 命令,这样就将样式 divcss1 应用到 div 标签上了,这时的 div 标签代码行变为:

```
<div id="divcss1">此处显示新 Div 标签的内容</div>
```

切换到设计视图,可以看到用 DIV+CSS 定义的一个盒子的外观,这个盒子的背景色为灰色,宽为 700 像素,高为 300 像素,边框为红色、1 像素的细线。

图 5-59　设置方框

图 5-60　设置边框

```
1  <!DOCTYPE html PUBLIC "-//W3C//DTD XHTML 1.0 Transitional//EN"
   "http://www.w3.org/TR/xhtml1/DTD/xhtml1-transitional.dtd">
2  <html xmlns="http://www.w3.org/1999/xhtml">
3  <head>
4  <meta http-equiv="Content-Type" content="text/html; charset=gb2312" />
5  <title>无标题文档</title>
6  <style type="text/css">
7  <!--
8  #divcss1 {
9      background-color: #999999;
10     height: 300px;
11     width: 700px;
12     border: 1px solid #CC0000;
13 }
14 -->
15 </style>
16 </head>
17
18 <body>
19 <div>此处显示新 Div 标签的内容</div>
20 </body>
21 </html>
22
```

新增加的 CSS 样式定义代码

图 5-61　CSS 样式代码

5.5　本章习题

一、选择题

1．在定义表格的属性时，在<table>标签中设置（　　　）属性可以设置表格边框的颜色。

  A．border   B．bordercolor   C．color   D．colspan

2．以下说法正确的是（　　　）。

  A．如果要选择多个非连续的单元格，只要按住 Ctrl 键依次单击要选择的单元格即可

  B．表格一旦创建，单元格就不能被合并和拆分了

  C．表格的列的宽度和行的高度不能重新设置

  D．以上都不正确

3．定义框架集的 HTML 标签是（　　　），含有这对标签的源代码存放在框架集文件中。

  A．<html>和</html>   B．<frame>和<frame/>

  C．<table>和</table>   D．<frameset></frameset>

4．对于盒子模型，网页中的表格或者其他块都具有内容、（　　　）、边框、边界等基本属性，一个 CSS 盒子也具有这些属性。

  A．框架   B．形式   C．填充   D．模样

二、填空题

1．一个表格主要由 3 种标签组成，分别是_____，它们分别对应表格、行、单元格。

2．在_____中选择框架集通常比在视图窗口中选择框架集容易。

3．一个包含有 3 个框架的网页实际上是由_____个独立的 HTML 页面组成的，它们分别是_____。

5.6　上机练习

练习 1　利用表格布局网页实例

  本练习利用表格制作一个网页布局规划，效果如图 5-62 所示。这个布局总体上从上到下共有 4 个表格，依次是顶部表格、导航表格、网页主体表格、版权表格。其中，网页主体表格中又嵌套 3 个表格，将主体区域分成了左、中、右 3 个部分。

练习 2　利用框架布局网页实例

  本练习利用框架进行网页布局，网页共分 4 个框架，顶部为标题部分，左侧为导航部

分，右侧为主体部分，底部为版权说明部分。用户在浏览网页时可以通过单击左侧导航栏中的链接切换主体部分的网页内容，效果如图 5-63 所示。

图 5-62 表格布局效果

图 5-63 框架网页效果

该网页共分 4 个框架，顶部为标题部分，显示网页的大标题；中间左侧为导航部分，提供各网页的导航链接；中间右侧为主体部分，显示网页主要内容；底部为说明部分，主要包括一些版权信息。

练习3 利用DIV+CSS布局网页实例

本练习实现一个网站首页的 CSS 盒子布局规划，效果如图 5-64 所示，将网页布局分成网页顶部（Logo、Banner、导航条）、网页中部（网页主体，分成左、右两栏）、网页底部（版权信息）3 个盒子，网页中部的盒子中又嵌套了左栏和右栏两个盒子。

图 5-64　网站首页布局

第6章　网页特效与交互

在制作网页时为了丰富网页内容可以在网页中添加特效与交互，这样制作出来的网页不仅新颖、有风格，而且也能增加网站的访问量。Dreamweaver 内置了一些行为，行为是被用来动态响应用户操作、改变当前页面效果或执行特定任务的一种方法，利用行为可以高效地实现网页的互动效果。另外，利用 AP 元素（层）和 Spry 框架也可以实现网页的交互功能。

本章主要内容：

- 行为
- AP 元素
- Spry 框架
- JavaScript 基础知识

6.1　行　　为

行为是由一个事件（Event）所触发的动作（Action），因此又把行为称为事件的响应，它是被用来动态响应用户操作、改变当前页面效果或执行特定任务的一种方法。事件是浏览器产生的有效信息，也就是访问者对网页所做的事情。例如单击某个图像、鼠标经过指定的元素等。

Dreamweaver CS6 内置了几十种行为，利用这些行为不需要书写一行代码就可以实现丰富的动态页面效果，例如拖动 AP 元素、显示/隐藏元素、弹出消息、打开新浏览窗口等功能，达到用户与页面的交互。

6.1.1　附加行为

行为可以附加到整个文档，即附加到<body>标签，还可以附加到文字、图像、AP 元素、超链接、表单元素或多种其他 HTML 元素中的任何一种。

1. 添加行为的方法

（1）在页面上选择需要添加行为的对象，例如一个图像或一个链接，然后选择"窗口"|"行为"命令打开"行为"面板，如图 6-1 所示。

（2）单击"行为"面板上的"添加行为"按钮 ＋ ，从弹出的菜单中（如图 6-2 所示）选择一个动作，例如"打开浏览器窗口"命令，在打开的相应动作设置对话框中设置好各个参数后返回到"行为"面板。

图 6-1 "行为"面板

图 6-2 弹出的菜单

（3）在动作设置好以后就要定义事件了，在"行为"面板中单击"事件"栏右侧的下三角按钮，在弹出的下拉列表中选择一个合适的事件，如图 6-3 所示。

（4）这样完成操作以后与当前所选对象相关的行为就会显示在行为列表中，如果设置了多个事件，则按事件的字母顺序进行排列。如果同一个事件有多个动作，将以列表上出现的顺序执行这些动作。如果行为列表中没有显示任何行为，则说明没有行为附加到当前所选的对象。在图 6-4 中"行为"面板显示了 3 个行为列表。

图 6-3 选择事件

图 6-4 "行为"面板中的行为列表

专家点拨：不同的浏览器、同一个浏览器的不同版本对事件的支持不尽相同，通常来说高版本的浏览器支持的事件要比低版本支持的多，而 IE 比 Netscape 支持的事件要多。

2. 修改行为

选择一个附加了行为的对象，然后选择"窗口"|"行为"命令打开"行为"面板，执行下列操作之一。

- 删除行为：将行为选中然后单击"删除事件"按钮─或按 Delete 键。
- 改变动作参数：双击该行为名称或将其选中并按 Enter 键，然后更改弹出对话框中的参数，最后单击"确定"按钮。

- 改变给定事件的动作顺序：当"行为"面板中包含多个相同事件的动作时选择某个动作，然后单击"降低事件值"按钮 ▼ 或者单击"增加事件值"按钮 ▲，可以更改动作执行的顺序。用户也可以选择该动作，然后剪切，并将它粘贴到其他动作中所需的位置。

6.1.2　行为应用实例——网页加载时弹出公告页

访问网页的时候经常会遇到这样的情况：打开网站页面时会弹出写有通知事项或特殊信息的小窗口。利用 Dreamweaver 的"打开浏览器窗口"行为可以制作这种效果。

1. 制作用作公告页的网页文档

（1）新建一个 HTML 网页文档，将其保存为 mywindow.html。

（2）插入一个 2 行 1 列的表格，创建图 6-5 所示的页面效果。

图 6-5　mywindow.html 页面效果

专家点拨：在制作用作公告页的网页文档时一定要考虑将来所弹出窗口的大小。如果公告页中的内容比弹出窗口大，那么在弹出窗口中显示的时候只截取部分内容显示。因此，一般情况下将用作公告的内容制作得比弹出窗口稍微小一些，这样可以保证在弹出窗口中全部显示。

2. 在另一个网页中添加"打开浏览器窗口"行为

（1）另外打开一个需要添加弹出公告的网页文档，一般为网站的首页，这里是6.1.2.html。

（2）在"标签选择器"中单击<body>标签选定整个网页文档，这时在"行为"面板上方会显示"标签<body>"字样，如图 6-6 所示。

（3）在"行为"面板中单击"添加行为"按钮 ＋，，在弹出的菜单中选择"打开浏览器窗口"命令。

（4）弹出"打开浏览器窗口"对话框，在其中单击"浏览"按钮打开"选择文件"对话框，在"选择文件"对话框中选择用作公告的网页文件 mywindow.html。

图 6-6　对标签<body>添加行为时的"行为"面板

（5）单击"确定"按钮以后返回到"打开浏览器窗口"对话框，在其中设置"窗口宽度"和"窗口高度"分别为 400 像素和 300 像素，如图 6-7 所示，最后单击"确定"按钮。

图 6-7　"打开浏览器窗口"对话框

专家点拨： 在"打开浏览器窗口"对话框的"属性"选项组中有 6 个复选框，这些复选框用于控制显示或者隐藏导航工具栏、菜单栏、地址工具栏、滚动条、状态栏等浏览器构成元素。另外，在"窗口名称"文本框中输入弹出窗口的名称，这样可以根据情况用 JavaScript 进行控制。

3. 设置事件

（1）为了在加载网页文档时显示弹出窗口，在"行为"面板左边的事件栏中将事件设置为 onLoad，完成后的"行为"面板如图 6-8 所示。

图 6-8　添加"打开浏览器窗口"行为后的"行为"面板

（2）保存网页文档，然后按 F12 键在浏览器中查看效果，用户会发现在加载网页文档时弹出一个 400×300 像素的窗口，弹出窗口的内容就是刚才制作的 mywindow.html。

4. JavaScript 代码

行为一般是 JavaScript 针对网页中的对象进行编程控制实现的。在 6.1.2.html 网页中切换到代码视图，可以看到如下代码：

```
<!DOCTYPE html PUBLIC "-//W3C//DTD XHTML 1.0 Transitional//EN"
"http://www.w3.org/TR/xhtml1/DTD/xhtml1-transitional.dtd">
<html xmlns="http://www.w3.org/1999/xhtml">
<head>
<meta http-equiv="Content-Type" content="text/html; charset=utf-8" />
<title>网站首页</title>
<script type="text/javascript">
<!--
function MM_openBrWindow(theURL,winName,features) { //v2.0
  window.open(theURL,winName,features);
}
//-->
</script>
</head>
<body onload="MM_openBrWindow('mywindow.html','','width=400,height=
300')">
<h2>网站首页
</h2>
</body>
</html>
```

在<head>与</head>标签之间利用 JavaScript 定义了一个 MM_openBrWindow( )函数。在<body>标签中加入了 onload 事件，其发生时调用 MM_openBrWindow( )函数。在网页运行时会产生一个 onload 事件，这个事件会调用已经定义的行为函数。

6.1.3 内置行为简介

Dreamweaver CS6 内置了 30 多个行为动作，这些自带的行为动作是为了在 Netscape Navigator 4.0 和更高版本以及 Internet Explorer 4.0 和更高版本中使用而编写的。下面说明每一个动作的功能，如表 6-1 所示。

表 6-1 常用动作列表

动作名称	动作的功能
交换图像	发生设置的事件后用其他图片来取代选定的图片，此动作可以实现图像感应鼠标的效果
弹出信息	设置事件发生后显示警告信息
恢复交换图像	此动作用来恢复设置"交换图像"，却又因为某种原因而失去交换效果的图像
打开浏览器窗口	在新窗口中打开 URL，可以定制新窗口的大小
拖动 AP 元素	可让访问者拖动绝对定位的（AP）元素。使用此行为可创建拼板游戏、滑块控件和其他可移动的界面元素

动作名称	动作的功能
改变属性	使用"改变属性"行为可更改对象某个属性（例如 div 的背景颜色或表单的动作）的值
效果	这是"Spry 效果"，提供视觉增强功能，可以将它们应用于使用 JavaScript 的 HTML 页面上的几乎所有元素
显示-隐藏元素	可显示、隐藏或者恢复一个或多个页面元素的默认可见性
检查插件	确认是否设有运行网页的插件
检查表单	能够检测用户填写的表单内容是否符合预先设定的规范
设置文本	（1）设置容器的文本：在选定的容器上显示指定的内容
	（2）设置框架文本：在选定的框架页上显示指定的内容
	（3）设置文本域文字：在文本字段区域显示指定的内容
	（4）设置状态条文本：在状态栏中显示指定的内容
调用 JavaScript	事件发生时调用指定的 JavaScript 函数
跳转菜单	制作一次可以建立若干个链接的跳转菜单
跳转菜单开始	在跳转菜单中选定要移动的站点后只有单击"开始"按钮才可以移动到链接的站点上
转到 URL	选定的事件发生时可以跳转到指定的站点或者网页文档上
预先载入图像	为了在浏览器中快速显示图片，事先下载图片之后显示出来

6.2 AP 元素

AP 元素（也称为层）是分配有绝对位置的 HTML 页面元素。AP 元素可以包含文本、图像或其他任何可放置到 HTML 文档正文中的内容。AP 元素提供了一种在网页上比较自由地进行布局和设计的途径，在进行页面布局时可以任意调整 AP 元素的大小、背景、叠放顺序等，如同在绘图软件中作图一样方便。

6.2.1 应用 AP Div 创建 AP 元素

在 Dreamweaver 的标准模式下，利用"布局"选项卡中的"绘制 AP Div"按钮可以插入 AP 元素。

1. 插入 AP 元素

（1）新建一个 HTML 网页文档，切换到"布局"选项卡，单击"标准"按钮 标准 ，然后单击"绘制 AP Div"按钮 ，在设计视图中拖动鼠标绘制 AP 元素。注意，当 AP 元素处于选中状态时周围有蓝色的粗线边框，左上角有图标 ，如图 6-9 所示。

专家点拨：AP 元素的位置是可以随意设置的，选中 AP 元素后在左上角的 图标上按下鼠标左键并拖动就能将 AP 元素摆放在页面的任意位置。在 AP 元素的"属性"面板中可以通过设置"左"和"上"属性来精确控制 AP 元素的位置。

（2）进入"属性"面板，设置其"宽"和"高"分别为 159px 和 141px，设置"左"和"上"分别为 39px 和 35px，如图 6-10 所示。

图 6-9　绘制 AP 元素

图 6-10　设置 AP 元素的大小

（3）再次单击"绘制 AP Div"按钮，在 AP 元素的右边绘制一个 AP 元素，并在"属性"面板中设置第 2 个 AP 元素的"宽"和"高"分别为 159px 和 141px，设置"左"和"上"分别为 199px 和 35px，如图 6-11 所示。

（4）按照同样的方法再绘制两个 AP 元素，最后的效果如图 6-12 所示。

图 6-11　设置第 2 个 AP 元素的大小和位置

图 6-12　绘制 4 个 AP 元素

2. 为 AP 元素添加内容

（1）在第 1 个 AP 元素内部的任意位置单击，光标将会在 AP 元素中闪动，这时就可以为 AP 元素添加内容了，如图 6-13 所示。

（2）切换到"常用"选项卡，单击"图像"按钮，从弹出的"选择图像源文件"对话框中选择一个图片插入到 AP 元素中，这时设计视图中的效果如图 6-14 所示。

图 6-13　为 AP 元素添加内容

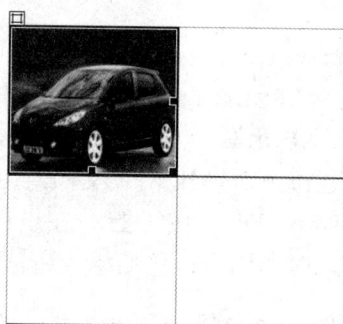

图 6-14　在 AP 元素中插入图像

（3）按照同样的方法在其他 3 个 AP 元素中也插入图像，效果如图 6-15 所示。

3. AP 元素的可见性

（1）在设计视图中单击选择第 4 个 AP 元素，如图 6-16 所示。

図 6-15　AP 元素中的内容

图 6-16　选择 AP 元素

（2）进入"属性"面板，展开"可见性"后面的下拉列表选择 hidden 选项，如图 6-17 所示。

（3）设置完成后在设计视图中的任意空白位置单击，这个 AP 元素将"消失"，如图 6-18 所示。实际上它仍然在页面中，只不过暂时被隐藏了起来。

图 6-17　设置 AP 元素的"可见性"

图 6-18　AP 元素被隐藏后的效果

4．AP 元素的重叠

（1）AP 元素被隐藏后编辑起来就不方便了，这时需要使用"AP 元素"面板。选择"窗口"|"AP 元素"命令打开"AP 元素"面板，如图 6-19 所示。

（2）在"AP 元素"面板中列出了当前页面中所有的 AP 元素，刚才被隐藏的 AP 元素（名称为 Layer4）前面有一个表示 AP 元素被隐藏的图标🐛，现在单击这个图标，使 AP 元素 Layer4 重新显示，如图 6-20 所示。

图 6-19　"AP 元素"面板

图 6-20　重新显示被隐藏的 AP 元素

网页特效与交互

（3）在"AP元素"面板中不选中"防止重叠"复选框，页面中的AP元素将可以任意堆叠，否则AP元素与AP元素之间是不能相互覆盖的。

（4）返回到设计视图中，随意拖动AP元素，AP元素之间可以互相重叠，如图6-21所示。

图6-21　AP元素重叠

6.2.2　AP元素的属性详解

如果想正确地运用AP元素来设计网页必须了解AP元素的属性和设置方法，从上面的介绍中知道利用AP元素的属性可以精确、快速地调整操作AP元素，下面来全面地了解AP元素的属性及其设置方法。

1. 单个AP元素的属性

先来看单个AP元素的"属性"面板，如图6-22所示。

图6-22　单个AP元素的"属性"面板

（1）编号：给AP元素指定一个名称以便在"AP元素"面板和代码中识别它。注意，只能用标准数字、文字符号定义名称，不要用特殊字符，比如空格、连字符、斜线或者句号。每个AP元素必须拥有一个区别于其他AP元素的名称。

（2）左（L）、上（T）：指定AP元素相对于页面或者其父AP元素（假如是被嵌入的）顶部和左上角的位置。其中"左"的值对应于AP元素距离页面左边（嵌套AP元素对应的是父AP元素的左边框）的像素值，"上"的值对应于AP元素距离页面上面（嵌套AP元素对应的是父AP元素的上边框）的像素值。

（3）宽、高：指定AP元素的宽度和高度。如果AP元素的内容超过指定的大小，这些值将被覆盖。

（4）Z轴：确定Z轴选项，或者说叠加顺序。数值高的AP元素将显示在数值低的上面。数值可以是正的也可以是负的。

（5）可见性：指定 AP 元素显示的初始情况（显示与否）。具体选项如下。

- default（默认）：不指定可视性属性，但大多数浏览器解释为 Inherit（继承）。
- inherit（继承）：就是继承该 AP 元素的父 AP 元素的可视性属性。
- visible（可视）：显示 AP 元素的内容，不管其父 AP 元素的值。
- hidden（隐藏）：不显示 AP 元素的内容，不管其父 AP 元素的值。

（6）背景图像：为 AP 元素指定背景图像。单击右边的文件夹按钮 🗀 选择要设置的背景图像。

（7）背景颜色：为 AP 元素指定背景颜色。将这个选项空着为指定透明背景。

（8）溢出：指定当 AP 元素中的内容超出了 AP 元素的设置大小时 AP 元素将如何反应。具体选项如下。

- Visible（可视）：当 AP 元素中的内容超出了 AP 元素的大小时增大 AP 元素的尺寸。AP 元素的扩展方向为下方和右方。
- Hidden（隐藏）：保持 AP 元素的大小并裁掉容纳不下的东西，并且不会出现滚动。
- Scroll（卷轴）：无论 AP 元素中的内容是否超出了 AP 元素的大小都为 AP 元素添加滚动条。
- Auto（自动）：只有当 AP 元素中的内容超出了它的边界时才出现滚动条。

（9）剪辑：定义 AP 元素中的显示区域（AP 元素边距，类似于 Word 中通过设置页边距来定义版心），可以指定以像素为单位的相对于该 AP 元素的边框的距离。

2. 多个 AP 元素的属性

当选择两个或者多个 AP 元素时，AP 元素的"属性"面板将显示文本属性和普通 AP 元素的属性的子集，允许一次修改多个 AP 元素。图 6-23 所示为多个 AP 元素的"属性"面板。

图 6-23　多个 AP 元素的"属性"面板

由于文本属性部分在前面的学习中已经讲过，这里就不再重复了，下面简单介绍面板下半部分的设置。

（1）左和上：指定 AP 元素相对于页面或者其父 AP 元素左上角的位置。

（2）宽和高：指定 AP 元素的宽和高。当 AP 元素中的内容超出设定值时这些值将失效。

（3）显示：指定 AP 元素显示的初始情况（显示与否）。

（4）标签：指定所用的 HTML 标签，推荐使用 DIV。

（5）背景图像：为 AP 元素指定背景图像。

（6）背景颜色：为 AP 元素指定背景颜色。将这个选项空着为指定透明背景。

网页特效与交互

6.2.3 AP 元素拖动效果

用户在一些网站首页经常会看到可以拖动的广告效果，这种效果可以利用"拖动 AP 元素"行为来实现。下面通过一个实例介绍"拖动 AP 元素"行为的使用方法。

（1）新建一个 HTML 文档，并将其保存。

（2）切换到"布局"选项卡，单击"绘制 AP Div"按钮，在图像上绘制一个 AP 元素。然后在 AP 元素中输入一些文字信息，并用 CSS 进行外观控制，效果如图 6-24 所示。

图 6-24　插入 AP 元素并输入文字信息

（3）在网页文档的空白处单击，在"行为"面板中单击"添加行为"按钮 +. ，在弹出的菜单中选择"拖动 AP 元素"命令。

（4）弹出"拖动 AP 元素"对话框，在"AP 元素"下拉列表中选择需要拖动的 AP 元素的名称，在"移动"下拉列表中选择"不限制"，如图 6-25 所示。

（5）单击"确定"按钮，在"行为"面板中显示出添加的行为，如图 6-26 所示。

图 6-25　"拖动 AP 元素"对话框

图 6-26　"行为"面板

（6）选择文档编辑区中的 AP 元素，在"属性"面板中设置其背景颜色为灰色。

（7）保存文档并预览，可以看到打开的网页中有一个 AP 元素，其中显示了网站公告信息，用鼠标可以拖动这个公告到网页的任意位置，如图 6-27 所示。

图 6-27 页面效果

6.3 Spry 框架

Spry 框架是一个 JavaScript 库，Web 设计人员使用它可以构建能够向站点访问者提供更丰富体验的 Web 页。有了 Spry 就可以使用 HTML、CSS 和极少量的 JavaScript 将 XML 数据合并到 HTML 文档中，还可以创建 Spry 构件（如折叠构件和菜单栏），向各种页面元素中添加不同种类的效果。在设计上 Spry 框架的标记非常简单，且便于具有 HTML、CSS 和 JavaScript 基础知识的用户使用。

6.3.1 Spry 效果

Spry 效果具有视觉增强功能，可以将它们应用于使用 JavaScript 的 HTML 页面上的几乎所有元素，Spry 效果通常用于在一段时间内高亮显示信息、创建动画过渡或者以可视方式修改页面元素。用户可以将 Spry 效果直接应用于 HTML 元素，而无须其他自定义标签。

使用 Spry 效果可以修改元素的不透明度、缩放比例、位置和样式属性（如背景颜色）。可以组合两个或多个属性来创建有趣的视觉效果。由于这些效果都基于 Spry，因此当用户单击应用了效果的对象时只有对象会进行动态更新，不会刷新整个 HTML 页面。

Spry 效果包括下列几种类型。

- 增大/收缩：使元素变大或变小。
- 挤压：使元素从页面的左上角消失。
- 显示/渐隐：使元素显示或渐隐。
- 晃动：模拟从左向右晃动元素。
- 滑动：上下移动元素。
- 遮帘：模拟百叶窗效果，向上或向下滚动百叶窗来隐藏或显示元素。
- 高亮颜色：更改元素的背景颜色。

网页特效与交互

如果想给 HTML 页面中的某个元素添加 Spry 效果，可以按照以下方法进行操作。

（1）选中这个元素，然后在"行为"面板中单击"添加行为"按钮，在弹出的下拉菜单中选择"效果"，在子菜单中选择需要的 Spry 效果，如图 6-28 所示。

图 6-28　在"行为"面板中选择效果

（2）选择某个效果以后会弹出相应的对话框，可以在其中设置目标元素等，因为事先已经选择了元素，所以这里直接单击"确定"按钮即可，如图 6-29 所示。

图 6-29　设置目标元素

专家点拨：如果要向某个元素应用效果，该元素当前必须处于选中状态，或者它必须具有一个 ID。例如，要向当前未选中的 div 标签应用高亮显示效果，该 div 必须具有一个有效的 ID 值。如果该元素还没有有效的 ID 值，需向 HTML 代码中添加一个 ID 值。

（3）这时"行为"面板中就新增了一个相应的行为，如图 6-30 所示。用户可以根据具体需要更改事件，这里默认是单击元素。

如果要删除一个或者多个 Spry 效果，可以按照以下步骤进行操作。

（1）选择应用 Spry 效果的元素。

（2）在"行为"面板中单击行为列表中需要删除的 Spry 效果。

（3）单击"删除事件"按钮 ━ 。

图 6-30 "行为"面板新增了一个行为

专家点拨:在使用 Spry 效果时,系统会在代码视图中将不同的代码行添加到网页文件中。其中的一行代码用来标识 SpryEffects.js 文件,该文件是包括这些效果所必需的。注意,不要从代码中删除该行,否则这些效果将不起作用。

6.3.2 Spry 构件

Spry 框架支持一组用标准 HTML、CSS 和 JavaScript 编写的可重用构件。在利用 Dreamweaver 制作网页时可以方便地插入这些构件,然后设置构件的样式。

1. 插入 Spry 构件

在 Dreamweaver CS6 中将插入工具栏切换到 Spry 选项卡,可以看到若干 Spry 构件图标,如图 6-31 所示。单击某个 Spry 构件图标即可将相应的 Spry 构件插入到当前网页中。

图 6-31 Spry 选项卡

专家点拨:用户也可以选择"插入"| Spry 命令,在弹出的级联菜单中选择要插入的 Spry 构件。

Spry 构件共包括 4 个类型,下面分别介绍。

(1)"Spry 菜单栏"构件 📇:一组可导航的菜单按钮,当站点访问者将鼠标指针悬停在其中的某个按钮上时将显示相应的子菜单。使用菜单栏可在紧凑的空间中显示大量可导航信息,并使站点访问者无须深入浏览站点即可了解站点上提供的内容。

(2)"Spry 选项卡式面板"构件 📰:一组面板,用来将内容存储到紧凑空间中。站点访问者可通过单击他们要访问的面板上的选项卡来隐藏或显示存储在选项卡式面板中的内容。当访问者单击不同的选项卡时构件的面板会相应打开。在给定时间内选项卡式面板构件中只有一个内容面板处于打开状态。

(3)"Spry 折叠式"构件 📑:一组可折叠的面板,可以将大量内容存储在一个紧凑的空间中。站点访问者可通过单击该面板上的选项卡来隐藏或显示存储在折叠式构件中的内容。当访问者单击不同的选项卡时折叠式构件的面板会相应地展开或收缩。在折叠式构件中每次只能有一个内容面板处于打开且可见的状态。

（4）"Spry 可折叠面板"构件▣：一个面板，可将内容存储到紧凑的空间中。用户单击构件的选项卡即可隐藏或显示存储在可折叠面板中的内容。

2. 选择和编辑 Spry 构件

如果要在网页编辑区中选择某个 Spry 构件，可以将鼠标指针指向这个构件，直到看到构件的蓝色选项卡式轮廓，如图 6-32 所示，然后单击构件左上角中的构件选项卡即可。

图 6-32　选择构件

选择某个构件后在"属性"面板中就可以编辑构件了，如图 6-33 所示。

图 6-33　在"属性"面板中编辑构件

3. 设置 Spry 构件的样式

构件样式是由 CSS 控制的，要想更改构件的外观可以对相应的 CSS 文件进行编辑。在站点的 SpryAssets 文件夹中找到与该构件相对应的 CSS 文件，并根据需要对 CSS 进行编辑。

当用户在已保存的页面中插入 Spry 构件时 Dreamweaver 会自动在站点中创建一个 SpryAssets 目录，并将相应的 JavaScript 和 CSS 文件保存到其中。如果用户喜欢将 Spry 资源保存到其他位置，可以更改 Dreamweaver 保存这些资源的默认位置，具体方法如下。

（1）选择"站点"|"管理站点"命令。

（2）在"管理站点"对话框中选择站点并单击"编辑"按钮，弹出"站点设置对象 ×××"对话框（×××为具体的站点名称）。

（3）展开"高级设置"，在列表中选择"Spry"类别。

（4）在"资源文件夹"文本框中输入想要用于 Spry 资源的文件夹的路径，也可以单击文件夹图标浏览到某个位置，如图 6-34 所示，设置完成后单击"确定"按钮。

专家点拨：Spry 框架中的每个构件都与唯一的 CSS 和 JavaScript 文件相关联。在 CSS 文件中包含设置构件样式所需的全部信息，而 JavaScript 文件则赋予构件功能。当使用 Dreamweaver 插入构件时 Dreamweaver 会自动将这些文件链接到页面，以便构件中包含该页面的功能和样式。

图 6-34　设置 Spry 资源文件夹

6.4　JavaScript 基础知识

JavaScript 是目前在网页中广泛使用的脚本语言，它是 Netscape 公司利用 Java 程序概念将自己原有的 LiveScript 重新设计后产生的脚本语言。

JavaScript 是一种基于对象和事件驱动并具有安全性能的脚本语言，有了 JavaScript 可以使网页变得生动、活泼。使用它的目的是与 HTML 超文本标识语言、Java 小程序（Java Applet）一起实现在一个网页中链接多个对象，与网络客户进行交互，从而可以开发客户端的应用程序。它是通过嵌入或调入在标准的 HTML 语言中实现的。

6.4.1　<script>标签

所有脚本程序都必须封装在一对特定的 HTML 标签之间，<script>标签表示一个脚本程序的开始，</script>则表示该脚本程序的结束，在一个网页中可能有多个脚本程序。使用<script>标签的语法结构如下：

```
<script language=" JavaScript">
⋮
</script>
```

如果要在网页中用 VBScript 建立脚本程序，就应该将<script>标签的 language 属性赋值为 VBScript，其语法结构如下：

```
<script language=" VBScript">
⋮
</script>
```

另外，为了照顾广大互联网用户，必须考虑那些使用了不支持客户脚本程序的旧版本

网页特效与交互

浏览器的用户。因为浏览器会忽略掉它不支持的任何 HTML 标签，所以脚本程序可能会像纯文本那样显示。这是网页设计者所不想看到的，为了避免出现这样的情况，可以在 HTML 注释中封装脚本程序。

```
<script language=" JavaScript">
<!-
⋮
-->
</script>
```

旧版本的浏览器忽略<script>标签，同时也忽略封装在 HTML 注释中的脚本程序，而一个新版本的浏览器即使是将脚本程序封装在 HTML 注释中，也会识别其中的<script>标签并解释运行其中的脚本程序。

script 块可以出现在 HTML 页面的任何地方（body 或者 head 部分之中），最好将所有的通用 script 代码放在 head 部分，以使所有的 script 代码集中放置，这样既可以编译管理 script 代码，又可以确保在 body 部分调用代码之前使所有的 script 代码都被读取并解码。

```
<html>
<head>
⋮
<script language=" JavaScript">
<!-
//在这里集中放置脚本代码，定义函数
⋮
-->
</script>
</head>
<body>
⋮
<script language=" JavaScript">
//这里调用在head部分定义的脚本程序（函数）
⋮
</script>
⋮
</body>
</html>
```

在一般情况下，大多数 script 代码被定义成过程函数（Function）放在 head 部分，在 body 部分调用函数时执行它。对于一些简单的 script 代码也可以直接放在 body 部分的 script 标签中。

6.4.2 编写一个简单的 JavaScript 程序

本小节通过编写一个简单的 JavaScript 程序制作一个带链接的水平滚动字幕效果，在网页中这种效果用于广告宣传会非常醒目。本例的最终效果如图 6-35 所示，在网站首页的导航条下有一个带链接的字幕在水平方向上滚动。

图 6-35　带链接的水平滚动字幕效果

本实例的制作步骤如下。

1. 创建网页

（1）新建一个网页文档，将其保存为 6.4.2.html。

（2）在这个网页中利用表格进行布局，并在表格中输入相应的网站标题文字和制作导航条，效果如图 6-36 所示。

图 6-36　制作网页

2. 编写 JavaScript 程序

（1）切换到代码视图，在 \<head\>\</head\> 之间输入以下 JavaScript 代码：

```
<script language="JavaScript">
function gundong(){
    var marqueewidth=400        //定义字幕宽度变量
    var marqueeheight=20        //定义字幕高度变量
    var speed=4                 //定义滚动速度变量
    var marqueecontents='欢迎访问<a href="http://www.cxtx.com">车行天下网站
        </a>'
    //定义滚动字符串变量
    document.write('<marquee scrollAmount='+speed+' style="width:'+
        marqueewidth+'">'+marqueecontents+'</marquee>')
    //利用文档对象document的write方法输出<marquee>标签实现字幕滚动效果

}
</script>
```

这里用 JavaScript 定义了一个函数，函数名称是 gundong( )，这个函数实现的功能就是带链接的水平滚动字幕效果。

网页特效与交互

（2）因为本实例中滚动字幕的位置在导航条下边，所以要在导航条对应的代码后面插入 JavaScript 代码。

在代码视图下将光标定位在最后一个</table>标签的后面，如图 6-37 所示。

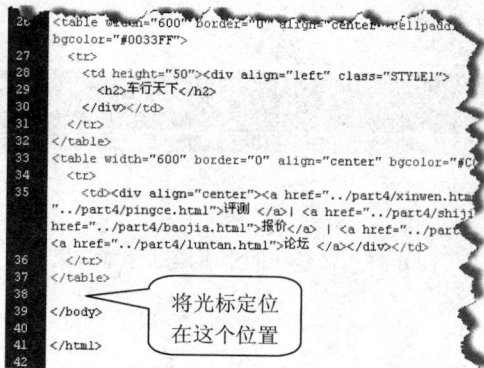

图 6-37　将光标定位在最后一个</table>标签的后面

输入以下 JavaScript 代码：

```
<script language="JavaScript" type="text/javascript">
gundong() //调用函数
</script>
```

至此本实例制作完毕，保存文档并查看网页效果。

6.4.3　使用"代码片段"面板

JavaScript 是在网页中实现动态和交互效果的基本手段之一，Dreamweaver 提供了很多 JavaScript 代码片段，可以在网页中直接引用。

本小节利用"代码片段"面板制作一个 JavaScript 实例，当用户在页面中单击一幅汽车图片时可以弹出一个消息框，显示这个汽车的有关信息。读者通过这个实例可以学会使用"代码片段"面板的方法以及调用 JavaScript 的方法。

1. 插入脚本标记

（1）新建一个网页文档，将其保存为 6.4.3.html。切换到代码视图，将光标定位到代码视图中的<head></head>标签内，如图 6-38 所示。

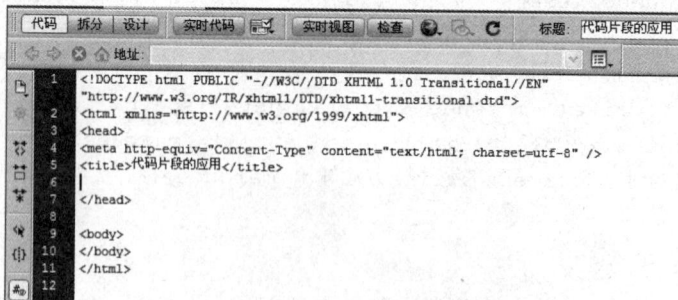

图 6-38　定位光标到代码视图中

（2）在"常用"选项卡中选择"脚本"选项，如图 6-39 所示。

图 6-39　插入脚本

（3）在弹出的"脚本"对话框中直接单击"确定"按钮，如图 6-40 所示。

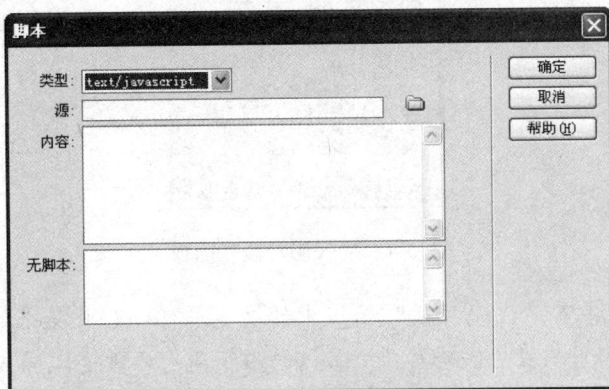

图 6-40　"脚本"对话框

专家点拨：这里在"脚本"对话框中直接单击"确定"按钮只是得到一对<script></script>标签。如果在"脚本"对话框的其他参数项中输入相应的内容，则可以得到完整的 JavaScript 程序。

（4）在代码视图中将添加一对<script></script>标签，将光标定位到这对标签之间，如图 6-41 所示。

图 6-41　<script></script>标签

2. 插入消息框的 JavaScript 代码

（1）选择"窗口"|"代码片段"命令打开"代码片段"面板（快捷键为 Shift+F9），然后依次展开 JavaScript|"对话框"，选择"消息框"，单击"插入"按钮，如图 6-42 所示。

图 6-42 "代码片段"面板

专家点拨：为了丰富"代码片段"面板中的功能，可以将收集来的 JavaScript 代码添加到"代码片段"面板中。在"代码片段"面板的右下角有"新建代码片段文件夹"按钮 📁 和"新建代码片段"按钮 🔁，利用它们可以轻松地添加代码片段。

（2）这时在<head></head>标签之间的<script></script>标签内多出一段 JavaScript 代码，如图 6-43 所示。

```javascript
6  <script type="text/javascript">
7  // Example:
8  // value1 = 3; value2 = 4;
9  // messageBox("text message %s and %s", value1, value2);
10 // this message box will display the text "text message 3 and 4"
11
12 function messageBox()
13 {
14   var i, msg = "", argNum = 0, startPos;
15   var args = messageBox.arguments;
16   var numArgs = args.length;
17   if(numArgs)
18   {
19     theStr = args[argNum++];
20     startPos = 0;  endPos = theStr.indexOf("%s",startPos);
21     if(endPos == -1) endPos = theStr.length;
22     while(startPos < theStr.length)
23     {
24       msg += theStr.substring(startPos,endPos);
25       if (argNum < numArgs) msg += args[argNum++];
26       startPos = endPos+2;  endPos = theStr.indexOf("%s",startPos);
27       if (endPos == -1) endPos = theStr.length;
28     }
29     if (!msg) msg = args[0];
30   }
31   alert(msg);
32 }
33 function MM_callJS(jsStr) { //v2.0
34   return eval(jsStr)
35 }
36 </script>
```

图 6-43 JavaScript 代码

3. 调用 JavaScript 函数
（1）在代码视图中定位光标到<body></body>标签之间，再次单击"常用"选项卡中的"脚本"按钮，在弹出的"脚本"对话框中直接单击"确定"按钮，插入一对<script></script>标签，然后将光标定位到这对<script></script>标签之间，这时代码视图如图 6-44 所示。

```
<body>
<script language="JavaScript" type="text/javascript">
|
</script>
</body>
</html>
```

图 6-44 插入<script></script>标签

（2）在<script></script>标签之间输入以下代码：

```
value1 = 2010; value2 = 3;
```

（3）切换到设计视图，在文档编辑区中输入一些文字信息并插入一个汽车图片，效果如图 6-45 所示。

图 6-45 输入文字信息并插入汽车图片

（4）选中汽车图片，打开"行为"面板，然后单击"添加行为"按钮，在弹出的菜单中选择"调用 JavaScript"，弹出"调用 JavaScript"对话框，在 JavaScript 文本框中输入 messageBox("这辆汽车是%s 年生产的第%s 代产品", value1, value2)，如图 6-46 所示。

图 6-46 "调用 JavaScript"对话框

（5）单击"确定"按钮。

（6）保存文件，然后按 F12 键预览，在页面上单击汽车图片时会弹出一个消息框，如图 6-47 所示。

图 6-47　弹出消息框

6.5　本章习题

一、选择题

1. 下列（　　　）表示按下鼠标再放开左键时发生的事件。

    A．onMouseOver　　　　　　　　　B．onMouseUp

    C．onMouseDown　　　　　　　　　D．onMouseOut

2. 如果想设置页面上的某个 AP 元素不可见，可以进入"属性"面板，展开"可见性"后面的下拉列表，在其中选择（　　　）。

    A．default　　　　　　　　　　　　B．delete

    C．none　　　　　　　　　　　　　D．hidden

3. 如果想制作模拟百叶窗效果，通过向上或向下滚动百叶窗来隐藏或显示网页中的元素，那么应该定义的 Spry 效果是（　　　）。

    A．挤压　　　　　　　　　　　　　B．滑动

    C．遮帘　　　　　　　　　　　　　D．渐隐

4. 所有脚本程序都必须封装在一对特定的 HTML 标签之间，这对标签是（　　　）。

    A．<script></script>　　　　　　　B．<title></title>

    C．<table></table>　　　　　　　　D．

二、填空题

1. 所谓行为，就是一段预定义好的____通过浏览器的____并____的过程。

2. AP 元素是分配有____的 HTML 页面元素。AP 元素可以包含文本、____或其他任何可放置到 HTML 文档正文中的内容。

3. 要想给 HTML 页面中的某个元素添加 Spry 效果，可以选中这个元素，然后在____中单击"+"按钮，在弹出的菜单中选择"效果"，在子菜单中选择需要的效果。

4. JavaScript 是一种基于对象和____并具有安全性能的脚本语言，有了 JavaScript 可以使网页变得生动、活泼。

6.6 上机练习

练习 1 行为应用实例——关闭网页时弹出信息

"弹出信息"行为的使用方法比较简单而且非常有用，所以它也是一个常用的行为。利用这个行为可以在网页中弹出信息，比如弹出警告信息等。本练习制作关闭网页文档时显示告别语的效果，当关闭网页时会弹出一个告别信息框，效果如图 6-48 所示。

注意，为了在关闭网页时弹出信息框，将事件设置为 onUnLoad。

图 6-48 关闭网页时弹出信息

练习 2 Spry 构件应用实例——菜单栏

"Spry 菜单栏"构件是一组可导航的菜单按钮，当站点访问者将鼠标指针悬停在其中的某个按钮上时将显示相应的子菜单。使用菜单栏可在紧凑的空间中显示大量可导航信息，并使站点访问者无须深入浏览站点即可了解站点上提供的内容。使用"Spry 菜单栏"构件可以创建横向或者纵向的网页下拉或弹出菜单。本练习利用"Spry 菜单栏"构件制作一个菜单栏，效果如图 6-49 所示。

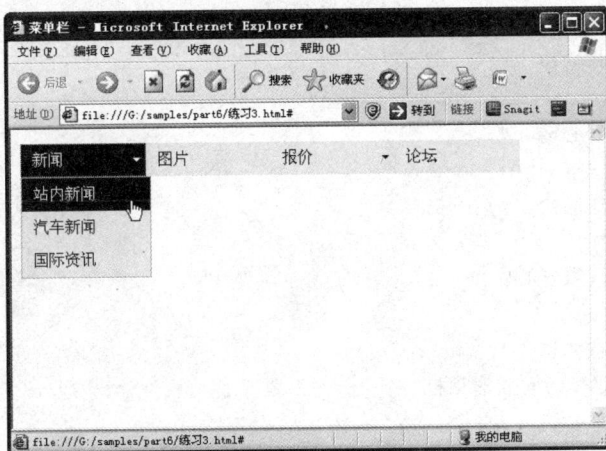

图 6-49 菜单栏效果

练习 3 JavaScript 应用实例——问候对话框

本练习利用 JavaScript 实现打开网页时弹出一个问候对话框，并根据不同时间段弹出不同的问候信息，效果如图 6-50 所示。

网页特效与交互

图 6-50　问候对话框

参考代码如下。

```html
<html xmlns="http://www.w3.org/1999/xhtml">
<head>
<meta http-equiv="Content-Type" content="text/html; charset=utf-8" />
<title>问候对话框</title>
<script type="text/javascript">
void function hello()     //声明一个函数
{
var str;
now=new Date(),hour=now.getHours()     //取得当前时间的小时数
if(hour<6)     //针对不同时间段进行问候语赋值
str="太晚了，请休息。";
else if(hour<12)
str="上午好，工作愉快。";
else if(hour<14)
str="中午好，祝好心情。";
else if(hour<18)
str="下午好，工作愉快。";
else if(hour<22)
str="晚上好，祝玩得开心。";
else if(hour<24)
str="夜深了，注意休息。";
alert(str);  //弹出问候对话框
}
</script>
</head>
<body onload="hello();">     <!-- 网页事件与调用函数-->
</body>
</html>
```

第7章 模板和站点管理

在网站设计中，如果网站的规模比较大，模板的应用就显得特别重要。模板是一种特殊网页文档，用户可以把它作为创建其他网页文档的基础。创建模板可以提高网站设计的工作效率，快速地修改或更新站点中多个页面的外观。

站点管理是 Web 开发至关重要的组成部分，它对于站点的持续发展十分重要。Dreamweaver 提供了大量的管理工具，可以让用户方便地更新和控制 Web 站点、维护本地文件夹和远程服务器上的站点文件。

本章主要内容：
- 模板
- 资源管理
- 站点管理和维护

7.1　模　　板

Dreamweaver 提供了模板这种特殊文档，使用它能批量生成风格类似的网页，还能实现关联网页自动更新，大大简化了网页制作。

7.1.1　新建模板的方法

1. 利用"资源"面板新建模板

（1）选择"窗口"|"资源"命令打开"资源"面板，单击左侧的"模板"按钮切换到模板类别，如图 7-1 所示。

（2）单击面板下方的"新建模板"按钮 ，也可以在"名称"下方的空白处右击，然后在弹出的快捷菜单中选择"新建模板"命令。

（3）Dreamweaver 会自动建立一个空的模板，如图 7-2 所示，用户可以修改新模板的名称，并根据提示单击"编辑"按钮 进入模板编辑区对模板进行编辑。

图 7-1　"资源"面板中的模板

图 7-2　新建一个空模板

2. 利用菜单或者工具栏新建模板

（1）选择"插入"|"模板对象"|"创建模板"命令，或者单击插入工具栏的"常用"选项卡中的"模板"按钮，并在下拉菜单中选择"创建模板"命令，如图 7-3 所示。

图 7-3 选择"创建模板"命令

（2）在弹出的"另存模板"对话框中可以对模板名称等进行编辑，如图 7-4 所示，最后单击"保存"按钮进行保存。

用以上两种方法创建的新模板文档此时还没有添加任何元素，用户可以像编辑普通网页一样在模板文档中添加表格、图像、文字等。添加完后选择"文件"|"保存"命令保存模板时会弹出一个对话框，如图 7-5 所示，这是因为模板文档中不含有任何可编辑区域。一般情况下，在创建模板时应创建可编辑区域。所谓可编辑区域就是基于模板创建的页面里能够修改的文档部分。

图 7-4 "另存模板"对话框　　　　图 7-5 保存模板时弹出的对话框

专家点拨：模板经保存后可以在默认站点文件夹的 Templates 子文件夹下找到，文件扩展名为.dwt。注意不要将模板文件移动到 Templates 文件夹之外或者将任何非模板文件放在 Templates 文件夹中，也不要将 Templates 文件夹移动到本地根文件夹之外，否则模板中的路径会发生错误。

7.1.2 可编辑区域

在创建模板时可以在模板页面中创建可编辑区域和锁定区域。在基于模板创建的网页文档中只能在可编辑区域中进行修改操作，填入不同的网页内容，而无法修改锁定区域。

1. 插入可编辑区域

（1）打开事先制作好的网页文件 7.1.2.html，选择"文件"|"另存为模板"命令，弹出"另存模板"对话框，在其中选择站点并输入模板文件名，如图 7-6 所示，然后单击"保存"按钮即可得到一个模板文档，下面在其中进行操作。

图 7-6 "另存模板"对话框

（2）选中要插入可编辑区域的表格，单击"常用"选项卡中的"模板"按钮，在弹出的下拉菜单中选择"可编辑区域"命令，如图 7-7 所示。

图 7-7 选择"可编辑区域"命令

（3）此时会弹出"新建可编辑区域"对话框，如图 7-8 所示，在"名称"文本框中会自动包含 Dreamweaver 系统生成的默认名称，名称末尾的数字是自动递增的。

图 7-8 "新建可编辑区域"对话框

专家点拨：在"名称"文本框中可以为该可编辑区域输入唯一的名称，在实际应用中可以给编辑区域起一个与作用相关的名称，注意不要在"名称"文本框中使用特殊字符（引号、括号等）。

（4）在这里使用其默认名称，单击"确定"按钮。可编辑区域在模板页面中由蓝色高亮显示的矩形边框围绕，该区域左上角的选项卡显示该区域的名称，如图 7-9 所示。

图 7-9　可编辑区域效果

专家点拨：如果看不到可编辑区域的名称和轮廓，可以选择"查看"|"可视化助理"|"不可见元素"命令。

（5）这样一个可编辑区域就创建完成了。如果创建基于这个模板的网页，那么带有可编辑区域标志的表格就可以被用户编辑，其他的区域则不能被用户编辑。最后选择"文件"|"保存"命令保存模板。

2. 删除可编辑区域

根据实际的需要经常要对已经制作好的模板进行编辑，如果已经将模板文件的一个区域标记为可编辑，而现在想要再次锁定它，使它在基于模板创建的文档中不可编辑，可以先单击可编辑区域左上角的选项卡选中它，然后选择"修改"|"模板"|"删除模板标记"命令删除这个可编辑区域。

专家点拨：用户也可以在选中可编辑区域后直接按 Delete 键删除所选的可编辑区域。

3. 更改可编辑区域的名称

在插入可编辑区域后可以随时更改它的名称，具体方法如下：

（1）单击可编辑区域左上角的选项卡选中它。

（2）在"属性"面板的"名称"文本框中输入一个新名称，按 Enter 键确认。

4. 保存更改后的模板

修改模板后选择"文件"|"保存"命令保存即可。如果此模板已经应用到网页中，Dreamweaver 会提示用户更新基于该模板的网页文档，系统会弹出"更新模板文件"对话框，如图 7-10 所示。选择需要更新的网页（可以选择其中的几个或全部），单击"更新"

按钮即可更新，更新完毕会弹出"更新页面"对话框，如图 7-11 所示。

图 7-10 "更新模板文件"对话框

图 7-11 "更新页面"对话框

专家点拨：修改模板后可以即时地更新所有应用此模板的网页，也可以选择不更新应用此模板的网页。以后还可以根据自己的需要选择"修改"|"模板"|"更新当前页"命令或者选择"修改"|"模板"|"更新页面"来更新网页。

7.1.3 创建基于模板的页面

在模板设计好以后可以创建基于该模板的网页，具体方法如下：

（1）选择"文件"|"新建"命令，弹出"新建文档"对话框，单击"模板中的页"选项。如果有多个站点，将在"站点"列表中列出，用户可以从其中选择一个站点，这里选择 my_web，如图 7-12 所示。

图 7-12 "新建文档"对话框

（2）在"站点'my_web'的模板"列表中列出的是该站点中的模板，如果有多个模板，将在这里显示出来。选择一个模板，然后单击"创建"按钮就创建了一个基于该模板的文档。

（3）Dreamweaver 为基于模板的文档指定了锁定区域（不可编辑区域）和其他可编辑区域，在将鼠标指针放到不可编辑区域内时鼠标指针会变成禁止标志，表示不可以对该区域进行编辑，如图 7-13 所示。用户只能在可编辑区域内对该文档进行编辑。

151

第 7 章

模板和站点管理

图 7-13　锁定区域

7.2　资　源　管　理

使用 Dreamweaver 中的"资源"面板可以让站内元素的管理变得相对轻松一些，在此面板中可以查看站点内存在的所有元素，包括所有图像、颜色、URLs、SWF、Shockwave、影片、脚本、模板、库等，而且对于常用元素可以将其拖动到个人收藏中，从而更加方便查找和使用。

7.2.1　库

库是一种用来存储想要在整个网站上经常重复使用或更新的页面元素的方法，这些元素称为库项目。用户可以在库中存储各种各样的页面元素，如图像、表格、声音和 SWF 等。

1. 创建库项目

用户可以用网页中的任意元素创建库项目，这些元素包括文本、表格、表单、Java Applet、插件、ActiveX 元素、导航条和图像。下面以图像为例来创建一个库项目。

（1）在 Dreamweaver 中打开一个制作完成的网页文件，然后选择"窗口"|"资源"命令打开"资源"面板，并单击"库"按钮，如图 7-14 所示。

（2）选择网页中的一个图片，单击"资源"面板底部的"新建库项目"按钮，在库的"名称"栏中就会增加一个新的库项目，给这个库项目起名 Banner，如图 7-15 所示。

图 7-14　展开"资源"面板中的库类别

图 7-15　给库项目起名

（3）单击网页中的这个图片，在"属性"面板中可以发现该图像已自动转变为库项目，如图 7-16 所示。

图 7-16　"属性"面板

这样一个库项目就建好了，Dreamweaver 在本地站点根文件夹的 Library 子文件夹中将每个库项目都保存为一个单独的文件（文件扩展名为.lbi）。

专家点拨：将页面中的选定内容直接拖到"资源"面板的库类别中，或者选中内容后选择"修改"|"库"|"增加对象到库"命令同样能创建库项目。

2. 在文档中插入库项目

库项目在建好以后就可以在文档中插入并使用了，在向页面中插入库项目时将把实际内容以及对该库项目的引用一起插入到文档中。

例如要将库项目插入到某一个网页文档中，定位好插入点后在"资源"面板中选择库项目，单击"资源"面板底部的"插入"按钮即可，如图 7-17 所示。也可以直接拖动"资源"面板中的库项目到网页文档中进行应用。插入的库项目背景颜色是黄色的，但这个背景颜色只在网页编辑状态下显示，在浏览器中不显示。

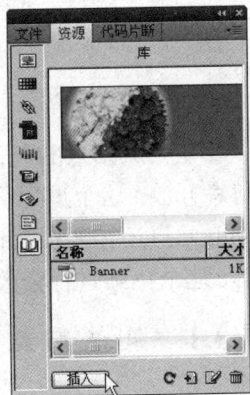

图 7-17　插入库项目

专家点拨：在使用库项目时 Dreamweaver 不是在网页中插入库项目，而是插入一个指向库项目的链接，库只存储对该项的引用，因此原始文件必须保留在指定的位置才能使库项目正确工作。

模板和站点管理

7.2.2 其他资源管理

用户可以使用拖动鼠标的方式在编辑文档时应用"资源"面板中的元素，例如插入图像时除了可以使用"插入"菜单中的"图像"命令和"常用"选项卡中的"图像"按钮 以外，也可以在"资源"面板上选择某个图像资源（可以马上预览到该图像），然后用鼠标拖动该图像到文档中的相应位置。

单击"资源"面板中的"颜色"按钮 切换到网站色彩管理界面，可以查看站点内应用的所有颜色设置，更方便地统一网站色彩。同样，选中想要设置的文本，然后用鼠标拖动某颜色到该文本上，该颜色将自动应用到文本上，如图 7-18 所示。

图 7-18　利用颜色管理器设置网页颜色

专家点拨：其他资源的应用与上面介绍的方法类似，均可使用鼠标拖动来完成，此处不再赘述。

7.3　站点管理和维护

在完成站点的制作后关于 Web 站点的工作并没有结束，在完成制作之后站点需要对访问者开放，这个过程称为"发行"，也就是把站点上传到服务器发布站点并进行宣传。另外，Web 站点还需要根据访问者的需求不断发展完善，从而保持活力并且继续吸引新、老访问者。这个持续进行修改、更新和添加新内容、不断优化 Web 站点的过程被称为"站点维护"。

7.3.1 测试网站

在发布网站之前还必须要做一个工作，就是测试网站，如测试网页内容、链接的正确性和在不同浏览器中的兼容性等，以免上传后出现这样或那样的错误，给修改带来不必要的麻烦。

1. 自动检测断掉的链接

在 Dreamweaver 中使用"链接检查器"面板可以对站点中的链接进行测试。

（1）选择"窗口"|"结果"|"链接检查器"命令打开"链接检查器"面板。

（2）单击"检查链接"按钮 ▶，在弹出的下拉菜单中选择"检查整个当前本地站点的链接"命令，如图 7-19 所示。

图 7-19　为整个站点检查链接

这样 Dreamweaver 就会对站点中的所有链接进行自动测试，所测试站点中的所有无效链接会在"结果"面板中的"断掉的链接"项目下列出。用户可以通过"显示"下拉列表框中的"断掉的链接""外部链接"和"孤立文件"选项来显示相应的详细信息。

如果要修正某个断掉的链接，可以在列出的详细信息中单击"断掉的链接"下的某个链接，使该无效链接处于可编辑状态，然后单击最右边黄色的文件夹图标 📁，选择正确的链接文件即可（也可以直接输入文件路径），如图 7-20 所示。

图 7-20　修改断掉的链接

2. 站点报告测试

用户可以对当前文档、选定的文件或整个站点的工作流程或者 HTML 属性（包括辅助功能）运行站点报告。

（1）单击"站点报告"标签切换到"站点报告"面板。

（2）单击左侧的"报告"按钮 ▶，弹出"报告"对话框。

专家点拨：用户也可选择"站点"|"报告"命令弹出"报告"对话框进行设置。

（3）在"报告在"下拉列表框中选择所需的运行报告的范围，如图 7-21 所示。

（4）在"选择报告"列表框中选择要报告的项目，如图 7-22 所示。然后单击"运行"按钮，即可在"站点报告"面板中获得运行报告。

专家点拨：必须定义远程站点连接才能运行"工作流程"报告。

3. 检查浏览器的兼容性

对于网页兼容性的测试，最简单的方法是安装不同的浏览器并在其中浏览网页效果，测试站点在不同的浏览器中是否可以正确地显示。使用 Dreamweaver 中的"目标浏览器检查"命令可以更准确地测试网页的兼容性并查看详细信息。

图 7-21　在"报告"对话框中选择运行报告的范围　　　　图 7-22　选择要报告的项目

（1）单击"浏览器兼容性"标签切换到"浏览器兼容性"面板，在站点文件夹中打开一个要检测的网页文档。

（2）单击左侧的"检查目标浏览器"按钮 ，在弹出的下拉菜单中选择"检查浏览器兼容性"命令，如图 7-23 所示，将自动检查浏览器的兼容性。完成后在面板中显示详细信息，如图 7-24 所示。

图 7-23　检查浏览器的兼容性　　　　　　图 7-24　检查浏览器的兼容性的结果

专家点拨：对于利用个人计算机搭建的 Web 站点服务器，需要测试其稳定性和安全性，以保证访问者能够顺利地访问站点内容并保证站点的安全。对于大多数人来说，使用的 Web 站点服务器是租用 ISP 的空间，在租用前要详细了解服务器空间的各项技术指标（包括空间大小、是否支持动态网页程序等）以满足实现站点功能的要求。

7.3.2　发布网站

经过详细测试，并完成最后的站点编辑工作后就可以发布站点了。首先需要申请站点的国际域名和租用服务器空间，然后通过 FTP 工具把网站上传到服务器，这样就可以让世界上每一个角落的访问者浏览到站点的内容了。

使用 Dreamweaver 内置的远程登录程序和一些 FTP 工具都可以实现网站的发布。

1. 打开管理站点

（1）选择"站点"|"管理站点"命令，弹出"管理站点"对话框，如图 7-25 所示。

（2）在站点列表中选择要上传的站点，例如选择"my_web"，然后单击"编辑当前选定的站点"按钮 ，弹出"站点设置对象 my_web"对话框，在左侧的窗格中选择"服务器"选项，如图 7-26 所示。

图 7-25 "管理站点"对话框

图 7-26 选择"服务器"选项

2. 设置服务器参数

（1）单击"添加新服务器"按钮 ➕，在弹出的对话框中设置新服务器的相关参数，如图 7-27 所示。

图 7-27 设置服务器参数

- 服务器名称：在这个文本框中输入一个服务器的名称。
- 连接方法：设置连接服务器的方法，这里采用默认的 FTP 方式。
- FTP 地址：上传站点的目标 FTP 服务器地址，即用户申请的空间的 FTP 服务器地址。
- 用户名：登录 FTP 的名称，即用户名。
- 密码：登录 FTP 的密码，输入网络服务提供商提供的密码，用星号显示以保证信息的安全。
- 测试：单击这个按钮可以测试服务器是否正确连接。
- 根目录：服务器保存文件的目录，如果没有特别规定则为空。
- Web URL：访问这个服务器站点的 URL。

专家点拨：在"更多选项"里面可以设置有关服务器的更多参数，在"高级"选项卡中可以设置有关服务器的高级参数。

（2）单击"保存"按钮即可完成一个服务器的创建。

3. 连接远程服务器上传、下载文件

（1）完成服务器的创建以后单击"保存"按钮返回到"管理站点"对话框，再单击"完成"按钮返回 Dreamweaver 主界面。

（2）选择"窗口"|"文件"命令打开"文件"面板，单击"连接到远端主机"按钮就可以连接到远程主机。

（3）单击"扩展/折叠"按钮可以同时看到远端站点和本地站点窗口，如图 7-28 所示。

（4）在本地站点窗口中选择"站点-my_web"，单击工具栏上的"上传文件"按钮，这时 Dreamweaver 会弹出对话框询问用户是否上传整个站点，如图 7-29 所示。单击"确定"按钮即可将网站整个上传到远程服务器。

（5）也可以上传或者下载单个文件，在本地站点窗口中选择文件后单击"上传文件"按钮或"获取文件"按钮就可以上传或下载文件了。

图 7-28 远端站点和本地站点窗口

图 7-29 确认是否上传整个站点

按住 Shift 键可以选择连续的多个文件夹或文件，按住 Ctrl 键可以选择不连续的多个文件夹或文件，这样可以同时上传或者下载多个文件。

专家点拨：使用 Dreamweaver 站点管理器上传网站十分方便。在创建服务器时在"高级"选项卡中选中"保存时自动将文件上传到服务器"复选框，则以后更新网页、更新模板、更新库都可以自动上传到服务器。

7.3.3　导入和导出站点

当需要将站点从一台计算机转移到另外一台计算机上时往往要花费很大的精力重新进行各种设置，如果使用 Dreamweaver 提供的站点导入和导出功能，这项工作就会大大简化。

1. 导出站点

"管理站点"对话框主要管理站点的配置文件，通常这个对话框中的每个条目对应一个站点，导出站点其实就是将网站的设置信息导出为一个.ste 文件。下面以"my_web"网站为例介绍导出站点的方法。

（1）在 Dreamweaver CS6 中选择"站点"|"管理"命令，这时将弹出"管理站点"对话框。

（2）在站点列表中选择站点"my_web"，单击"导出当前选定的站点"按钮![按钮]，弹出"导出站点"对话框，设置"文件名"为"my_web.ste"，设置"保存类型"为"站点定义文件(*.ste)"，然后单击"保存"按钮，如图 7-30 所示。

图 7-30　"导出站点"对话框

专家点拨：站点在导出后得到的站点配置文件(*.ste)可以在不同的计算机上复制，不过这个文件仅包含站点的配置信息，因此如果想完整地在计算机之间迁移站点，必须同时复制站点的文件。

2. 导入站点

（1）在"管理站点"对话框中单击"导入站点"按钮![导入站点]，在弹出的"导入站点"

对话框中选择文件"my_web.ste"，然后单击"打开"按钮，如图7-31所示。

图7-31 "导入站点"对话框

（2）站点导入成功后在"管理站点"对话框中会列出这个站点的名称，如果在不同的计算机上迁移站点，通常还需要单击"编辑"按钮对站点进行编辑。

7.4 本章习题

一、选择题

1. 在Dreamweaver中使用（ ）面板可以对站点中的链接进行测试。

    A．资源　　　　　　　　　　　　B．链接检查器

    C．行为　　　　　　　　　　　　D．框架

2. "管理站点"对话框主要管理站点的配置文件，通常这个对话框中的每个条目对应一个站点，导出站点其实就是将网站的设置信息导出为一个扩展名为（ ）的文件。

    A．.html　　　　　　　　　　　　B．.css

    C．.ste　　　　　　　　　　　　D．.dwt

3. 使用Dreamweaver中的（ ）可以让站内元素的管理变得相对轻松一些，在此面板中可以查看网站内存在的所有元素，包括所有图像、颜色、URLs、SWF等。

    A．属性　　　　　　　　　　　　B．资源

    C．行为　　　　　　　　　　　　D．框架

二、填空题

1. 使用模板能_____生成风格类似的网页，还能实现关联网页的_____，大大提高了网页的制作效率。

2. 在基于模板创建的网页文档中只能在_____中进行修改操作，填入不同的网页的内容。

3. 可以用网页中的任意元素创建库项目，这些元素包括_____、_____、_____、Java Applet、_____、_____、_____等。

4. 使用 Dreamweaver 站点管理器上传网站十分方便，在创建服务器时在"高级"选项卡中选中_____复选框，则以后更新网页、更新模板、更新库都可以自动上传到服务器。

7.5　上 机 练 习

练习 1　模板及其应用

假设要创建一个汽车销售公司宣传网站，请按下列要求进行操作练习：

（1）制作一个模板，将 Logo 和 Banner、导航条、版权栏设计成锁定区域，然后设计一个可编辑区域。

（2）新建两个基于该模板的页面，并在可编辑区域填上需要的内容。

练习 2　库及其应用

拟定一个主题制作一个网页，然后按下列要求进行操作练习：

（1）将页面中的某个元素（如图像、表格或者 Flash 动画等）转化为库项目。

（2）新建一个网页，并在编辑页面过程中引用库项目。

（3）更改这个库项目，并更新使用这个库项目的所有页面。

第 8 章　Photoshop 网页设计基础

Adobe Photoshop CS6 是一款用于图像处理和平面设计的专业处理软件，它功能强大，实用性强。它不仅具备编辑矢量图形与位图图像的灵活性，还能够与 Adobe Dreamweaver CS6 和 Adobe Flash CS6 软件高度集成，成为设计网页图像的最佳选择。

本章主要内容：

- Photoshop CS6 的工作环境
- Photoshop 的工具箱和面板、工具栏和辅助作图工具
- 创建 Photoshop 文档
- 绘制线条、形状、路径和设置颜色的方法
- 认识画笔

8.1　Photoshop CS6 的工作环境

Photoshop CS6 有着 Adobe 系列软件特有的便捷、美观、易用的编辑环境，深受广大平面设计爱好者的青睐，在设计作品之前先认识一下 Photoshop CS6 的工作环境。

8.1.1　Photoshop CS6 的界面

启动 Photoshop CS6，打开一张图片，此时可以看到 Photoshop CS6 的主界面，主界面主要由菜单栏、选项栏、工具箱、文档窗口和各种面板等组成，如图 8-1 所示。

1. 菜单栏

菜单栏集成了 Photoshop CS6 所有的命令，几乎所有的工作都可以通过菜单栏中的命令来完成。为便于操作，Photoshop CS6 将所有的命令根据功能划分为 10 个菜单，如图 8-2 所示。

- 文件菜单：提供了新建、打开、保存、关闭文档等操作，同时还可以导入、导出文档，执行打印等操作。
- 编辑菜单：提供剪切、复制、粘贴、填充、描边、变换、颜色设置等操作。
- 图像菜单：提供图像模式的选择、调整图像及画布大小等涉及改变图像属性的所有操作。
- 图层菜单：提供关于图层的所有操作命令，如新建、复制、合并、删除和链接图层，以及图层样式的设置、图层蒙版和智能对象的操作。
- 文字菜单：提供关于文字的所有操作命令，如文字变形、转换为形状和字体预览大小等操作。

图 8-1　Photoshop CS6 的操作界面

| 文件(F) | 编辑(E) | 图像(I) | 图层(L) | 文字(Y) | 选择(S) | 滤镜(T) | 视图(V) | 窗口(W) | 帮助(H) |

图 8-2　Photoshop CS6 的菜单栏

- 选择菜单：提供多种选择对象的方式，还可以修改选区大小、载入和存储选区、执行羽化等操作。
- 滤镜菜单：利用滤镜对颜色、模糊、锐化等进行特效处理。
- 视图菜单：缩放文档窗口的显示，设置缩放比率，设置辅助绘图工具，如标尺、网格、参考线等的显示。
- 窗口菜单：控制图像窗口的排列方式、工作区模式的选择以及各种浮动面板的开启和关闭。
- 帮助菜单：可以利用 Photoshop CS6 的帮助文档和在线链接技术网站给用户提供帮助。

2. 选项栏

选项栏位于菜单栏的下方，用于对选择的工具进行设置。选项栏中的设置项会根据选择工具的不同有所改变。选项栏的一般结构如图 8-3 所示。

图 8-3 选项栏的结构

3. 文档窗口

文档窗口是对图像进行编辑和处理的场所，每一个需要处理的图像文件在 Photoshop 中打开后都会放置在一个文档窗口中。文档窗口的结构如图 8-4 所示。

图 8-4 文档窗口

4. 工具箱

Photoshop 提供了一个工具箱来放置各类常用的工具。在默认工作区中工具箱位于工作区的左侧，它包括选择工具、裁剪工具、切片工具、修饰工具、绘画工具、绘图工具以及文字工具等。工具箱的结构如图 8-5 所示。

图 8-5　工具箱

专家点拨：在默认工作区中工具箱以一列显示，单击工具箱顶部的三角按钮 ▸▸ 可以切换为两列显示。

工具箱中的某些工具按钮旁有一个下箭头标志 ◢，表示该工具按钮存在隐藏的工具，在该工具上按住鼠标左键可展开一个列表菜单，在菜单中可以选择需要的其他工具，如图 8-6 所示。

图 8-6　获得隐藏的工具

5. 面板

面板是浮动的控件，能够帮助用户编辑所选对象的各个功能或文档的元素。Photoshop CS6 的面板设计得极有特色，它将一组常用的功能集合在一起，管理快捷，使用方便。在默认情况下，Photoshop CS6 的面板被成组地停放在工作区右侧的区域中。

1）面板的基本操作

在默认情况下，面板以面板组的形式出现在主程序界面的右侧，根据实际需要面板可以被拖放到屏幕的任何位置并可以被关闭。面板提供实现某种操作的方式，它的基本操作包括打开、关闭、移动和折叠为图标等，如图 8-7 所示。

图 8-7　面板组的基本操作

2）面板的功能简介

Photoshop CS6 共有 24 个面板，它们的功能简介如表 8-1 所示。

表 8-1　面板功能简介

1.“导航器”面板	2.“直方图”面板	3.“颜色”面板
该面板以缩略图的方式显示整个图像，并且标明实际操作界面的位置。图像窗口中显示的部分用红色矩形框表示，它可以在面板中移动	该面板显示操作图像明暗度的分布，可以随时确认图像的变化，根据需要可以同时显示合成效果	该面板能以各种方式设置需要的颜色。例如通过设定 RGB 的值来确定颜色，或者通过在拾色器中单击选择需要的颜色等
4.“信息”面板	5.“图层”面板	6.“仿制”源面板

该面板显示光标所在位置的坐标值、色彩信息以及所选区域的大小等信息	该面板用于对图层进行各种操作,包括新建图层、复制图层、删除图层、设置图层等	在使用仿制图章工具或修复画笔工具时,使用该面板可以设置5个不同的样本源进行自由仿制
7. "色板"面板	8. "样式"面板	9. "路径"面板
在该面板中单击鼠标可以轻松地指定前景色或背景色。用户可以使用"色板"面板中提供的颜色,还可以创建或添加自定义颜色	通过该面板利用已载入的样式可以在图像中应用各种效果,还可以修改所应用的样式或创建并载入新的样式	使用钢笔工具绘制的矢量直线或曲线叫路径。在"路径"面板中可以创建、修改路径,也可以把路径调整或转换为选区
10. "历史记录"面板	11. "工具预设"面板	12. "动作"面板
该面板可以自动记录操作过程,并以列表形式显示;可以恢复到当前操作之前的图像状态	该面板用于保存每个工具的选项栏设定值,以便进行其他操作时使用相同的设定值	"动作"面板可以记录设计过程中经常重复使用的操作,必要时用于自动执行,方便操作
13. "字符"面板	14. "时间轴"面板	15. "图层复合"面板
该面板用于调整文字的属性,如字体、样式、大小、行间距、宽度、高度、位置、颜色等	该面板用于制作图像动画,可以编辑帧或时间轴持续时间等	使用该面板可以在一个文件中多样化地改变设计效果

167

第8章

Photoshop 网页设计基础

16."通道"面板	17."段落"面板	18."画笔预设"面板
通道具有色彩管理和选择区域管理两种功能，在"通道"面板中可以对通道进行各种编辑操作	该面板用于调整文章的对齐基准、缩进、段落的空白等	画笔预设可以选择笔尖形状、形状动态、散布、喷枪、平滑等
19."画笔"面板	20."调整"面板	21."注释"面板
在使用工具箱的画笔工具和选项栏时才会打开"画笔"面板，可以设定画笔的宽度、形状和各种功能	该面板提供用于调整颜色和色调的工具	注释工具常用在制作图像时进行标注及提示等

8.1.2 工作区布局和屏幕模式

设置一个符合自己习惯的工作环境可以提高设计效率，本小节将介绍更改工作区布局和屏幕模式的方法。

1. 更改工作区布局

针对不同的操作需要，Photoshop CS6 提供了预设的工作区布局方式，使用这些布局方式能够只显示需要的面板，并且使它们按照设定好的布局方式摆放。单击"窗口"菜单选择"工作区"命令，在打开的下拉菜单中选择相应的命令，如图 8-8 所示。

在进行网页设计时可以选择工作区模式，选择好后与网页设计相关的面板将在工作界面上打开。如果用户对工作区的布局不满意，可以自行调整，选择"新建工作区"命令，对新建的工作区起一个容易记忆的名称后按照自己的操作习惯进行布局的调整设置，以后就能很方便地进行调用了。

图 8-8　切换工作区

专家点拨：如果在实际操作中打开的面板过多或者过于杂乱，可以选择"复位"命令，将工作区恢复到所选布局的最初状态。

2. 更改屏幕模式

为了更方便地查看和编辑图像，Photoshop CS6 提供了 3 种屏幕模式供使用者选择，即标准屏幕模式、带有菜单栏的全屏模式和全屏模式。选择"视图"|"屏幕模式"命令或者单击工具箱中的屏幕模式按钮都能进行选择。

"标准屏幕模式"是默认显示模式，菜单栏位于顶部，图像以窗口的形式排列。"带有菜单栏的全屏模式"为灰色背景的全屏窗口，仅带有菜单栏。"全屏模式"为黑色背景的全屏窗口，是最大化的图像显示方式。

8.1.3　使用标尺、网格和参考线

网格、标尺和参考线可以帮助用户精确地对图像的摆放位置、角度、大小等进行辅助参考，从而给网页图形的制作带来方便。下面分别介绍这 3 个辅助绘图工具。

1. 使用标尺

标尺用于度量对象的大小比例，这样可以更精确地绘制对象。选择"视图"|"标尺"命令能显示或隐藏标尺。显示在工作区左边的是"垂直标尺"，用来测量对象的高度；显示在工作区上边的是"水平标尺"，用来测量对象的宽度。在默认情况下标尺的度量单位是磅，用户可以根据需要在标尺上右击，在弹出的快捷菜单中选择不同的单位，如图 8-9 所示。

图 8-9　显示标尺

水平标尺和垂直标尺的相交点是标尺的"零起点"，用户也可以根据需要改变这个原点的位置，将鼠标指针放在标尺左上角的虚线"十"字上拖动到新位置即可。

专家点拨：双击标尺左上角的交界处可以将更改后的标尺原点恢复到默认位置。

2. 使用网格

网格可以帮助网页设计者精确地对齐与放置对象，对于网格的应用主要有"显示和隐藏网格"与"对齐网格"。选择"视图"|"显示"|"网格"命令可以显示或隐藏网格线，如图 8-10 所示。

选择"视图"|"对齐到"|"网格"命令后，在绘制、移动对象或选择区域时边缘会自动与周围最近的一个网格线对齐，给绘制带来很多方便。

3. 使用参考线

与网格相比，参考线在对齐和放置对象时更加灵活，设计者可以根据需要自由放置横向或纵向的参考线。首先要确认"标尺"处于显示状态，在"水平标尺"或"垂直标尺"上按下鼠标左键并拖动到舞台上，这样"水平参考线"或者"垂直参考线"就被创建出来了，参考线默认的颜色为"浅蓝色"，如图 8-11 所示。

图 8-10　显示网格　　　　图 8-11　拖出"参考线"

选择"视图"|"锁定参考线"命令可以将参考线锁定。如果需要删除参考线，只需将参考线拖放到舞台之外即可。

8.2　使用 Photoshop 绘制网页基本图形

Photoshop CS6 用于绘制网页基本图形的工具很多，下面分别使用这些工具绘制网页中的基本图形，从而掌握 Photoshop CS6 各种工具的使用方法，为制作出效果十足的网页打下坚实的基础。

8.2.1　创建 Photoshop 文档

（1）双击桌面上的 Photoshop CS6 图标启动 Photoshop CS6 程序，然后选择"文件"|"新建"命令，弹出"新建"对话框，如图 8-12 所示。

（2）在"宽度"文本框中输入"600 像素"，在"高度"文本框中输入"480 像素"，将"分辨率"选择为默认的"72 像素/英寸"，将"颜色模式"设置为"RGB 颜色""8 位"，设置"背景内容"为白色，单击"确定"按钮，这样就新建了一个 Photoshop CS6

文档。

专家点拨：在输入画布尺寸时可以选择的单位有像素、英寸、厘米和毫米等，同样图片分辨率的单位也有像素/英寸和像素/厘米。文件的分辨率越高，图像越精细，但同时文件也会越大。一般选择默认值 72 像素/英寸。

（3）工作区内出现了白色背景的画布，如图 8-13 所示。这时文件还没保存，窗口左上角标识出文件的名称为"未标题-1.psd"，后面的 100%表示当前文档的视图比例，"RGB/8"表示文档的颜色模式。

图 8-12 "新建"对话框   图 8-13 空白文档

（4）选择"文件"|"存储为"命令，弹出"存储为"对话框，选择文档的保存路径，输入文件名"第一个网页图像"，如图 8-14 所示，单击"保存"按钮，则文件被保存。

图 8-14 "存储为"对话框

专家点拨：Photoshop 所创建文档的扩展名默认为.psd，这种格式不能直接应用到网页中，在实际应用时要优化后导出为.gif 或.jpg 格式的图像。

8.2.2 绘制几何形状

在网页设计中经常要绘制各种几何形状，如直线、矩形、圆角矩形、椭圆、多边形等，它们是网页构图的基础，Photoshop 提供了专门的工具进行绘制，下面结合实例进行说明。

1. 绘制直线

绘制直线要用到"直线工具" ╱，它位于工具箱中的矩形工具复合组内，如图 8-15 所示。下面使用直线工具绘制几个线条。

（1）启动 Photoshop CS6，按 Ctrl +N 组合键打开"新建"对话框，保持默认参数，直接单击"确定"按钮，这样就启动了 Photoshop CS6 的工作窗口并新建了一个文档。

（2）在工具箱中的"矩形工具" ▣ 上按下鼠标左键不放，弹出复合工具列表，在其中选择直线工具 ╱。

（3）选择选项栏中的"形状"选项，在绘制时将创建形状图层。

专家点拨：在选择所有的形状工具时选项栏中模式组中的选项是相同的，选中"形状"模式将创建一个形状图层，选中"路径"模式将创建一条路径，选中"像素"模式将在当前图层创建图形。

（4）更改选项栏中"粗细"后面的数值为 2px，单击"颜色"按钮打开调色板，将颜色更改为红色。

（5）将鼠标指针移动到画布上，鼠标指针变成了"十"字状，按下鼠标左键拖动至合适的位置处松开，直线就绘制完成了，如图 8-16 所示。

图 8-15　直线工具　　　　　　　　　　　图 8-16　绘制直线

（6）单击选项栏中的"几何形状"按钮 ⚙，打开"箭头"选项框，如图 8-17 所示，选中"终点"复选框，再绘制直线，可以看到绘制出了带有箭头的形状，如图 8-18 所示。

图 8-17　"箭头"选项框　　　　　图 8-18　绘制带箭头的直线

专家点拨：在"箭头"选项框中可以设置箭头的相关参数，选中"起点"或"终点"复选框可以为线条的相应端点加上箭头，宽度、长度和凹度分别更改箭头的宽度比例、长度比例和凹陷值。

2. 绘制矩形

绘制矩形要用到"矩形工具" ▢，下面使用矩形工具绘制矩形。

（1）在创建好的 Photoshop CS6 新文档窗口中选择"矩形工具" ▢。

（2）在选项栏的选择工具模式中单击"像素"，则绘制时将在默认图层创建形状。

（3）单击"几何形状"按钮▾打开"矩形选项"，如图 8-19 所示，默认选中"不受约束"，用户可以根据需要进行设置。在画布上按下鼠标左键进行绘制，矩形绘制完成，如图 8-20 所示。

图 8-19　矩形选项　　　　　　　　　　图 8-20　绘制矩形

专家点拨：使用"矩形选项"可以设置矩形的相关参数，其中"不受约束"选项可以自由控制矩形的大小，"方形"选项约束绘制正方形，"固定大小"选项后的数值框决定了矩形的宽度和高度，"比例"选项决定了矩形宽度和高度值的比例，"从中心"复选框限定矩形从中心开始绘制。

3. 绘制圆角矩形

绘制圆角矩形要用到"圆角矩形工具"，下面进行绘制。

（1）在创建好的 Photoshop CS6 新文档窗口中选择"圆角矩形工具" ▢。

（2）在选项栏的"半径"后面的数值框中输入 20px，它定义了圆角矩形中圆角的大小。

（3）单击选项栏中的"样式"按钮，打开"样式"面板，在其中选择"蓝色玻璃"样式，如图 8-21 所示。

（4）在画布上按下鼠标左键进行绘制，圆角矩形按钮绘制完成，如图 8-22 所示。

图 8-21　选择样式　　　　　　　　图 8-22　绘制圆角矩形

专家点拨："圆角矩形选项"和"矩形选项"完全相同，用户可参考设置。

4. 绘制多边形

绘制多边形要用到"多边形工具"，下面进行绘制。

（1）在创建好的 Photoshop CS6 新文档窗口中选择"多边形工具" 🔵 。

（2）在选项栏的"边"后面的数值框中输入 5，它定义了多边形的边数。在画布上按下鼠标左键绘制出五边形，如图 8-23 所示。

（3）单击选项栏中的"几何选项"按钮，打开"多边形选项"，如图 8-24 所示，选中"星形"复选框，这时将绘制出星形，如图 8-25 所示。

| 图 8-23 绘制多边形 | 图 8-24 多边形选项 | 图 8-25 绘制星形 |

专家点拨：在"多边形选项"中，"半径"用来定义多边形的半径值，"平滑拐角"选项可以使多边形的拐角变为平滑型，"缩进边依据"可以定义星形的缩进量，数值越大星形的内缩效果越明显。

5. 绘制自定形状工具

绘制自由形状要用到"自定形状工具" 🐾 ，下面进行绘制。

（1）在创建好的 Photoshop CS6 新文档窗口中选择"自定形状工具"。

（2）单击选项栏中"形状"后面的三角按钮，打开"自定形状拾色器"窗格，在其中选择"常春藤 2"形状，如图 8-26 所示，绘制后的效果如图 8-27 所示。

单击打开窗口菜单

常春藤 2

| 图 8-26 "自定形状拾色器"窗格 | 图 8-27 绘制自定形状 |

（3）单击"自定形状拾色器"窗格右上角的三角按钮，在打开的菜单中选择"动物"命令，弹出替换对话框，如图 8-28 所示，单击"追加"按钮，将动物类形状添加到"自定形状拾色器"窗格。

（4）打开"自定形状拾色器"窗格，可以看到在窗口下方"动物"形状已经添加进来了，如图 8-29 所示。

专家点拨：除动物类形状以外，系统默认的形状类别还有 Web、台词框、形状、拼贴、横幅和奖品、物体、画框、符号、箭头、自然、装饰、音乐等，用户还可以加载外部形状文件以丰富自定形状库。

图 8-28　替换对话框

图 8-29　新增加的动物类形状

8.2.3　使用钢笔工具绘制路径

前面绘制的几何形状比较规则，在实际的网页设计中还经常需要绘制曲线及自由形状，本小节将使用钢笔工具来绘制曲线等不规则形状，从而了解路径的基本常识。

1.　使用钢笔工具绘制曲线

简单地说，所有形状的轮廓就是路径，Photoshop 提供了专门的"路径"面板，结合钢笔等工具可以很方便地编辑修改、重复使用，下面进行实际绘制。

（1）在创建好的 Photoshop CS6 新文档窗口中选择"钢笔工具" 🖊️。

（2）在选项栏中选择工具模式为"路径"，则绘制时将创建出路径。

（3）使用"钢笔工具"在画布上单击鼠标会出现一个实心小矩形点，它叫锚点，移动鼠标指针到其他位置不断地单击鼠标就可以绘制出直线路径，如图 8-30 所示。

（4）如果要闭合路径，把"钢笔工具"放置到第一个锚点上，如果定位准确，就会在靠近钢笔尖的地方出现一个小圆圈。单击或拖动可以闭合路径，如图 8-31 所示。

（5）使用钢笔工具绘制平滑的曲线时要在按下鼠标左键的同时拖动，下面是分别在左、右两点沿左下和右上方向拖动鼠标绘制的图形，如图 8-32 所示。

图 8-30　绘制直线路径

图 8-31　闭合路径

图 8-32　绘制曲线路径

专家点拨：由锚点处拖出的指示线段叫方向线，它的长度和斜度决定了曲线的形状，但它不是形状的一部分。

2.　编辑曲线路径

使用钢笔工具绘制的曲线经常需要修改，在修改时要用到"添加锚点工具" 🖊️、"删除锚点工具" 🖊️和"转换点工具" 🖊️，这 3 个工具都在钢笔工具的复合组内。

选择"添加锚点工具" 🖊️后，将鼠标指针移到路径上时变为带"+"号的钢笔尖，单击需要添加锚点的位置就可以增加一个锚点，如图 8-33 所示。

选择"删除锚点工具" 🖊️后，将鼠标指针移到被选择的锚点上时变为带"–"号的钢笔尖，单击锚点可以删除锚点，如图 8-34 所示。

专家点拨：其实使用钢笔工具也能实现添加或删除锚点的功能，但前提是路径必须处在选择状态下，这样操作在锚点非常密集的地方会导致误操作，所以在这种情况下提倡使

Photoshop 网页设计基础

用专门的工具。

图 8-33　添加锚点　　　　　　　　图 8-34　删除锚点

使用钢笔工具创建的锚点有两类，即角点和平滑点。使用"转换点工具" ↘ 可以在这两类锚点间自由变换，在角点上拖动锚点出现方向线，角点变成了平滑点，如图 8-35 所示；在平滑点上单击，平滑点变成角点，如图 8-36 所示。

图 8-35　角点变换为平滑点　　　　　图 8-36　平滑点变换为角点

在编辑修改绘制好的路径时往往要使用路径选择工具选择路径，Photoshop 提供了两种路径选择工具，即路径选择工具 ▶ 和直接选择工具 ▷，它们在同一复合组内。

使用"路径选择工具" ▶ 单击路径选中整条路径，所有的锚点以实心黑色方框显示，如图 8-37 所示。使用"直接选择工具" ▷ 单击路径，所有的锚点以空心方框显示，再单击锚点，选中的锚点以实心黑色方框显示，如图 8-38 所示。

图 8-37　选中整条路径　　　　　　　图 8-38　选择单个锚点

使用直接选择工具拖动锚点可以移动锚点的位置，如图 8-39 所示。拖动方向线可以改变它的方向和角度，如图 8-40 所示。

图 8-39　移动锚点　　　　　　　　　图 8-40　拖动方向线

专家点拨：按住 Shift 键单击可以选择多个锚点，从而实现同时移动多个锚点的效果。

3. 使用自由钢笔工具绘制任意路径

使用自由钢笔工具可以任意绘图，就像用钢笔在纸上绘画一样，但在绘图时可以自动添加锚点，完成路径的绘制后可以进一步对它进行调整。下面进行实际绘制。

（1）选择"文件"|"打开"命令，在"打开"对话框中选择要打开的文件，单击"打开"按钮将一幅橘子图片在文档中打开。

（2）选择"钢笔工具"，弹出复合工具下拉列表，在其中选择"自由钢笔工具" ，此时可以按下鼠标左键任意绘制线条。

（3）单击选项栏中的"几何选择"按钮 ，打开"自由钢笔选项"，将"曲线拟合"设置为2px，选中"磁性的"复选框，并设置好其他参数，如图8-41所示。

（4）使用"自由钢笔工具"沿着橘子边缘拖动鼠标，此时会自动出现一条带有锚点的曲线路径，如图8-42所示。

图 8-41　自由钢笔选项　　　　图 8-42　使用自由钢笔工具绘制自由路径

专家点拨：在"自由钢笔选项"中，"曲线拟合"选项控制绘制路径时对鼠标移动的灵敏度，数值越高，创建的路径锚点越少，路径越光滑；"磁性的"选项决定绘制时路径可以自动吸附到图像的相关点上。

4. 描边和填充路径

由于绘制出的路径不是形状，在进行网页设计时必须要进行描边和填充等操作才能做出效果。下面实际操作一下。

在面板区中单击"色板"标签激活"色板"面板，如图8-43所示，将前景色设置为红色。打开"路径"面板，单击"用画笔描边路径"按钮，为路径描出轮廓。然后将前景色更改为黄色，单击"用前景色填充路径"按钮，为路径填充颜色，如图8-44所示。

图 8-43　"色板"面板　　　　图 8-44　"路径"面板和完成后的形状

专家点拨：在用画笔描边路径时边线的宽度和形状是由画笔决定的，有关画笔的知识将在下一节中详细介绍。

8.2.4　使用画笔

Photoshop 的画图工具包括画笔工具和铅笔工具，使用它们绘图就像手绘一样，再加上丰富的笔触、灵活的模式等，一定能设计出美轮美奂的网页底稿。

1. 使用画笔工具绘图

（1）选择"画笔工具" ✐，在选项栏中单击"画笔预设选取器"按钮打开"画笔预设选取器"窗格，如图 8-45 所示。

（2）设置画笔的"主直径"为 13px、硬度为 0%，在下方的画笔形状栏中选择"柔边圆"画笔，然后拖动画笔绘制任意形状，如图 8-46 所示。

图 8-45　"画笔预设选取器"窗格　　　　图 8-46　使用画笔工具绘图

（3）单击"画笔预设选取器"窗格右上角的三角按钮 ⊙，在弹出的下拉菜单中选择"特殊效果画笔"命令，弹出替换画笔对话框，如图 8-47 所示，单击"追加"按钮将特殊效果画笔追加到"画笔预设选取器"窗格中。

图 8-47　替换画笔对话框

专家点拨：在"画笔预设选取器"窗格中，"主直径"用来设置画笔的大小，"硬度"用来设置画笔边缘的柔和程度，数值越小越柔和，下方的画笔形状栏可以选择画笔的笔尖形状。另外，除默认画笔外，用户在绘图时可以根据需要添加书法、人造材质、带阴影的画笔、干介质画笔、方头画笔、混合画笔、湿介质画笔、特殊效果画笔、粗画笔、自然画笔等类型画笔，也可以进行删除、载入和复位画笔的操作。

（4）在追加的画笔形状中选择"缤纷蝴蝶"画笔，在选项栏中设置"不透明度"值为 20%、流量为 80%，绘制出的形状如图 8-48 所示。

专家点拨：选项栏中的"不透明度"值越大越不透明，"流量"值决定了绘图时颜色的流量大小。

2. 使用"画笔"面板详细设定画笔参数

（1）选择画笔工具，然后单击选项栏右边的"切换画笔调板"按钮 ⧉ 打开"画笔"面板，如图 8-49 所示。单击面板左侧的参数项，则右侧出现了与之对应的参数区。

图 8-48　绘制蝴蝶形状

图 8-49　"画笔"面板

（2）单击"画笔笔尖形状"选项，在右侧选择"散布枫叶"画笔，将主直径设置为 60px、间距设置为 50%，如图 8-50 所示。

（3）选中"形状动态"复选框，设置"大小抖动"为 100%、"角度抖动"为 100%、"圆度抖动"为 60%，如图 8-51 所示。

（4）选中"散布"复选框，设置"散布"为"两轴"500%、"数量"为 4、"数量抖动"为 100%，如图 8-52 所示。

（5）选中"颜色动态"复选框，设置"色相抖动"为 30%、"饱和度抖动"为 30%，如图 8-53 所示。

图 8-50　设置画笔笔尖形状

图 8-51　设置画笔形状动态

Photoshop 网页设计基础

图 8-52　设置画笔散布参数　　　　　　图 8-53　设置画笔颜色动态

（6）设置前景色为红色，在画布上拖动鼠标，则枫叶形状就绘制好了，效果如图 8-54 所示。

图 8-54　绘制枫叶

专家点拨：画笔的参数比较多，设置很复杂，大家在绘制网页作品时要多尝试总结，同时注意观察下方预览框中的形状变化。

8.2.5　设置颜色

在 Photoshop 中设置颜色非常方便，工具箱中有直接选取前景色和背景色的工具，还有专业设置颜色的渐变工具和油漆桶工具，再加上专用的"颜色"面板，用户可以在设计网页时设置颜色。

1. 使用快捷键进行填充

如果要填充实色，首先双击工具箱中的"设置前景色/背景色"控件█，然后使用 Alt+Delete 或 Ctrl+Delete 组合键进行快速填充。

（1）双击工具箱中的"设置前景色"控件打开"拾色器（前景色）"对话框，如图 8-55

所示，单击渐变条拾取红色，然后按同样的方法设置背景色为黑色。

图 8-55 "拾色器（前景色）"对话框

（2）按 Alt+Delete 组合键可以为选区或当前图层添加前景色，按 Ctrl+Delete 组合键可以填充背景色。

2. 使用油漆桶工具进行填充

（1）选择"油漆桶工具" ，在选项栏中设置填充方式为"前景"，此时将使用前景色填充，如图 8-56 所示。

图 8-56 油漆桶工具的选项栏

（2）设置填充方式为"图案"，打开图案下拉列表，如图 8-57 所示，在其中选择一种图案，然后在新图层中单击填充颜色。

图 8-57 图案下拉列表

专家点拨：选项栏中的"容差"值用于控制填充图像时的颜色容差值，数值越大，填充范围越广。如果选中"连续的"复选框，则仅填充容差值范围内连续的区域。

3. 使用渐变工具填充颜色

（1）选择"渐变工具" ，在选项栏中单击"渐变色选取栏" 右侧的下拉列表按钮打开渐变色设定列表，如图 8-58 所示，在其中选择"紫色、橙色渐变"。

（2）在选项栏中选择"线性渐变" ，在空白画布中从左到右拖出一条水平线段，则画布被填充为线性渐变色，如图 8-59 所示。

图 8-58　选取渐变色

图 8-59　以线性渐变填充

专家点拨：在使用渐变工具填充渐变色时，拖动的线段方向决定了渐变色的方向，线段的长度决定了渐变色的范围，按住 Shift 键可以按水平、垂直或 45°角的方向进行渐变填充。

（3）依次在选项栏中选择径向、角度、对称和菱形渐变，从画布中央向右边拖动，填充后的图形如图 8-60 所示。

图 8-60　从左起依次为径向、角度、对称和菱形渐变

4. 自定义颜色填充

虽然 Photoshop 自带的渐变类型很丰富，但用户有时候还需要自定义渐变色，以满足网页设计的要求。

（1）选择"渐变工具"，单击选项栏中的"渐变效果显示框"打开"渐变编辑器"对话框，如图 8-61 所示。

图 8-61　"渐变编辑器"对话框

（2）双击渐变色定义栏下的"颜色色标" ▯ 打开"拾色器（色标颜色）"对话框，如图 8-62 所示，然后在颜色区域中选择红色，单击"确定"按钮。

（3）双击与"颜色色标"相对的"不透明度色标" ▯，在下方设置该色标的不透明度值为 50%。

（4）单击渐变定义栏下方的中间区域添加一个新色标，设置颜色为蓝色。

（5）向左拖动"颜色中点"，将位置定位在"30%"，设置完成后如图 8-63 所示。

图 8-62 "拾色器（色标颜色）"对话框

图 8-63 设置渐变参数

专家点拨：在设置好自定义渐变后，如果下次要继续使用，就必须存储在预设列表中，方法是在"名称"文本框中输入名称，单击"新建"按钮。如果要删除颜色色标和不透明度色标，将色标拖离渐变定义栏即可。

8.3 本 章 习 题

一、选择题

1. Photoshop 所创建文档的默认保存格式是（　　　）。

    A．.png   B．.psd   C．.jpg   D．.gif

2. 如果操作时程序工作区过小，需要全屏显示图形，但保留菜单栏，应该使用（　　　）。

    A．标准屏幕模式   B．全屏模式

    C．带有菜单的全屏模式工具   D．最大化屏幕模式

3. 在 Photoshop 中能自由绘制图形，并且效果最丰富的绘画工具是（　　　）。

    A．钢笔工具   B．铅笔工具

    C．画笔工具   D．自定形状工具

4. 使用快捷键可以快速地对选区或者当前图层添加颜色，其中按（　　　）可以添加前景色。

    A．Alt+Delete 组合键   B．Ctrl+Delete 组合键

    C．Delete 键   D．Shift+Delete 组合键

二、填空题

1. Photoshop CS6 的主界面由＿＿＿＿＿、＿＿＿＿＿＿、＿＿＿＿＿＿、＿＿＿＿＿＿、＿＿＿＿＿和＿＿＿＿＿＿组成。

2. ＿＿＿＿＿＿、＿＿＿＿＿＿、＿＿＿＿＿＿可以帮助设计者精确地对图像的摆放位置、角度、大小等进行辅助参考，从而给网页图形的制作带来方便。

3. 在选择所有的形状工具时选项栏中模式组中的选项是相同的，选中＿＿＿＿＿＿模式将创建一个形状图层，选中＿＿＿＿＿＿模式将创建一条路径，选中＿＿＿＿＿＿模式将在当前图层创建图形。

4. 在使用钢笔工具绘图时，由锚点处拖出的指示线段叫＿＿＿＿＿＿，它的＿＿＿＿＿＿和＿＿＿＿＿＿决定了曲线的形状，但它不是形状的一部分。

5. Photoshop 的渐变工具提供了 5 种渐变填充方式，即＿＿＿＿＿＿、＿＿＿＿＿＿、＿＿＿＿＿＿、＿＿＿＿＿＿、＿＿＿＿＿＿。

8.4 上 机 练 习

练习 1　绘制网页图形

本练习绘制一个网页图形，效果如图 8-64 所示，可以参考以下步骤进行操作练习。

（1）使用绘图工具绘制白色背景区域。

（2）使用"钢笔工具"绘制蜻蜓。

练习 2　使用画笔绘制心形

本练习绘制一个心形，效果如图 8-65 所示，可以参考以下步骤进行操作练习。

图 8-64　网页图形效果

图 8-65　心形效果

（1）使用蝴蝶画笔绘制心形。

（2）使用杜鹃花串画笔绘制箭。

<table>
<tr><td>第 9 章</td><td>Photoshop 网页设计进阶</td></tr>
</table>

图层、选区和路径被称为 Photoshop 的三大核心技术，在上一章介绍基本绘图工具的基础上本章将步步深入，介绍图层、选区、通道、文字、图像处理及滤镜等重要概念，以此迈入 Photoshop 网页设计进阶之门。

本章主要内容:

- Photoshop 的图层
- Photoshop 的选区和通道
- 设计网页文字
- 网页图像的调整
- Photoshop 的滤镜

9.1　图层与蒙版

图层是 Photoshop 的精髓，一个好的网页作品离开图层是万万不能的，合理地安排图层，设置图层的各种属性，对完成网页作品的设计尤为重要。

9.1.1　图层

图层类似于现实绘图工作中的透明胶片，将图像的各个要素分别绘制于不同的透明胶片上，透过上层的胶片透明区域能观察到下层的图像。一个文档可以包含许多图层，每个图层都能绘制各种图形或对象。在 Photoshop 中，图层的显示和操作都集中在"图层"面板里，下面认识一下图层和"图层"面板。

1. 认识"图层"面板

选择"窗口"|"图层"命令打开"图层"面板，此时"图层"面板显示当前文件的图层状态，如图 9-1 所示。如果未打开图像文件，"图层"面板会呈灰度显示。

"图层"面板中各参数的含义如下。

- "混合模式"下拉列表 正常 ：选择当前图层的混合模式。
- "不透明度"数值框：决定当前图层的不透明度。
- "锁定"组的 4 个按钮 锁定: ☒ ✔ ✛ 🔒 ：用来锁定图层的透明像素、图像像素、移动位置或所有属性。
- "填充"数值框：设置图层中的不透明度。

图 9-1　"图层"面板

- "链接"按钮 ⊖：将选中的图层链接起来。
- "添加图层样式"按钮 *fx*：为当前图层添加需要的样式效果。
- "添加图层蒙版"按钮 ◙：为当前操作图层增加蒙版。
- "创建新组"按钮 ▭：创建一个图层组。
- "创建新的填充或调整图层"按钮 ◕：添加一个调整图层。
- "创建新图层"按钮 ▭：在当前图层的上面创建一个新图层。
- "删除图层"按钮 🗑：删除当前选择的图层。

2. 图层的基本操作

1）选择图层

选择图层是指将某层指定为当前图层，以便于操作。单击某个图层，当该图层成为当前图层后图层背景变成蓝色。在图 9-1 中，选择的图层是"蝴蝶"图层。这样，之后绘制、粘贴或导入的对象都会自动排列在当前图层的顶部。

选中一个图层后，按住 Shift 键单击另一图层，两个图层及它们之间的所有图层都会被选中；选中一个图层后，按住 Ctrl 键单击另一图层，可以将多个不相邻图层同时选中。

2）创建和删除图层

单击"图层"面板下方的"创建新图层"按钮 ▭ 可以在当前图层的上面创建一个新图层，新图层自动成为当前图层。单击"删除图层"按钮 🗑 可以删除当前选择的图层，或者直接将需要删除的图层拖到垃圾桶图标上。

选择"图层"|"新建"|"图层"命令打开"新建图层"对话框，如图 9-2 所示。在"名称"文本框中输入图层的名称，单击"颜色"下拉列表可以为图层选择突出显示的颜色。

3）重命名图层

为便于操作，应该为图像所属的所有图层都设定一个易于理解的名称，因为在默认情况下新建的图层按创建的顺序以图层 1、图层 2……来命名。重命名的方法是双击图层的名称，在名称处于可编辑状态时为它们输入新名称并按 Enter 键，或者选择"图层"|"重命名图层"命令，如图 9-3 所示，在其中输入新名称。

图 9-2 "新建图层"对话框

图 9-3 图层的重命名

4）调整图层的顺序

图像的显示效果与图层的顺序直接关联，处于上层的图层内容经常会遮盖下面图层的对象，所以调整图层的顺序是用户经常要使用的操作。拖动图层到新位置就能改变图层的顺序，或者选择"图层"|"排列"级联菜单中的命令迅速地改变图层的顺序，其中包括"置于顶层""置于底层""前移一层""后移一层"和"反向"命令等，"反向"命令用于逆序

排列当前选中的多个图层。

专家点拨：背景图层是不能被移动的，如果需要移动，可以双击背景图层将其转换成"图层 0"。

5）复制图层

通过复制图层操作可以复制图层中的图像，最简便的方法是直接将要复制的图层拖放到"图层"面板下方的"创建新图层"按钮上，或者单击"图层"面板右上角的面板菜单按钮，打开面板菜单，在其中选择"复制图层"命令，或者选择"图层"|"新建"|"通过拷贝的图层"命令。

6）链接图层

将图层链接后可以同时移动、缩放或复制全部处于链接状态的图层，具体方法是选择要链接的图层，单击"图层"面板中的"链接图层"按钮，这样即可链接选择的图层。如图 9-4 所示，在链接的图层名称后会出现链条图标。再次单击"链接图层"按钮可以解除图层间的链接。

7）隐藏和锁定图层

因为图层都是透明的，所以画布中呈现的是所有正常显示的图层的叠加效果，为了更方便地对某个图层进行编辑操作，需要隐藏图层。在"图层"面板中单击取消图层左侧的"眼睛"图标 👁 即可隐藏图层，再次单击"眼睛"图标又可重新显示该图层。

图 9-4　链接图层

专家点拨：按住 Alt 键单击某个图层的眼睛图标可以只显示这个图层，而隐藏其他所有图层。

锁定图层可以保护该图层的内容不被误操作，如果要锁定图层，可以按需要单击"图层"面板左上方的"锁定"右侧的 4 个按钮。

8）合并图层

在编辑图像过程中或完成编辑后，为了更有效地管理图层、节省系统资源，经常需要合并图层。选择"图层"|"合并可见图层"命令可以合并所有可见图层；选择"图层"|"向下合并"命令可以以当前图层为准向下合并所有图层；选择"图层"|"拼合图像"命令可以合并所有图层并删除隐藏图层。

9）图层组的操作

对于若干个性质相近的图层可以通过创建图层组组织在一起，以便于管理和操作。单击"图层"面板下方的"创建新组"按钮 📁 可以创建图层组，将图层拖放到图层组名称上即可将该图层归于图层组，图层组的重命名、移动、复制等操作以及混合模式等属性与图层相同，此处不再赘述。

专家点拨：图层组中不仅可以放置图层，还允许嵌套其他图层组，从而使图层的管理更加方便。

9.1.2 图层样式

图层样式是指应用于图层的某种效果，可以在不改变图层内容的前提下对它进行艺术处理，相当于演员进行"化妆"。Photoshop 提供了丰富的图层样式，可以很便捷地实现某种艺术效果。

1. 认识"样式"面板

选择"窗口"|"样式"命令打开"样式"面板，如图 9-5 所示。它包含 Photoshop 预设的各种艺术效果，可以很方便地添加到图层对象上。添加样式的方法是选择图层，单击"样式"面板中的某种样式，则图层中的内容就会发生变化。下面进行实际操作。

（1）选择"圆角矩形工具"，并选择"形状图层"模式，设置"半径"为 20px，然后在画布中绘制一个圆角矩形。

（2）展开"样式"面板，单击该面板右上角的面板菜单按钮，在打开的面板菜单中选择"Web 样式"命令，在弹出的对话框中单击"追加"按钮。

（3）保持圆角矩形处于被选中的状态，单击"样式"面板中的"红色胶体"按钮，则圆角矩形应用了该样式，图 9-6 所示为应用前后的效果。

图 9-5 "样式"面板　　　　　图 9-6 应用样式前后的圆角矩形

（4）展开"图层"面板，如图 9-7 所示，可以看到应用了"红色胶体"样式的圆角矩形实际上被添加了内阴影、内发光、斜面和浮雕等多种样式效果。

专家点拨：为图层添加预设样式的方法还有拖动样式到图层上，或者将样式从"样式"面板拖动到文档窗口，当鼠标指针移动到需要应用该样式的图层内容上时松开鼠标左键。

2. 图层样式的运用

在"样式"面板中虽然有很多预设样式，但在设计网页对象时还是不够用，这时可以打开"图层样式"对话框为对象自由地添加图层样式。双击图层名称后面的空白区域或者单击"图层"面板下方的"添加图层样式"按钮 *fx.*，打开"图层样式"对话框，如图 9-8 所示。

图 9-7 "图层"面板

图 9-8 "图层样式"对话框

"图层样式"对话框可以分成"样式"选项栏和"参数设置区"两部分，在设置时首先在左侧的"样式"选项栏中单击样式名称，此时右侧参数区中会出现该样式的参数，然后进行详细设置即可，在设置时可以参考预览区进行调整，以达到满意的效果。

专家点拨：在选择样式时如果仅选中样式名前的复选框，则右侧参数区中不会出现相应的参数，只有单击样式名称才能进入到该样式的参数区中。

1）"投影"和"内阴影"样式的应用

"投影"样式是经常被使用的一种样式，它能为对象添加阴影，从而让对象产生"抬高"的立体感。双击已经输入好文字的图层打开"图层样式"对话框，单击"投影"样式，该样式的参数如图 9-9 所示。

图 9-9 "投影"样式的参数

其中"角度"是指光线投射的方向,"距离"是指阴影与对象间的距离,"扩展"决定了阴影的浓重程度,"大小"决定了阴影的扩散程度。添加"投影"样式前后的效果如图 9-10 所示。

投影样式　投影样式

图 9-10　添加"投影"样式前后的效果

在为图层添加样式后"图层"面板发生了变化,如图 9-11 所示,图层名称后面出现了"样式"图标 *fx.*,单击它可以折叠添加的样式效果。样式以列表的方式保存在图层下方,单击样式名称前的"隐藏"图标 👁 可以暂时隐藏样式,以方便对象的编辑和修改。

"内阴影"样式产生的是对象下陷的效果,它的选项与"投影"样式相近,其中"阻塞"选项和"投影"样式中"扩展"的效果是类似的。图 9-12 所示为添加"内阴影"样式前后的效果。

图 9-11　添加样式后的"图层"面板

内阴影样式　内阴影样式

图 9-12　添加"内阴影"样式前后的效果

2)"外发光"和"内发光"样式的应用

"外发光"样式能在对象外缘产生发光效果,发光的方向是从内向外,因此没有光线角度的选项,如图 9-13 所示。在"图素"选项区中,"方法"下拉列表中的"柔和"产生的发光效果比较平缓,"精确"产生的发光效果比较强烈并且生硬。

图 9-13　添加"外发光"样式

"内发光"样式是从对象的边缘向内部产生发光效果，它的参数项和"外发光"样式基本相同。图 9-14 所示为应用了"外发光"和"内发光"样式后的效果。

图 9-14　添加"外发光"和"内发光"样式后的效果

3）"斜面和浮雕""光泽"和"描边"样式的应用

"斜面和浮雕"样式可以营造出立体感，使物体凸显出来。该样式还有子选项可以选择，"等高线"可以改变浮雕部分的形态，"纹理"可以为对象加上凹凸质感。图 9-15 所示为添加了"斜面和浮雕"样式的效果。

图 9-15　添加"斜面和浮雕"样式后的效果

"光泽"样式可以为对象加上一种皱褶反光感，类似于丝绸的表面。选择该样式，将"距离"和"大小"值设置为 10 像素，效果如图 9-16 所示。

"描边"样式是在对象边缘产生围绕效果，"大小"决定了描边的粗细，"位置"决定了描边在内部还是在外部。图 9-17 所示为设置了外部描边的效果。

图 9-16　添加"光泽"样式后的效果　　图 9-17　添加"描边"样式后的效果

4）"颜色叠加""渐变叠加"和"图案叠加"样式的应用

"颜色叠加""渐变叠加"和"图案叠加"样式都是在对象上叠加某种颜色或图案，设置比较简单，一般情况下使用这 3 种样式效果时图层的混合模式要设置为"正片叠底"或"叠加"，以产生更好的融合效果。

其中"颜色叠加"是指用纯色叠加对象，"渐变叠加"是用渐变色叠加对象，"图案叠加"是用图案实现叠加效果。图 9-18 所示为添加了 3 种叠加样式后的效果。

图 9-18　添加 3 种叠加样式后的效果

专家点拨：图层样式的添加并不只是单独某一种样式的添加，产生比较满意的效果一般需要综合使用多种图层样式。另外，在定义好图层样式后单击"图层样式"对话框中的"新建样式"按钮可以将样式保存起来以供重复使用。在定义了样式的图层上右击，通过选择快捷菜单上的"拷贝图层样式"和"粘贴图层样式"命令可以快速应用样式到其他图层。

9.1.3　图层的混合模式

在图层很多的情况下，图层的混合模式决定了上面图层像素和下面图层像素融合的方式。在默认情况下，图层的混合模式为"正常"，表示除非上方图层有半透明部分，否则对下方图层会形成遮挡。如果要实现与下方图层的融合，可以选择的模式有溶解、变暗、正片叠底、线性减淡、颜色变暗、变亮、颜色变亮、差值、色相、饱和度、颜色和明度等，它们均以独特的计算方式实现与下方图层的交融。

下面准备两张素材图片来实际体验几种常用混合模式的效果。

（1）新建文档，将准备好的两张图片打开，然后将蝴蝶图片去除背景后移动到牵牛花图片的上层，此时图层的混合模式为"正常"，效果如图 9-19 所示。

（2）选中蝴蝶图片所在的图层，单击"图层"面板中混合模式后面的下三角按钮，在弹出的下拉列表中选择"正片叠底"，图像即刻发生了变化，如图 9-20 所示。

图 9-19　正常模式　　　　　　　　　　图 9-20　正片叠底模式

（3）按同样的方法分别选择叠加、滤色、差值、饱和度混合模式，效果如图 9-21 所示。

图 9-21　从左到右依次为叠加、滤色、差值、饱和度混合模式

专家点拨：Photoshop 混合模式的算法非常复杂，读者可以通过多种实际操作逐渐掌握各种混合模式的效果。

9.1.4　图层蒙版的操作

蒙版是一种作用于图层上的复合技术，它能以独特的透明方式将多张图片组合成单个图像，也能用于局部的颜色和色调校正，巧妙地使用图层蒙版可以为网页元素实现多种创意效果。

1．创建剪贴蒙版

剪贴蒙版实际上是两个或者多个有特殊关系的图层的总称，它必须有上、下两个图层，并利用下方图层中图像的形状对上层图像进行剪切，最终以下方图层中图像的形状规定上方图层中图像的范围，从而得到丰富的效果。

（1）新建一个背景色为透明的文档，选择"自定形状工具"，用"填充像素"模式绘制一个花的形状，如图 9-22 所示。

（2）打开"牵牛花"素材图片，使用"移动工具"将它拖放到刚才创建的新文档中，

193

第 9 章

Photoshop 网页设计进阶

此时图层效果如图 9-23 所示。

（3）选中位于上层的"牵牛花"所在的图层，选择"图层"|"创建剪贴蒙版"命令，图像效果发生了变化，如图 9-24 所示。

此时位于上层的图层缩进显示，并且出现了表示上层被下层所剪切的箭头，如图 9-25 所示。

图 9-22　绘制花

图 9-23　"图层"面板

图 9-24　图像效果

图 9-25　剪切蒙版

专家点拨：按住 Alt 键将鼠标指针放置到两个图层中间的分隔线上，等光标变成交叉圆圈时单击可快速创建剪切蒙版。选择上方的图层，按 Alt+Ctrl+G 组合键也可以创建剪切蒙版，再次按下可以取消剪切蒙版。

2．创建图层蒙版

图层蒙版是为图层添加的遮罩，起到隐藏或显示本层图像的作用，它只能用介于黑、白两色间的 256 级灰度色绘图，用黑色绘图可以隐藏图像，用白色绘图可以显示图像，用灰度色绘图能够使本层图像呈现若隐若现的朦胧效果，下面实际操作一下。

（1）打开"小兔"素材图片，双击"背景"图层，弹出"新建图层"对话框，单击"确定"按钮，则"背景"图层变成了"图层 0"，图 9-26 所示为素材和图层的效果。

专家点拨：在默认情况下"背景"图层被锁定且无法实现编辑操作，只有将它转化成普通图层才能进行操作。

（2）单击"图层"面板下方的"添加图层蒙版"按钮，"图层 0"后面出现图层蒙版，单击选择图层蒙版，然后选择"渐变工具"，设置从白到黑的线性渐变色，从图像中央向右下方拖动拖出一条线段填充图层蒙版，此时图像和图层都发生了变化，效果如图 9-27 所示。

（3）右击图层蒙版的缩览图，在弹出的快捷菜单中选择"应用图层蒙版"命令应用图层蒙版。如果要删除图层蒙版，在快捷菜单中选择"删除图层蒙版"命令即可。

图 9-26　素材和图层效果　　　　　　　图 9-27　添加了图层蒙版后的效果

专家点拨：使用蒙版会增加文件的大小，因此可将不再需要修改的蒙版效果应用到图层中。应用蒙版其实就是将蒙版删除的同时删除蒙版屏蔽的图像区域，与删除图层蒙版截然不同。

3. 创建矢量蒙版

矢量蒙版也可以控制或隐藏图层区域，它能创建具有锐利边缘的蒙版，是由铅笔或形状工具使用路径方式创建的，而路径可以使用多种工具进行编辑，所以矢量蒙版常用来布局对象。

（1）打开"玫瑰花"素材图片，双击"背景"图层把它转化成普通图层。

（2）选择"图层"|"矢量蒙版"|"显示全部"命令，为"图层 0"添加一个矢量蒙版，它的外观与图层蒙版完全相同。

（3）选择"钢笔工具"，使用"路径"模式在画布中创建一个心形路径，绘制完成后图像和图层都发生了变化，如图 9-28 所示。

图 9-28　添加了矢量蒙版后的效果

专家点拨：图层蒙版在建立后如果进行数次修改，蒙版的边缘常常会变得模糊，影响合成效果；矢量蒙版具有矢量无级变形且不影响像素效果的优点，所以它常用来布局对象。

9.2　选区与通道

选区是 Photoshop 的核心技术，它实际上是用选取工具绘制的一个封闭区域，可以是任意形状，在建立选区后大部分操作只针对选区范围有效，因此它对于网页元素的编辑、修改至关重要。

9.2.1　创建选区

1. 创建规则选区

Photoshop 用于创建规则选区的工具有矩形选框工具 □、椭圆选框工具 ○、单行选框工具 ▭、单列选框工具 ▯ 4 种，其中矩形选框工具用来创建矩形选区，椭圆选框工具用来创建椭圆选区，下面实际操作一下。

（1）打开素材图片，选择工具箱中的"矩形选框工具" □，选项栏如图 9-29 所示。

4 种选区模式

图 9-29　矩形选框工具的选项栏

（2）在画布上拖动鼠标进行绘制，可以看到一个以虚线流动框显示的矩形选区，如图 9-30 所示。

（3）选择"椭圆选框工具" ○，单击"添加到选区"按钮 □，将"羽化值"设置为 10px，然后在矩形选区的上方绘制一个椭圆选区，可以看到椭圆选区自动添加到矩形选区中，如图 9-31 所示。

图 9-30　创建矩形选区　　　　　图 9-31　添加椭圆选区

所有选区工具都有完全相同的 4 个选区模式，其中"新选区"模式 □ 是默认模式，在绘制选区时创建新的选区，原有选区自动取消；"添加到选区"模式 □ 是以追加的方式添加选区，不取消原有选区；"从选区减去"模式 □ 可以从原来选区中除去重合的部分；"与选区交叉"模式 □ 在绘制时只保留当前绘制的选区与新绘制选区重合的部分。

另外，"羽化"值决定了选区边缘的柔化程度，数值越大边缘越柔化。"样式"下拉列表决定了矩形选框工具的工作模式，选择"正常"选项可以创建任意选区；选择"固定比例"选项可以设置选区高度与宽度的比例，以绘制出固定宽高比的选区；选择"固定大小"选项可以创建规定尺寸的选区。

规则选区工具中的"单行选框工具"和"单列选框工具"用来创建只有 1 像素高度或

宽度的选区。对于上例打开的"叶片"素材图片，选择"添加到选区"模式，使用上述两个工具创建方格选区，如图 9-32 所示，完成后按 Alt+Delete 组合键为选区填充前景色（黑色），效果如图 9-33 所示。

图 9-32　创建选区　　　　　　　　　　　图 9-33　填充颜色

专家点拨：*在创建选区时，按住 Shift 键切换为"添加到选区"模式，按住 Alt 键切换为"从选区减去"模式，按住 Shift+Alt 组合键切换为"与选区交叉"模式，这些快捷键在鼠标按下后可以松开。*

2.　创建不规则选区

Photoshop 用于创建不规则选区的工具有套索工具 、多边形套索工具 、磁性套索工具 、快速选择工具 和魔棒工具 ，其中使用"套索工具"如同手绘一般，用来创建任意形状的选区，而"多边形套索工具"用任意多边形模式来创建选区，下面实际操作一下。

（1）打开素材图片，选择工具箱中的"套索工具" ，选项栏如图 9-34 所示。选中"消除锯齿"复选框可以消除选区的锯齿，保证进行选区操作后图像边缘的平滑。

图 9-34　"套索工具"的选项栏

（2）使用"套索工具"按下鼠标左键在图像中拖动创建一个任意选区，如图 9-35 所示。

（3）选择"多边形套索工具"，在图像中连续单击创建一个多边形选区，如图 9-36 所示。

图 9-35　使用"套索工具"创建选区　　　图 9-36　使用"多边形套索工具"创建选区

磁性套索工具 、快速选择工具 和魔棒工具 都可以看作是颜色类选取工具，它们能全自动分析图像的像素分布情况，然后依据一定的原则创建选区，使用方便、高效。"磁性套索工具" 适合于边缘颜色对比度较强的图像的选取，"快速选择工具" 和"魔棒工具" 适合于颜色相同或相似区域的选取，下面实际操作一下。

（1）打开素材图片，选择工具箱中的"磁性套索工具" ，选项栏如图 9-37 所示。

图 9-37　"磁性套索工具"的选项栏

"宽度"选项表示"磁性套索工具"自动查找颜色边缘的宽度范围，数值越大，查找范围越大。"对比度"选项用于设置边缘的对比度，数值越大，工具对颜色对比的敏感程度越低。"频率"选项用来设置"磁性套索工具"在自动创建选区线时插入节点的数量，数值越大，插入的定位节点越多，得到的选择区域就越精确。

（2）使用"磁性套索工具"在要选择的图像区域单击，然后沿着图像边缘拖动，可以看到随着鼠标指针的移动颜色边缘自动添加了许多定位节点，如图 9-38 所示。移动到起始节点，当光标上出现小圆圈时双击，选区创建完成，如图 9-39 所示。

图 9-38　使用"磁性套索工具"创建选区

图 9-39　创建好的选区

专家点拨：在使用"磁性套索工具"创建选区时如果产生的节点位置不准确，可按 Delete 键删除掉，也可在颜色对比度较小的区域内单击手动创建定位节点。

"快速选择工具" 可使用调整的圆形画笔快速"绘制"选区，在拖动鼠标时选区会向外扩展并能自动找到颜色边缘以创建选区。下面实际操作一下。

（1）选择"快速选择工具" ，选项栏如图 9-40 所示，设置画笔半径为 9px。

图 9-40　"快速选择工具"的选项栏

"对所有图层取样"是指基于所有图层创建一个选区，"自动增强"选项能自动将选区向图像边缘进一步扩展，并应用边缘调整。

（2）使用"快速选择工具"在要选择的图像区域向下拖动可以看到选区不断扩展，如图 9-41 所示，继续拖动，直到完成花朵的选取。

图 9-41　使用"快速选择工具"创建选区

专家点拨：在使用"快速选择工具"创建选区时，按右方括号键"]"可增大画笔笔尖的大小；按左方括号键"["可减小画笔笔尖的大小。

"魔棒工具" 能根据图像的颜色进行选择，单击图像中的某种颜色，与这种相近并且在容差值范围内的颜色将被全部选中。下面实际操作一下。

（1）选择"魔棒工具"，选项栏如图 9-42 所示，其中"容差"值决定了允许颜色的差值范围，数值越大，选取的相近颜色越多。本例设置"容差"值为 60，同时选中"连续"复选框，此时只会选择连续的颜色区域。

图 9-42 "魔棒工具"的选项栏

（2）使用"魔棒工具"单击蓝天部分，部分颜色区域被选中。

（3）使用"添加到选区"模式，继续单击其他区域，直到天空部分全部被选中，如图 9-43 所示。

图 9-43 使用"魔棒工具"创建选区

专家点拨：在创建选区时除了一些形状和色彩比较简单的图像外，大多数图像都需要综合使用多种选区工具进行选择，一般来说颜色选取工具应该优先考虑，再辅以其他选取工具，以创建完美的选区。

9.2.2 通道及其应用

通道是 Photoshop 中一项非常复杂的核心技术，通俗地讲就是用来保存颜色数据的，它在编辑处理网页图像时经常有出人意料的效果。

1. 认识通道

通道用于存储不同类型信息的灰度图像，保存颜色数据。通道的操作主要集中在"通道"面板中，现在打开一张素材图片，展开"通道"面板，图像及"通道"信息如图 9-44 所示。

在"通道"面板中这幅 RGB 图像被表示为 RGB 混合通道以及红色、绿色和蓝色 3 个颜色通道，颜色通道以灰度的方式独立保存了不同颜色的数据，因此在实际操作时用户可以根据需要分别在不同的通道中进行调整。在"通道"面板下方有 4 个按钮，使用"将通道作为选区载入"按钮 可以载入当前所选通道保存的选区；使用"将选区存储为通道"按钮 可以将当前存在的选区保存为 Alpha 通道；"创建新通道"按钮 用于创建新的通道；"删除当前通道"按钮 🗑 用于删除当前选择的通道。

图 9-44　图像及通道信息

　　Photoshop 的通道有 3 种，即颜色通道、Alpha 通道和专色通道。颜色通道用来保存每一个通道的颜色信息，图 9-44 中的红、绿、蓝通道都是颜色通道。单击红色通道，其他通道自动隐藏，图像中表现出红色通道的灰度信息，如图 9-45 所示。图像中亮度越高的区域红色越多，越暗的区域红色越少。

图 9-45　红色通道的颜色信息

　　专色通道是指用于保存预定义好的油墨信息的通道，它一般应用在 CMYK 色彩模式中，这种模式被称为印刷色彩模式，因为与网页设计关系不大，所以这里不再赘述。

2. Alpha 通道

　　Alpha 通道可以将选区存储为灰度图像，所以它一般用来创建和存储蒙版。下面通过一个实例认识它一下。

　　（1）打开一幅素材图像，使用"魔棒工具"和"套索工具"创建包含蜜蜂的选区。

　　（2）选择"选择"|"存储选区"命令，弹出"存储选区"对话框，如图 9-46 所示。如果在"名称"文本框中不输入名称，Photoshop 将以 Alpha1 为其命名。这里直接单击"确定"按钮。

　　（3）打开"通道"面板，如图 9-47 所示，可以看到在蓝通道的下方新增了 Alpha 1 通道，而且缩览图中的白色区域和存储的选区形状完全相同。

图 9-46 "存储选区"对话框

图 9-47 图像及通道信息

专家点拨：在存储选区时创建的通道就是 Alpha 通道，从上例可以看到，它的主要功能就是创建、保存和编辑选区，在该通道中黑色区域代表未被选中的部分，白色区域代表被选中的部分，而灰色代表有部分被选中。

（4）按 Ctrl+D 组合键取消选区，在"通道"面板中选中 Alpha1 通道，单击下方的"将通道作为选区载入"按钮 ⊙，显示 RGB 混合通道，图像中将出现与图 9-47 完全一致的选区。

（5）将创建的 Alpha1 通道拖放到"删除当前通道"按钮 🗑 上删除。

（6）单击下方的"创建新通道"按钮 🖻 创建新通道，新创建 Alpha1 通道并以黑色填充。

（7）选择"画笔工具"，然后选择"散布枫叶"笔尖形状，使用白色在通道图像中绘制枫叶，之后单击"将通道作为选区载入"按钮，选区如图 9-48 所示。

图 9-48 载入选区

专家点拨：按住 Ctrl 键单击通道的缩览图即可载入通道中存储的选区，在载入选区时如果有原选区，按住 Ctrl+Shift 组合键单击通道的缩览图可以添加到选区，按住 Ctrl+Alt 组合键单击可以从选区减去，按住 Ctrl+Shift+Alt 组合键单击则与原选区相交。

9.3 设计网页文字

文字是网页图像设计中的一个重要环节，它有美化网页、吸引用户的作用，如果能将文字和图形巧妙地结合起来，一定会使网页更具生命力。

9.3.1　输入和编辑文字

Photoshop 中的文字工具包括横排文字工具 T、直排文字工具 IT、横排文字蒙版工具 T 和直排文字蒙版工具 4 种，利用它们能够创建不同方向和不同形状的文字。

1. 输入文本

（1）选择"横排文字工具" T，选项栏如图 9-49 所示，设置字体为"黑体"、字号为"48 点"，设置消除锯齿的方法为"平滑"、对齐方式为"左对齐"、颜色为红色。

图 9-49　"横排文字工具"的选项栏

（2）将鼠标指针移动到画布上单击画布，出现文字输入光标，输入文字，完成后单击选项栏右边的"提交所有当前编辑"按钮 ✔ 确认输入。

专家点拨：在输入文字时默认文字不会换行，如果需要换行，请按 Enter 键，在输入过程中按 Esc 键可以取消本次输入，在输入完成后按 Ctrl+Enter 组合键也可以确认输入。

（3）展开"图层"面板，如图 9-50 所示，可以看到输入的文字存放在文字图层中，图层名称自动以文字的内容命名。

（4）如果要修改文字，继续使用文字工具在文字上单击，进入编辑状态后修改即可。如果要移动文字在画布上的位置，可以使用"移动工具"进行操作。

专家点拨：使用"直排文字工具" IT 能输入竖向排列的文字，其选项与"横排文字工具"完全相同。使用"横排文字蒙版工具" T 和"直排文字蒙版工具" 能得到文字形状的选区，该选区与用其他选择工具创建的选区完全相同，可以进行填充、描边等操作。

图 9-50　文字图层

2. 格式化文本

在前面的例子中使用文字光标在画布上单击后输入的文字叫"点文字"，它的每一行都是独立的，行的长度随着文本的增加而变长（减少而缩短），但不会自动换行。在 Photoshop 中还有一类文本叫"段落文字"，在创建时使用文字工具在画布上拖动，创建出一个文本框进行输入，当段落文字中输入的文字长度到达段落规定的边界时会自动换行。选择"文字"级联菜单下的"转换为点文本"命令或者"转换为段落文本"命令可以相互转换。下面输入一个段落文字。

（1）选择"横排文字工具"，在画布上拖出一个矩形区域，输入一段文字，图 9-51 所示就是带有边界框的段落文字。

（2）单击选项栏上的"切换字符和段落面板"按钮打开"字符"面板，如图 9-52 所示。

（3）在"字符"面板中可以看到 Photoshop CS6 对于文本的支持非常全面，不仅可以设置字体、字号、颜色、粗体、斜体、下画线这些常规选项，还可以对字距微调、设置所选字符的比例间距等排版选项进行设置。

图 9-51　输入段落文字

图 9-52　"字符"面板

专家点拨： 下面重点介绍一下"字符"面板中排版选项的用途。

- 设置行距 ⬛：用于设置行间距离。
- 垂直缩放 ⬛：用于扩展或收缩垂直文本的字符宽度。垂直缩放以百分比值作为度量单位，默认值为 100%。
- 水平缩放 ⬛：用于扩展或收缩水平文本的字符宽度。水平缩放以百分比值作为度量单位，默认值为 100%。
- 字距调整 ⬛：用于设置字符的间距。
- 字距微调 ⬛：用于增大或减小特定字符对的间距。
- 基线偏移 ⬛：确定文本位于其自然基线之上或之下多大距离。如果不存在基线调整，文本即位于基线上。
- 字符格式 ⬛：依次是仿粗、仿斜、全部大写字母、小型大写字母、上标、下标、下画线、删除线格式。
- 消除锯齿的方法 ⬛：用于设置消除锯齿的方法，有"锐利""犀利""浑厚"和"平滑"4 个选项。

（4）设置文字的字体为"黑体"、字号为 14 点、行间距为 24 点、垂直缩放为 120%，选择首字后的其他文字，设置基线偏移为-10 点、字形为仿斜体，最终效果如图 9-53 所示。

（5）展开"段落"面板，如图 9-54 所示。该面板从上至下共有 4 个部分，最上边的"对齐方式"有左对齐、居中对齐、右对齐、最后一行左对齐、最后一行居中对齐、最后一行右对齐和全部对齐 7 种方式；"缩进方式"有左缩进、右缩进、首行缩进、段前添加空格和段后添加空格 5 种。用户可以根据需要自行设置。

图 9-53　设置文本格式

图 9-54　"段落"面板

3. 文字的变形

Photoshop 提供了对文字的变形操作，输入文字后单击选项栏上的"创建文字变形"按钮 <u>て</u> 打开"变形文字"对话框，然后单击"样式"后的下三角按钮打开下拉列表，其中可以选择的变形类型有 15 种之多，如图 9-55 所示。

图 9-55 "变形文字"对话框

选择样式为"旗帜"，设置"弯曲"为 50%、"水平扭曲"为 40%、"垂直扭曲"为 10%，参数设置及文字效果如图 9-56 所示。

图 9-56 变形文字参数及文字效果

专家点拨：在进行变形操作后文字仍然可以编辑修改，方法与正常文字相同。

9.3.2 文字的转换

在 Photoshop 中文字存储在单独的文字图层中，虽然编辑方便，但它不能使用滤镜，不能进行色彩调整等操作，所以为得到更酷的文字效果，在实际制作时经常要在文字输入和修饰完成后对文字及图层进行转换。

1. 转换为普通图层

输入文本后选择"图层"|"栅格化"|"文字"命令，文字图层就转换成了普通图层。

转换后的图层不再具有文字图层的属性，不能更改文字的字体、字号等，但可以使用绘画工具、调整颜色命令或滤镜命令进行操作。文字图层转换成普通图层后图层属性会发生变化——仅保留了原有的名称。转换前后图层的效果对比如图9-57所示。

图9-57　文字图层转换为普通图层

2. 转换为路径

（1）输入文本后选择"文字"|"创建工作路径"命令，在当前文字上就创建了可自由编辑的路径，图9-58所示为文字和创建的工作路径效果。

（2）使用"添加锚点工具"和"直接选择工具"对工作路径进行修改，完成后的效果如图9-59所示。

图9-58　创建工作路径

图9-59　修改路径

（3）将文字图层栅格化，转换成普通图层，然后在路径上右击，选择快捷菜单上的"建立选区"命令创建文字选区。

（4）选择"编辑"|"描边"命令打开"描边"对话框，如图9-60所示，设置描边色为墨绿色，然后单击"确定"按钮为文字描边。

（5）使用"渐变工具"为文字填充从绿到白的渐变色，文字效果如图9-61所示。

图9-60　"描边"对话框

图9-61　路径文字效果

3. 转换为形状

（1）使用"横排文字工具"输入"文化天地"，然后选择"文字"|"转换为形状"命令，可以将文字转换为与其轮廓相同的形状，转换后的图层变为形状图层，如图9-62所示。

（2）选择"直接选择工具"，结合"转换点工具"向右拖动"文"下边的笔画（捺），然后为该图层添加"投影"和"斜面和浮雕"样式，效果如图 9-63 所示。

图 9-62　文字转换为形状

图 9-63　文字效果

专家点拨：与文字变形操作不同，文字转换后编辑的特性将不再保留，所以用户在转换前必须确认文字的输入是正确的，以防止出现不必要的错误。

9.3.3　路径文字

大家在网页中经常看到一种水流字的效果，文字沿着一条曲线排列，并随着曲线的弯曲程度布局了相应的文字，给人一种流动感，这个效果就是路径文字效果。

（1）选择"钢笔工具"，使用"路径"模式在画布中绘制一条曲线路径。

（2）选择"横排文字工具"，在选项栏中设置好字体和字号，然后将光标放置在路径上，当光标变为 形状时单击，光标就会定位在路径上，此时可以在路径上输入文本，如图 9-64 所示。

（3）按住 Ctrl 键，将光标放在路径文字起点的圆圈上，当光标变为 形状时向外拖动，文字移到了路径外部，然后选择所有文本，在"字符"面板中设置"基线偏移"为 6 点，效果如图 9-65 所示。

图 9-64　输入文本

图 9-65　文本移至路径外

专家点拨：在输入路径文字后文本仍然为可编辑状态，而且文字路径也可以使用"钢笔工具"进行修改。另外，路径只作为文字输入的参考，它不是图像的一部分。

同样，在封闭路径的内部也能输入文字，将光标放在路径内当变为 形状时单击，输入完成后的效果如图 9-66 所示。

图 9-66　封闭路径内的文字

9.4　调整网页图像

对于网页中使用的图像经常需要进行有效的编辑和修饰，以便能更好地为网页服务，Photoshop 提供了强大的图像编辑和处理能力，能够使网页设计创作更加准确、快捷，使作品更加形象、生动。

9.4.1　调整图像的基本属性

图像基本属性的调整包括调整图像的大小、裁剪图像的某个区域，以及对图像进行旋转、透视或扭曲等操作，以便使其更符合网页排版的需要。

1.　改变画布和图像的大小

画布是指进行图像设计和处理的整个版面。在 Photoshop 中可以对画布的大小进行调整，也可以对画布进行各种旋转操作。

（1）打开一幅图像，选择"图像"|"画布大小"命令打开"画布大小"对话框，如图 9-67 所示。选中"相对"复选框，设置"宽度"和"高度"值为 20 像素，将"画布扩展颜色"设置为白色。

（2）单击"确定"按钮，画布将相对于现有的大小向四周扩展 20 个像素，如图 9-68 所示。

图 9-67　"画布大小"对话框

图 9-68　扩展画布

Photoshop 网页设计进阶

改变图像大小是指对图像大小的调整，可以使用"图像大小"命令来实现。选择"图像"|"图像大小"命令打开"图像大小"对话框，如图 9-69 所示。使用该对话框可查看图像的大小信息，并可重新设置图像的大小和分辨率。

图 9-69 "图像大小"对话框

在该对话框中"像素大小"显示了当前操作的图像的像素尺寸；"文档大小"则显示了图像文件的数字大小，它与图像的像素大小成正比；"约束比例"决定了图像宽度和高度会以相同比例变化；"重定图像像素"决定了图像大小变化时图像像素大小的变化方式；在下方的下拉列表中有邻近、两次线性、两次立方、两次立方较平滑、两次立方较锐利 5 个选项，其中选择"两次立方"选项得到的效果较好。

2. 裁剪图像

在进行网页设计时如果只用到素材图像的一部分，需要对素材进行裁剪，以保留图像中需要的部分。使用工具箱中的"裁剪工具" 能够方便地对图像进行裁剪操作。

（1）打开一幅图像，选择"裁剪工具" ，在图像中根据需要保留区域的大小拖动裁剪框，框住需要保留的部分。注意，保留部分呈亮调显示，裁剪部分呈暗调显示，拖动裁剪框上的控制柄可改变裁剪框的大小并对裁剪框进行旋转，如图 9-70 所示。

（2）选择"裁剪工具"后也可以在选项栏中设置不受约束，自定长宽比，如图 9-71 所示。

（3）在"裁剪工具"的选项栏中选择裁剪大小比例，如图 9-72 所示，图像将按要求被裁剪。

3. 图像的变换

在进行网页图像的编辑处理时往往需要对图像的局部或选择的对象进行旋转、透视或扭曲等操作。Photoshop 提供了"变换"和"自由变换"命令实现对象的变换。

将鼠标指针置于裁剪框 4 个角的
外侧，拖动鼠标可旋转裁剪框

旋转中心，拖动可改变
旋转中心的位置

被裁剪掉的区域

角上的控制柄，拖动这 4 个控
制柄可同时在水平和垂直方
向上改变裁剪框的大小

图 9-70　调整裁剪框

图 9-71　"裁剪工具"的选项栏

选择"图像"|"图像旋转"级联菜单中的命令能够实现对选择对象的旋转操作，例如旋转 180°、旋转 90°（顺时针）、旋转 90°（逆时针）、旋转任意角度、水平翻转画布和垂直翻转画布。

选择"编辑"|"变换"级联菜单中的命令能够实现对选择对象的各种变换操作，例如缩放、旋转、斜切、扭曲、透视、变形、旋转 180°、旋转 90°（顺时针）、旋转 90°（逆时针）、水平翻转和垂直翻转。

选择"缩放"命令，图像上出现变换框，如图 9-73 所示，拖动任意角上的手柄改变图像大小后按 Enter 键即可。

选择"变形"命令，图像上出现变形网格，如图 9-74 所示，拖动图像内部的节点或者手柄都可以进行变形操作，完成后按 Enter 键效果如图 9-75 所示。对于其他变换命令读者可以自行操作体会。

图 9-72　选择裁剪的选项栏

图 9-73　缩放操作

图 9-74　变形操作

209

第 9 章

在 Photoshop 中除了可以利用"变换"级联菜单中的命令对对象进行变换外，Photoshop 还提供了更加灵活的对象变换方式，那就是"自由变换"，它能够同时对对象进行连续的各种变换。

（1）打开图像，选择"编辑"|"自由变换"命令，图像出现变换框，如图 9-76 所示。

图 9-75　变形后的效果　　　　　　　图 9-76　对象的自由变换

（2）直接拖动变换框上的控制柄可实现对象的缩放，将鼠标指针放在变换框的 4 个角的控制柄外端可以实现对象的旋转变换，按住 Ctrl 键拖动变换框上的控制柄能够实现自由扭曲变换，按住 Ctrl+Shift 组合键拖动变换框上的控制柄可以实现斜切变换，按住 Alt+Shift+Ctrl 组合键拖动变换框角上的控制柄可以实现透视变换。

（3）使用"自由变换"命令后还可以通过选项栏直接对变换效果进行设置，这样能获得比用鼠标拖动更加准确的变换效果，如图 9-77 所示。从左到右可以分别设置图像的 X 坐标、Y 坐标、水平缩放、垂直缩放、旋转、水平斜切和垂直斜切数值。

图 9-77　使用"自由变换"命令后的选项栏

专家点拨：按住 Ctrl+T 组合键可以进行自由变换，按住 Ctrl+Shift+T 组合键可以将上次的变换再做一次。

9.4.2　修饰和修复图像

为了使图像更好地为网页服务，图像的修饰、修复和擦除等操作是必不可少的，Photoshop 提供了多种操作工具来实现对图像的美化，下面就结合这些工具对图像的修饰进行介绍。

1. 修饰图像

Photoshop 提供的修饰类工具有两组，"模糊工具" ○、"锐化工具" △ 和"涂抹工具" ○为一组，它们在同一个工具组中。

"模糊工具"通过有选择地模糊元素的焦点来弱化图像的局部区域，其方式与摄影师控制景深的方式很相似。

（1）打开素材图像，在工具箱中选择"模糊工具" ○，在选项栏中设置画笔大小为 30px、强度为 50%。

（2）将"背景"图层转化为普通图层，在蝴蝶图像的右边翅膀中拖动鼠标，背景慢慢地变模糊，如图 9-78 所示。

"锐化工具"的作用与"模糊工具"正好相反，它通过有选择地锐化元素的焦点强化图像的局部区域。它的使用方法和选项栏设置与"模糊工具"完全一样，图 9-79 所示为图像锐化后的效果。

专家点拨："模糊工具"的操作方式与喷枪相似，鼠标指针在某一区域停留的时间越长模糊效果越明显；而"锐化工具"在某一区域反复拖动时效果会比较明显，一般要使用较小的画笔小心地拖动。

"涂抹工具"可以像创建图像的倒影那样将颜色逐渐混合起来，在使用时很像用手指在涂抹未干的颜料。选择"涂抹工具" ，在选项栏中设置笔刷大小为 20、强度为 70%，涂抹后的效果如图 9-80 所示。

图 9-78　模糊效果　　　　图 9-79　锐化效果　　　　图 9-80　涂抹效果

Photoshop 提供的另外一组修饰类工具包括"减淡工具" 、"加深工具" 和"海绵工具" ，下面逐一介绍。

"减淡工具"和"加深工具"的作用分别是加亮或变暗图像的局部。它们的选项栏完全相同，其中"范围"选项决定了工具的作用范围（阴影、中间调和高光），"曝光度"越大，作用效果越明显。图 9-81 所示为对原始图像选择"阴影"分别加深和减淡的效果。

专家点拨：在"范围"选项中，"阴影"对图像中较暗的部分起作用，"中间调"平均地对整个图像起作用，"高光"对图像中较亮的部分起作用。

图 9-81　原图、减淡和加深后的图像效果

Photoshop 网页设计进阶

"海绵工具" ![icon] 的作用是局部地改变图像的色彩饱和度。选择该工具后，在选项栏的"模式"下拉列表中有"降低饱和度"和"饱和"两个选项。"降低饱和度"将降低图像的饱和度，对图像进行变灰处理。"饱和"可以提高图像的饱和度，对图像进行提纯处理。图 9-82 所示为对原始图像选择"饱和"和"降低饱和度"模式作用后的效果。

图 9-82　原图、使用"海绵工具"降低和提高饱和度后的图像效果

2. 仿制图像

在使用 Photoshop 进行网页设计创作时往往需要将图像的某一个部分进行仿制，实现仿制的工具有"仿制图章工具" ![icon] 和"图案图章工具" ![icon]。

"仿制图章工具" ![icon] 可以将图像中的全部或部分复制到当前图像或其他图像中。它与"画笔工具"类似，"画笔工具"使用指定的颜色来绘制，而"仿制图章工具"使用仿制取样点处的图像来绘制。这个工具对修复有划痕的照片或去除图像上的瑕疵很有帮助。

图 9-83　"仿制图章工具"的使用

打开一幅图像，选择"仿制图章工具" ![icon]，按住 Alt 键在需要复制的图像上单击创建仿制取样点，在目标位置按下鼠标拖动即可将图像复制到鼠标位置，如图 9-83 所示。

"图案图章工具" ![icon] 不是用来仿制图像的，而是用来绘制已有图案。打开一幅图像，选择"图案图章工具" ![icon]，选项栏如图 9-84 所示。

图 9-84　"图案图章工具"的选项栏

在选项栏中单击 ![icon] 可打开"图案拾色器"，选择第一张图案。如果选中"对齐"复选框，在图像中多次拖动鼠标，图案将整齐排列，否则图案将无序地散落于图像中。如果选中"印象派效果"复选框，复制的图案将产生扭曲模糊效果。在图像中拖动鼠标即可将选择的图案绘制在图像中，如图 9-85 所示。

专家点拨：在使用"仿制图章工具"时选择笔刷至关重要，如果要仿制的图像边界不分明，可选择较软的笔刷，以获得较好的融合效果，否则应该选择较硬的笔刷。

Photoshop CS6 的"仿制源"面板能够对复制操作进行精确设置，实现对复制对象大小、

旋转角度或偏移量的修改。使用该面板能够使图像的复制更加直观、操作更加方便，获得更多的复制效果。

选择"窗口"|"仿制源"命令打开"仿制源"面板，如图 9-86 所示。使用该面板能够同时设置多个仿制源，并对仿制对象进行缩放和旋转。

图 9-85　绘制图案

图 9-86　"仿制源"面板

3. 修复图像

为了修改图像中的瑕疵，Photoshop 提供了各种图像修复修补工具，包括"污点修复画笔工具" ✐ 、"修复画笔工具" ✐ 、"修补工具" ⬤ 、"内容感知移动工具" ✕ 和"红眼工具" ⬩ 。

"污点修复画笔工具" ✐ 可以去除照片中的杂色或污斑，该工具不需要进行采样操作，它能够自动分析单击处及周围的不透明度、颜色与质感，从而进行采样与修复操作。图 9-87 所示为使用"污点修复画笔工具"涂抹前后的效果。

图 9-87　原图和使用"污点修复画笔工具"后的图像效果

"修复画笔工具" ✐ 与"仿制图章工具"相似，也可以将图像中的全部或部分复制到当前图像中，但复制后的图像能自动与背景相融合。选择该工具后选项栏如图 9-88 所示。

图 9-88　"修复画笔工具"的选项栏

在"源"处选择"取样"时，在图像上拖动鼠标，可将采样的样本图像与鼠标拖动过位置的图像相混合；选择"图案"时，在图像中拖动鼠标能够将选择的图案与图像相混合。

打开"小兔"图像，选择"修复画笔工具" ✐ ，在图像区域按住 Alt 键单击取样，然后在"蓝天"图像中拖动复制取样区域。图 9-89 所示为原图与完成复制后的效果。

Photoshop 网页设计进阶

图 9-89　小兔图像和复制后的效果

"修补工具" ■ 与"修复画笔工具"原理相似，它使用选区来复制图像，复制后的图像也能自动与背景相融合。选择该工具后选项栏如图 9-90 所示。

图 9-90　"修补工具"的选项栏

其中，"源"选项是指选区中的区域将作为要修补的区域，拖动选区到用来修补的图像区域时松开鼠标左键，则用于修补的图像部分被复制到修补区；若选择"目标"选项，选区中的区域将作为用来修补的区域，将其拖放到要修补的区域松开鼠标左键，则选区中的图像与周围的像素和色彩进行融合。

打开一幅图像，选择"修补工具" ■，在选项栏中选中"目标"单选按钮，使用该工具在图像上绘制一个选区。拖动选区到需要的区域，松开鼠标左键后选区内的图像将被复制，并自动调整复制对象的质感与周围图像相一致，效果如图 9-91 所示。

图 9-91　使用"修补工具"的效果

"内容感知移动工具" ✂ 是 Photoshop CS6 新增加的工具，功能与"修补工具" ■ 相似。它能够快速地移动或复制想要修改的部分。其选项栏如图 9-92 所示。

图 9-92 "内容感知移动工具"的选项栏

"红眼工具" ⁺◉ 用在数码照片中消除主体瞳孔中的红色阴影，它能用灰色和黑色替换红色。在选择"红眼工具" ⁺◉ 后，选项栏中的"瞳孔大小"用来设置瞳孔的大小，"变暗量"用来设置瞳孔变暗的程度。该工具的使用方法非常简单，只需在红眼位置单击即可。图 9-93 所示为原图和消除红眼后的效果。

图 9-93 消除红眼前后的效果

4. 擦除图像

Photoshop 中的"橡皮擦工具" ✏、"背景橡皮擦工具" ✏ 和"魔术橡皮擦工具" ✏ 能够在图像中清除不需要的图像像素，以对图像进行调整。

"橡皮擦工具" ✏ 是基本的橡皮擦类工具，该工具用于擦除图像中的颜色。

打开一张图片，选择"橡皮擦工具" ✏，选项栏如图 9-94 所示。"模式"下拉列表中的选项用于设置橡皮擦的擦除模式，其中包括"画笔""铅笔"和"块"3 个选项，每个选项的擦除效果均不同。若选中"抹到历史记录"复选框，系统不再以背景色或透明填充被擦除的区域，而是以"历史记录"面板中选择的图像来覆盖擦除区域。

图 9-94 "橡皮擦工具"的选项栏

选择"橡皮擦工具"，在背景图层中擦除时被擦除的部分用背景色填充。如果在普通图层中擦除，则被擦除部分变为透明。设置背景色为白色，在背景图层和普通图层中的擦除效果如图 9-95 所示。

"背景橡皮擦工具" ✏ 可以将图像中特定的颜色擦除。在使用该工具时，如果当前操作图层是背景图层，可以将其转换为普通图层，也就是将图像直接擦除到透明。

选择"背景橡皮擦工具"，它的选项栏如图 9-96 所示，设置"取样"模式为"一次"、"限制"选项为"连续"、"容差"为 30%，在背景区域拖动背景橡皮擦就可以将背景擦除干净，如图 9-97 所示。

Photoshop 网页设计进阶

图 9-95　背景图层和普通图层中的不同擦除效果

图 9-96　"背景橡皮擦工具"的选项栏

图 9-97　原图及背景擦除干净后的效果

"魔术橡皮擦工具" 与"背景橡皮擦工具"相似，能够擦除设定容差范围内的相邻颜色，图像在擦除后得到背景透明效果。在使用"魔术橡皮擦工具"时不需要在图像中拖动鼠标，只需要在图像中单击鼠标即可擦除图像中所有相近的颜色区域。

5. 恢复图像

在对图像进行编辑时经常会出现操作效果不能令人满意或错误操作的情况，选择"编辑"|"还原"命令可以取消上一次的操作，但它不能恢复多步之前的操作，为此 Photoshop 提供了"历史记录"面板，它可以实现对多步之前操作的撤销。

选择"窗口"|"历史记录"命令打开"历史记录"面板，如图 9-98 所示。

图 9-98　"历史记录"面板

将"历史记录滑块"拖动到图像操作过程的某个中间状态就会撤销到这一状态。

专家点拨："历史记录"面板中的记录条数默认为 20 条，超过 20 条后前面的记录将被自动清除。选择"编辑"|"首选项"|"性能"命令打开 Photoshop "首选项"设置的"性能"对话框，在"历史记录与高速缓存"栏中可以设置面板中历史记录的条数。但历史记录条数并不是设置得越多越好，过多的历史记录会增加资源的占用，影响 Photoshop 的运

行速度。

"历史记录画笔工具" ![icon]和"历史记录艺术画笔工具"
![icon]也都属于恢复工具，它们可以与"历史记录"面板结合起
来使用，通过在图像中涂抹将涂抹区域恢复到以前的状态。

（1）打开图像素材，调出"历史记录"面板，对图像依
次进行去色、亮度/对比度、色相/饱和度 3 项操作。

（2）选择"历史画笔工具"，在"历史记录"面板中单击
"打开"左边的方框，设置为历史记录画笔的源，如图 9-99
所示。

图 9-99　设置历史记录画笔的源

（3）在图像中需要还原的区域内涂抹，即可看到该区域被还原为打开时候的状态，
图 9-100 所示为原图、处理后的图像和使用"历史记录画笔工具"涂抹后的图像。

图 9-100　原图、处理后的图像和使用"历史记录画笔工具"涂抹后的图像

"历史记录艺术画笔工具" ![icon]在使用方法上与"历史记录画笔工具"基本一致，也是
通过在图像中涂抹将涂抹处的状态恢复到指定的恢复点处的状态。与"历史记录画笔工具"
相比，"历史记录艺术画笔工具"能够对图像的像素进行移动和涂抹，制作出绘画效果，从
而能创造更加丰富多彩的图像效果。

9.4.3　调整图像的色调

色调的调整是指对图像的明暗程度进行调整，例如将一幅比较暗淡的图
像加亮，通过对图像色调进行调整能够获得不同的图像效果。

1. 使用"色阶"调整

色阶是指在各种色彩模式下图像原色的明暗度，对色阶进行调整实际上就是对这个明
暗度的调整。

（1）打开一幅图像，选择"图像"|"调整"|"色阶"命令打开"色阶"对话框，如
图 9-101 所示。

其中"通道"下拉列表框用于设置调整色阶的颜色通道，"输入色阶"栏中的直方图
显示出图像中不同亮度像素的分布情况，它的横轴表示亮度的取值范围，值为 0～255，从
左向右增大，纵轴表示像素的数量。

第
9
章

Photoshop 网页设计进阶

　　直方图下方的 3 个滑块分别是黑色滑块▲、白色滑块△和灰色滑块▲。黑色滑块的位置指定图像中最暗处的像素的位置，白色滑块的位置指定图像中最亮处的像素的位置，灰色滑块的位置指定图像中中间亮度的像素的位置。

　　（2）向右拖动黑色滑块图像变暗，向左拖动白色滑块图像变亮，将中间的灰色滑块向左拖动图像加亮，此时"色阶"对话框如图 9-102 所示，改变色阶后图像的变化如图 9-103 所示。

图 9-101　"色阶"对话框

图 9-102　调整色阶

图 9-103　改变色阶前后的图像

　　（3）在"输出色阶"控制条中向右拖动黑色滑块可以降低图像的对比度，使图像趋于一种灰度，向左拖动白色滑块可以降低图像亮调的对比度，使图像变暗。

　　（4）单击选择"色阶"对话框右下角的"在图像中取样以设置黑场"按钮 ✎，接着使用这个黑色吸管在图像中单击，可以把它定义为黑场，从而使图像整体变暗。选择"在图像中取样以设置白场"按钮 ✎，用白色吸管在图像中单击，可以将单击处定义为白场，从而使图像整体变亮。选择"在图像中取样以设置灰场"按钮 ✎，用灰色吸管在图像中单击，可以在图像中去除单击处的颜色，从而取消图像的偏色。

　　专家点拨：在"色阶"对话框中单击"自动"按钮，Photoshop 将自动调整图像的色阶，使图像的亮度分布均匀，因此它适用于简单的灰度图和像素值比较平均的图像。对于复杂图像来说，使用手动调整才能获得准确的效果。在按住 Alt 键时"取消"按钮将变为"复位"按钮,此时单击该按钮可将参数恢复到初始状态。

2. 使用"曲线"调整

"曲线"命令能调整图像的色调,与"色阶"命令类似,它使用 0～255 范围内的任意点来进行调节,所以它比"色阶"命令更加准确、更加灵活。

（1）选择"图像"|"调整"|"曲线"命令打开"曲线"对话框,如图 9-104 所示。

图 9-104 "曲线"对话框

"曲线"对话框的主体部分是一个曲线区域,其中作为横轴的是一个水平的色调带,表示原始图像中像素的亮度,即输入色阶,具有 0～255 的亮度级别;作为纵轴的垂直色调带表示调整后图像中像素的亮度,即输出色阶。在曲线区域有一条 45°的直线,说明图像中像素的输入和输出亮度是对应相同的。这条直线在左下角和右上角各有一个控制点,左下角的控制点代表图像的暗调,右上角的控制点代表高光,曲线的中间区域代表图像的中间调。使用曲线对图像进行调整就是通过调整这条曲线的形状来改变像素的输入/输出亮度的过程。

（2）在曲线上单击可创建一个控制点,拖动该控制点可以改变曲线的形状,在曲线上按住鼠标左键移动鼠标可以直接改变曲线的形状。向上拖动曲线能够将图像加亮,如图 9-105 所示。

（3）向下拖动曲线,图像会变暗,如图 9-106 所示。

图 9-105　向上拖动曲线将图像加亮

图 9-106　向下拖动曲线将图像变暗

（4）在曲线的中间创建控制点，在曲线的上、下部分分别拖动曲线获得 S 形曲线。这种曲线可同时扩大图像的亮部和暗部的像素范围，提高图像的反差，如图 9-107 所示。

图 9-107　S 形曲线及其图像效果

专家点拨：单击"曲线"对话框中的"预设"下拉列表框，在其中选择一种预设方案可以直接改变图像的色调。选择"曲线"对话框中的"铅笔工具"直接在曲线区域中绘制曲线，绘制后的曲线即为调整后的曲线形状。

3. 使用"色彩平衡"调整

"色彩平衡"命令能够调整图像暗调区域、高光区域和中间色调区域的色彩成分，并混合各种色彩以达到色彩的平衡。

选择"图像"|"调整"|"色彩平衡"命令打开"色彩平衡"对话框，如图 9-108 所示。

在该对话框中分别拖动 3 个滑块或在"色阶"文本框中输入数值即可调整图像中的色彩。在这里每一个导轨的两端颜色正好是互补色，利用互补色原理，通过增减某种颜色来获得另外颜色的增减，以达到对图像色彩进行调整的目的。选中"阴影""中间调"或"高光"单选按钮可以选择图像中色彩调整的区域。

图 9-108　"色彩平衡"对话框

现在打开一幅图像，选中"阴影"单选按钮，增加图像中阴影区域的蓝色，此时图像中的黄色会减少，图像效果的变化如图 9-109 所示。

图 9-109　原图及增加阴影区域蓝色后的效果

专家点拨：在"色彩平衡"对话框中，"色阶"文本框的输入值范围为-100～100，输入负值滑块会向左移动，输入正值滑块会向右移动到相应的位置。

4. 使用"亮度/对比度"调整

"亮度/对比度"命令能够一次性地对整个图像的亮度和对比度进行调整。选中需要处理的图像，选择"图像"|"调整"|"亮度/对比度"命令打开"亮度/对比度"对话框，拖动其中的"亮度"和"对比度"滑块调整图像的亮度和对比度的值，如图 9-110 所示。

图 9-110　"亮度/对比度"对话框

专家点拨：在"图像"|"调整"菜单中 Photoshop 提供了"自动色调""自动对比度"和"自动颜色"命令，使用这些命令 Photoshop 会根据图像的情况自动对图像的色阶、对比度和色彩进行调整，而无须用户进行参数设置。

9.4.4　调整图像的色彩

1. 使用"色相/饱和度"调整

"色相/饱和度"命令可以调整图像中单个颜色成分的色相、饱和度和明度，调整色相可改变颜色，调整饱和度可改变颜色的纯度，调整明度可改变图像的明亮程度。

（1）打开一幅图像，选择"图像"|"调整"|"色相/饱和度"命令打开"色相/饱和度"对话框，如图 9-111 所示。

（2）拖动滑块增加色相值为 71、饱和度为 24、明度为 7，图 9-112 所示为调整前后的图像效果。

图 9-111　"色相/饱和度"对话框

图 9-112　调整"色相/饱和度"前后的效果

221

第 9 章

2. 使用"替换颜色"调整

"替换颜色"命令可以调整图像中相近颜色的色相和饱和度。

（1）打开一幅图像，选择"图像"|"调整"|"替换颜色"命令打开"替换颜色"对话框。

（2）设置颜色容差值为 40，单击选择对话框上的"吸管工具" ，在图像的红色草莓上单击，然后使用"添加到取样工具" ，继续在草莓区域单击，将草莓全部选中，如图 9-113 所示。接着在"替换"区域设置"色相"为 89、饱和度为–12、明度为–6。

（3）单击"确定"按钮，红色草莓变成了绿色草莓，设置前后的图像如图 9-114 所示。

3. 使用"匹配颜色"调整

"匹配颜色"命令可实现不同图像间、相同图像的不同图层或多个颜色选区间的颜色的匹配。使用该命令能够通过改变亮度和色彩范围以及中和色痕来调整图像中的颜色。

（1）打开两幅图像，选择"图像"|"调整"|"匹配颜色"命令打开"匹配颜色"对话框，如图 9-115 所示。当前目标图像为"玻璃.jpg"，在源图像处打开下拉列表，选择"树木.jpg"，表明将以目标图像的色调匹配源图像。

图 9-113 "替换颜色"对话框　　图 9-114 "替换颜色"前后的效果

图 9-115 "匹配颜色"对话框

（2）单击"确定"按钮，原图及匹配后的图像如图 9-116 所示。

图 9-116　从左到右依次是树林、玻璃和匹配颜色的效果

4. 使用"变化"调整

"变化"命令能够对图像或选区的色彩平衡、饱和度和对比度进行可视化调整，同时通过缩略图能够直观地看到调整后的效果，使图像的调整更加简单、方便。此命令适用于不需要对图像的色彩进行精确调整的平均色调图像。

选择"图像"|"调整"|"变化"命令打开"变化"对话框，如图 9-117 所示。

图 9-117　"变化"对话框

在该对话框中选择需要调整的色调范围，然后直观地在缩览图中单击具体的选项即可看到效果。在选中"饱和度"单选按钮时，该对话框也可用于调整图像的饱和度。

9.5 使用滤镜增强网页图像的效果

Photoshop 内置了多种滤镜，它们不仅可以调节图像的色调、色彩、对比度、亮度等，还可以创作一些风格和意味都很独特的作品。

9.5.1 使用滤镜库

Photoshop 有强大的滤镜功能，能为当前图像增加一个滤镜或一组集合，使用起来也很方便。

（1）打开一幅图像，选择"滤镜"|"滤镜库"命令打开"滤镜库"对话框，如图 9-118 所示。在此对话框中左侧为预览区域，中间部分为滤镜命令选择区域，右侧是参数调整及滤镜效果添加/删除区。

图 9-118 "滤镜库"对话框

（2）在滤镜列表中选择"画笔描边"下的"强化的边缘"滤镜，在右侧参数区调整参数后在预览区中就可以看到效果，如图 9-119 所示。

图 9-119 选择"强化的边缘"滤镜

9.5.2 "抽出"滤镜和"液化"滤镜

"抽出"滤镜常用于制作精确的选区，其功能是将一个复杂边缘的对象从背景中分离出来。但是在 Photoshop CS6 中抽出工具已被更方便、快捷的工具所取代，当用户需要抽出图片某部分的时候先选出要抽出部分，再单击调整边缘（这个选项所有版本都有，但不同版本的功能差别很大）就可以达到和抽出一样的效果了。CS6 在之前 CS3 和 CS4 版本的调整边缘的基础上新增了"调整半径"和"抹除调整"等功能，使选择区域变得更加方便。

如果用户习惯于使用"抽出"滤镜，需要额外地单独安装。下面用一个实例说明如何使用调整边缘达到与"抽出"滤镜相同的效果。

（1）打开一幅图像，使用"快速选择工具" ![icon] 选择大致范围，如图 9-120 所示。

图 9-120　使用"快速选择工具"选择范围

此时选项栏如图 9-121 所示。

图 9-121　"快速选择工具"的选项栏

（2）单击"调整边缘"按钮，打开"调整边缘"对话框进行设置，如图 9-122 所示。

（3）视图模式共有 7 种，分别是闪烁虚线、叠加、黑底、白底、黑白、背景图层、显示图层，本例选择背景图层。

（4）"输出到"共有 6 个选项，分别是选区、图层蒙版、新建图层、新建带有图层蒙版的图层、新建文档、新建带有图层蒙版的文档，本例选择新建图层。

（5）单击"确定"按钮就得到了抽出后的图像效果，如图 9-123 所示。

专家点拨：所有选择工具的选项栏中都有"调整边缘"按钮，在使用选择工具后，选择工具的选项栏中的"调整边缘"按钮就可以使用，在使用过程中应该在预览图中随时查看抽出的效果是否满意，如果不满意就继续修改，直到满意为止。

图 9-122 "调整边缘"对话框

图 9-123 抽出效果

"液化"滤镜的作用是扭曲图像，可以根据鼠标的移动来改变图像内容。

（1）打开一幅图像，选择"滤镜"|"液化"命令打开"液化"对话框，如图 9-124 所示。

图 9-124 "液化"对话框

在此对话框中"向前变形工具" 可以沿着鼠标行进的方向拉伸图像；"顺时针旋转扭曲工具" 可以将图像呈 S 形扭曲，按住 Alt 键可切换为逆时针方向；"褶皱工具" 能将图像从边缘向中心压缩；"膨胀工具" 能将图像从中心向四周扩展；"左推工具" 是将一侧的图像向另一侧移动；"镜像工具" 是将镜像平面一侧的图像复制到另一侧并互为颠倒；"湍流工具" ≋ 可以形成波浪形。

（2）选择"向前变形工具" 🖉 改变瓢虫的形状，效果如图 9-125 所示。

图 9-125　改变瓢虫的形状

9.5.3　"模糊"滤镜和"锐化"滤镜

"模糊"滤镜和"锐化"滤镜用于柔化或锐化一幅图像或者一个选择区域，它可以通过转化像素的方法进行平滑处理或锐化处理，使图像产生特殊的效果。

"模糊"滤镜可以柔化图像的外观。Photoshop 提供了 11 个模糊处理选项，即表面模糊、动感模糊、方框模糊、高斯模糊、进一步模糊、径向模糊、镜头模糊、模糊、平均、特殊模糊和形状模糊。

"表面模糊"滤镜能在保留边缘的同时模糊图像。

（1）打开一幅图像，选择"滤镜"|"模糊"|"表面模糊"命令打开"表面模糊"对话框，设置"半径"为 10px、"阈值"为 50，如图 9-126 所示。

（2）单击"确定"按钮，原图与完成后的效果如图 9-127 所示。

图 9-126　设置"表面模糊"滤镜的参数

图 9-127　原图与应用"表面模糊"滤镜后的效果

227

第 9 章

"高斯模糊"比较特殊，它可以对每个像素应用加权平均模糊处理以产生朦胧效果，在使用中比较普遍。

选择"滤镜"|"模糊"|"高斯模糊"命令打开"高斯模糊"对话框，设置"半径"为 5px，如图 9-128 所示，然后单击"确定"按钮完成滤镜的应用，最终效果如图 9-129 所示。

图 9-128　设置"高斯模糊"滤镜的参数　　　　图 9-129　应用"高斯模糊"滤镜的效果

"动感模糊"滤镜能产生图像正在运动的视觉效果。对图像应用此效果可打开图 9-130 所示的对话框，对其中的"角度"和"距离"进行调整，效果如图 9-131 所示。

"锐化"滤镜可以校正模糊或边缘不清晰的图像。Photoshop 提供了 5 种锐化效果，即 USM 锐化、进一步锐化、锐化、锐化边缘和智能锐化，下面以 USM 锐化为例说明"锐化"滤镜的使用方法。

（1）打开一幅图像，选择"滤镜"|"锐化"|"USM 锐化"命令打开"USM 锐化"对话框，设置"数量"为 80%、"半径"为 5px，如图 9-132 所示。

图 9-130　设置"动感模糊"滤镜的参数　　　　图 9-131　应用"动感模糊"滤镜的效果

（2）单击"确定"按钮应用滤镜，原图及应用滤镜后的效果如图 9-133 所示。

图 9-132　设置"USM 锐化"滤镜的参数　　　图 9-133　原图及应用"USM 锐化"滤镜的效果

9.6　本章习题

一、选择题

1．在创建选区时按住（　　　）可切换为"添加到选区"模式。

    A．Shift 键　　　　　　　　　　　　　　B．Alt 键

    C．Shift+Alt 组合键　　　　　　　　　　D．Ctrl+Alt 组合键

2．（　　　）可以像在创建图像的倒影时那样将颜色逐渐混合起来，在使用时很像是用手指在涂抹未干的颜料。

    A．模糊工具　　　　B．锐化工具　　　　C．涂抹工具　　　　D．加深工具

3．（　　　）滤镜可以对每个像素应用加权平均模糊处理以产生朦胧效果。

    A．高斯模糊　　　　B．表面模糊　　　　C．动感模糊　　　　D．进一步模糊

4．在"色阶"对话框中，如果要增加图像的亮度，不可以（　　　）。

    A．将白色滑块向左拖移　　　　　　　　B．将灰色滑块向左拖移

    C．将黑色滑块向右拖移　　　　　　　　D．将灰色滑块向右拖移

5．在使用"曲线"命令调整图像的色调时，如果要在曲线上创建与图像中某点对应的控制点，应（　　　）。

    A．在图像中单击　　　　　　　　　　　B．按 Ctrl 键在图像中单击

    C．按 Alt 键在图像中单击　　　　　　　D．在图像中双击

二、填空题

1．_____类似于现实绘图工作中的透明胶片，将图像的各个要素分别绘制于不同的透明胶片上，透过上层胶片的透明区域能观察到下层的图像。它的显示和操作都集中在"图层"面板上。

2．在多图层的情况下，图层的混合模式决定了_____图层的像素和_____图层的像素融合的方式。在默认情况下，图层的混合模式为_____，表示除非上方图层有半透明部分，否则对下方的图层会形成遮挡。

3．蒙版是一种作用于_____上的复合技术，它以独特的_____将多张图片组合成单个图像，也可用于局部的颜色和色调校正。

4. Photoshop 用于创建规则选区的工具有____选框工具、____选框工具、____选框工具和单列选框工具4种，用于创建不规则选区的工具有_____工具、____工具、____、快速选择工具和_____工具。

5. "色相/饱和度"命令可以调整图像中单个颜色成分的色相、饱和度和明度，通过调整色相可改变_____，通过调整饱和度可改变_____，通过调整明度可改变图像的_____。

9.7 上机练习

练习 1　绘制网站 Logo

综合运用各种文本绘制工具绘制如图 9-134 所示的 Logo 图形，可以参考下面的步骤进行操作练习。

图 9-134　Logo 效果

（1）运用"自由形状工具"和"钢笔工具"绘制茶碗。

（2）运用"文本工具"输入文本。

（3）为文本添加滤镜。

练习 2　网页图像色调的调整

图 9-135 所示为一张想在网页中使用的风景照，调整照片的色调，使其变为暖色调，效果如图 9-136 所示。

图 9-135　需要处理的风景照　　　　图 9-136　图像处理后的效果

调整图像的色调有多种方法，大家可以使用以下几种常用方法进行练习。

（1）使用"色彩平衡"命令，分别调整阴影、中间调和高光区域的颜色。

（2）使用"曲线"命令，分别对红、绿和蓝通道的亮度进行调整。

（3）使用"照片滤镜"命令，选择应用"加温"滤镜，同时调整"浓度"的值。

第 10 章　　使用 **Photoshop** 设计网页元素

网页元素是指网页中使用到的一切用于组织结构和表达内容的对象，组织结构包括按钮、布局、层、导航条和链接等，表达内容包括 Logo、Banner、文字、图像和 Flash 动画等。本章从范例入手介绍使用 Photoshop CS6 创建各种网页元素的方法和技巧。

本章主要内容：

- 设计网站图标和 Logo
- 设计网页广告图像
- 设计网页按钮和导航条
- 设计网页

10.1　设计网站图标和 **Logo**

网站图标指显示在浏览器地址栏左侧的简单明了且视觉效果突出的小图标。网站 Logo 徽标主要是各个网站用来与其他网站链接的图形标志，可以代表一个网站或网站的一个版块。

10.1.1　绘制网站图标

网站图标是一个网站的标志性图片，它的英文名称叫 Favicon，打开浏览器，地址栏左侧的 IE 图标变成了特别的小图标，这就是网站图标，或者叫网站头像。图 10-1 所示为百度的网站图标。另外，在浏览器收藏夹的网址前也可以看到网址前的这些特别的图标，如图 10-2 所示。

▨ http://www.baidu.com/|	搜狐　http://www.sohu.com/ 新浪　http://www.sina.com.cn/
图 10-1　百度图标	图 10-2　收藏夹里的网站图标

网站图标不是常用的 GIF 和 JPG 等图片格式，而是 ICO 格式，所以也常称之为 ICO 图标。大家在计算机桌面上看到的各种文件图标也都属于 ICO 图标。

网站图标的表现形式有 3 种，第一种是文字方式，如网易图标 易；第二种是图形方式，如百度图标 ▨；第三种是图文结合方式，如雅虎图标 Y!。下面制作一个如图 10-3 所示的网站图标。

图 10-3　完成后放大的效果

1. 新建文件

（1）运行 Photoshop CS6，选择"文件"|"新建"命令或者按 Ctrl+N 组合键打开"新建"对话框，创建画布为 16×16 px、分辨率为 72px/in、名称为"网站图标"、其他参数为默认的文档，如图 10-4 所示，然后单击"确定"按钮进入设计窗口。

图 10-4 "新建"对话框

（2）在工具箱中选择"缩放工具" 🔍，在选项栏中单击 适合屏幕 按钮进行放大操作，以方便图形的绘制，或者在右侧导航器窗口中直接输入视窗放大数值，例如 3200%。

专家点拨：在制作 16×16px 的图片时千万不要使用先制作出大图再改变分辨率的方法，因为这样做不出清晰的图标。读者在开始自己的网站图标设计前可以多观察分析一些其他网站的图标。

2. 绘制矢量图形

（1）将前景色设置成蓝色（#0E70B7），在工具箱中选择"钢笔工具"，在选项栏中选择"形状"选项，如图 10-5 所示。

图 10-5 "钢笔工具"的选项栏

（2）使用"钢笔工具"在画布的合适位置单击，此时出现了一个锚点。移动鼠标指针到另一位置单击，则两个锚点间出现一条线段。按同样的方法单击绘制锚点，绘制过程如图 10-6 所示。

（3）在工具箱中选择"转换点工具"，按住鼠标左键向下拖动锚点②，将这个锚点所在的线条更改为曲线，并调整曲线的弧度，如图 10-7 所示。然后用同样的方法修改其他锚点，效果如图 10-8 所示。

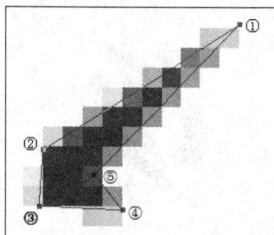

图 10-6 绘制 L 形路径　　　　图 10-7 调整锚点②　　　　图 10-8 调整其他锚点

（4）打开"路径"面板，单击面板右侧的小三角按钮，弹出面板菜单，选择"存储路径"命令，在弹出的对话框中给路径命名"L形"后确定，此时"路径"面板中有两条路径，如图 10-9 所示。

（5）右击"L形"路径，在弹出的快捷菜单中选择"复制路径"命令，在弹出的对话框中给路径命名"Y形"确定，此时"路径"面板中有 3 条路径，如图 10-10 所示。

图 10-9　存储路径

图 10-10　复制路径

（6）选择"编辑"|"变换路径"|"旋转 180 度"命令，然后打开"图层"面板，新建"图层 1"，在工具箱中选择"路径选择工具"，单击选中路径，使用方向键移动路径至合适的位置，如图 10-11 所示。

专家点拨： 在旋转前一定要确定当前选中的路径是"Y形"。如果打开"编辑"菜单找不到"变换路径"命令，说明当前没有选中路径。

（7）单击"路径"面板下方的"用前景色填充路径"按钮，图片效果如图 10-12 所示。

图 10-11　Y 形路径移动后的效果

图 10-12　填充后的图片效果

（8）将前景色设置成黄色（#F9CF0A），然后在工具箱中选择"椭圆工具"，在选项栏中选择"形状图层"，按住 Shift 键绘制一个正圆形，并调整圆形的大小和位置，至此图像绘制完毕，图层及图像的效果如图 10-13 所示。

图 10-13　图层及图像的最终效果

3．图形的保存

（1）按 Ctrl+S 组合键保存文档。

（2）选择"文件"|"存储为 Web 所用格式"命令，在打开的对话框中选择图像的保存格式为 GIF，其他参数默认，如图 10-14 所示。单击"存储"按钮，弹出"将优化结果存储为"对话框，输入文件名为"网站图标"，单击"保存"按钮，生成一个 GIF 格式的文件。

图 10-14 "存储为 Web 所用格式"对话框

专家点拨：大家在格式选项中可以注意到 Photoshop 是不支持 ICO 格式的。使用格式工厂或者 Image2Ico 之类的小程序可以将 GIF 图片转换为一个 Icon 文件，并命名为 Favicon.ico。最后将 Favicon.ico 文件上传到网站的根目录下即可。

10.1.2 绘制网站 Logo

一个设计独特的网站 Logo 能给浏览者留下深刻的第一印象，它不仅代表了网站本身，也能突出网站的性质，是网站的"眼睛"。

本实例使用 Photoshop CS6 的绘图工具来绘制一个设计类网站的 Logo，该作品简单醒目，很好地传递了网站的基本信息。实例效果如图 10-15 所示。

图 10-15 网站 Logo 效果图

1. 新建文件

（1）运行 Photoshop CS6，设置背景色为绿色（#1F6431）。

（2）按 Ctrl+N 组合键打开"新建"对话框，创建画布为 500×250px、背景内容为"背景色"、名称为"花开的声音"、其他参数为默认的文档，如图 10-16 所示，然后单击"确定"按钮进入设计窗口。

图 10-16 "新建"对话框

专家点拨：背景选用的绿色就是网页的主色调，绿色会给浏览者生机盎然的感觉。

2. 文字的输入与编辑

（1）在工具箱中选择"横排文字工具"，设置字体为"方正粗活意简体"、字号大小为 80 点、颜色为白色，如图 10-17 所示。在画布区中输入"花开的声音"几个字，然后选择文字"的"，将字体修改成"方正彩云繁体"，如图 10-18 所示。

图 10-17 设置字体

图 10-18 输入文字

（2）展开"图层"面板，右击文字图层，在弹出的快捷菜单中选择"栅格化文字"命令。

（3）选择"视图"|"标尺"命令打开标尺，从顶部标尺处拖出一条参考线至文字顶端处。

（4）使用"矩形选框工具"框选"花"字，按 Ctrl+C 组合键复制文字，然后选择"图层"|"新建"|"通过拷贝的图层"命令将文字复制到"图层 1"中，并将"图层 1"命名为"花"。

使用 Photoshop 设计网页元素

（5）单击隐藏的"花开的声音"图层，放大画布显示比例至 300%，将文字"花"向上移动，使它的上端（横）与参考线齐平。

专家点拨：由于图层是重叠在一起的，在设计中经常需要隐藏图层以方便操作。另外在设计网页作品时要随时对新建的图层重新命名，这是提高制作效率的良好习惯。

（6）按同样的方法将其他图层分别复制成新图层，并重新命名，将这几个文字的上端与参考线对齐，完成后图层效果如图 10-19 所示。

图 10-19　图层效果

3. 文字的变形

（1）新建图层，命名为"横"，然后将此层移至顶，再拖出一条参考线，选择"矩形选框工具"，在前两个文字上绘制矩形选区，如图 10-20 所示。

（2）按 Alt+Delete 组合键为选区填充白色，按 Ctrl+D 组合键取消选区，效果如图 10-21 所示。

图 10-20　绘制矩形选区

图 10-21　填充前景色

（3）按照同样的方法将其他两个文字的笔画连接，效果如图 10-22 所示。

（4）对文字"开"和"声"的竖笔画的编辑方法是向下延长并将下端制作成圆角，具体方法不再赘述，效果如图 10-23 所示。

图 10-22　文字连接后的效果

图 10-23　完成的效果

（5）选择"橡皮擦工具"，将"的"字的中心擦除，同样将"花"字和"音"字的上面部分各擦除一些，效果如图 10-24 所示。

4. 用自定形状修饰文字

（1）将随书光盘中的自定形状文件复制到 Photoshop CS6 的自定形状文件夹中，选择"自定形状工具"，在选项栏中选择路径模式，在形状选取栏中选择需要载入的花形，如图 10-25 所示。

图 10-24　擦除笔画

图 10-25　选取自定形状

专家点拨：因为本例所用的自定形状来源于外部，所以读者需要把随书光盘素材库中的自定形状文件复制到"Adobe_Photoshop_CS6\Photoshop\Presets\Custom Shapes"中，然后载入形状即可。

（2）在画布上绘制出花朵形状，选择"编辑"|"变换路径"|"水平翻转"命令，并将其移到文字上，然后按 Ctrl+T 组合键调整形状的大小和角度，效果如图 10-26 所示。

（3）按同样的方法选择其他花形装饰文字，完成后的效果如图 10-27 所示。

图 10-26　加入花朵形状

图 10-27　完成的效果

（4）使用"钢笔工具"为文字绘制卷曲的线条，使字体显得活泼生动，效果如图 10-28 所示。

5. 加入网址文字及说明

（1）选择"横排文字工具"，设置字体为"Broadway"、字号为 18 点，输入网址"huakaideshengyin.net"。

（2）设置字体为"方正准圆简体"、大小为 18 点，分别输入"引领课件制作""提供视频教程"等文字，效果如图 10-29 所示。

图 10-28　加入卷曲的线条

图 10-29　加入网址文字及说明

（3）保存文档，网站 Logo 就制作完成了，最后将其输出为 GIF 图像格式。

专家点拨：因为本例所用字体不是自带字库中的字体，需要下载安装后使用。读者可使用本书提供的素材文件，直接将其复制到"C:\WINDOWS\Fonts"中即可使用。

10.2　设计网页广告图像

作为专业的平面设计软件，Photoshop 在设计网页广告图像方面功能强大。本节以实例的方式介绍用 Photoshop CS6 制作网站 Banner 和网页广告的方法。

10.2.1　制作网站 Banner

Banner 是指网页中的广告条，一般使用 GIF 格式的动态图像文件，以达到吸引观者注意力的目的，也可以使用静态图形。下面设计制作一个时装网站 Banner，实例效果如图 10-30 所示，实际效果是动态的。

1. 新建文件并打开素材图片

（1）运行 Photoshop CS6，按 Ctrl+N 组合键打开"新建"对话框，创建画布为 360×140px、分辨率为 72px/in、名称为 banner、背景色为白色、其他参数为默认的文档。

图 10-30　网站 Banner 效果图

（2）选择"文件"|"打开"命令，打开素材库中名为"10-2 背景.jpg"的文件，使用"移动工具"将此图片拖放到 banner 文件的画布中，作为广告的背景图。

专家点拨：此广告条的背景以淡紫色为主色调，给人幽雅、高贵、神秘的感觉，这种色调很适用于女性产品的广告。

（3）按照同样的方法再打开 4 张服装图片，依次将其拖放到画布右下角重叠放置，给它们所在的图层重新命名。

（4）选择"服装 1"图层，使用"椭圆选框工具"创建与服装图片大小相同的选区，并按 Ctrl+Shift+I 组合键反转选区，如图 10-31 所示。在选项栏中设置羽化值为 0px，按 Delete 键删除选区。然后按相同的方法将其他 3 张服装图片的白色边框删除，并按 Ctrl+D 组合键取消选区。

（5）按住 Ctrl 键单击选择 4 个服装图层，按 Ctrl+T 组合键调整好图像大小，效果如图 10-32 所示。

图 10-31　放置背景和服装图片

图 10-32　调整图片后的效果

（6）选择"文件"|"置入"命令，弹出"置入"对话框，分别选择素材文件"人物一.psd"和"绸带.psd"，将其置入当前文档中并调整大小和位置，如图 10-33 所示。

（7）新建图层，命名为"星光"。然后选择"画笔工具"，在选项栏的"画笔预设选取器"中选择"星形 55 像素"画笔，在画面中随意单击加入星光效果，如图 10-34 所示。

图 10-33　置入图片后的效果

图 10-34　加入星光效果

2. 输入文字

（1）选择"横排文字工具"，设置字体为"方正中倩简体"、大小为 36 点、颜色为粉色（颜色代码为#F64489）、字形为浑厚，输入"颖薇"两字。然后双击打开"图层样式"对话框，为它添加"外发光"样式，如图10-35所示。

图10-35 加入文字效果

（2）设置字体为"方正细黑简体"、字号为18点、颜色为浅灰色（颜色代码为#0C0C0C），输入"品牌女装"；设置字体为"Copperplate Gothic Bold"、字号为6px、颜色为深灰色（颜色代码为#363435），输入YingV，图片及图层结构如图10-36所示。

图10-36 图片效果及图层结构

3. 添加动画效果

（1）选择"窗口"|"时间轴"命令打开"时间轴"面板，如图10-37所示。

图10-37 "时间轴"面板

专家点拨：制作动画并不是 Photoshop 的强项，在一般情况下动画优先用 Flash 制作，

使用Photoshop设计网页元素

当然如果广告效果不复杂，使用 Photoshop 也未尝不可。

（2）在默认情况下"时间轴"面板中只有 1 帧，单击"时间轴"面板上的"新建"按钮 ，新建第 2 帧，然后将"图层"面板中的"服装 1"图层隐藏，单击"时间轴"面板中的"播放"按钮 ，可以看到已经有了动画效果，如图 10-38 所示。

图 10-38　添加帧

（3）按照同样的方法再新建两帧，分别将"服装 2"和"服装 3"图层隐藏。

（4）按住 Ctrl 键单击选中这 4 帧，在时间文字上右击，在弹出的快捷菜单中选择 0.2，表示每帧持续 0.2s，然后单击"播放"按钮 ▶ 测试动画效果。

（5）在"时间轴"面板中选中第 2 帧，在"图层"面板中选择"人物"图层，使用"移动工具"向下拖动图片。按同样的方法分别将第 3 帧和第 4 帧中的"人物"图片向下移动适当距离。

（6）新建第 5 帧，将帧延时改为 0.1s，在"图层"面板中隐藏"颖薇"图层；新建第 6 帧，取消"颖薇"图层的隐藏；新建第 7 帧，再次隐藏该图层，"时间轴"面板如图 10-39 所示。

图 10-39　加入文字动画后的"时间轴"面板

专家点拨：在制作动画时要随时预览，确认动画无误后再继续下一步操作，否则经常会出现动画混乱、难以修复的情况。

（7）分别选中第 1、3、5、7 帧，将"图层"面板中的"星光"图层隐藏，播放动画预览效果。

4. 保存输出动画

选择"文件"｜"存储为 Web 所用格式"命令，在弹出的对话框中选择格式为 GIF，其他参数如图 10-40 所示，单击"存储"按钮，将文件保存为 banner.gif。至此，动画制作完毕。

图 10-40　"存储为 Web 所用格式"对话框

10.2.2　绘制网页通栏广告

网页通栏广告是指左右与网页同宽、高度一般为 100～200px 的图片广告，这种广告多为静态，它常常以抢眼的位置和艳丽的色彩达到吸引浏览者眼球的目的。下面以图 10-41 所示的效果为例完成一幅 950×120 像素的通栏广告。

图 10-41　通栏广告效果图

1. 新建文件并打开素材图片

（1）运行 Photoshop CS6，按 Ctrl+N 组合键打开"新建"对话框，创建画布为 950×120 像素、分辨率为 72px/in、名称为"茶叶店"、背景色为白色、其他参数为默认的文档。

（2）新建图层，将前景色设置为白色、背景色设置为蓝色（颜色代码为#4B6A8F），然后选择"滤镜"|"渲染"|"云彩"命令，效果如图 10-42 所示。

图 10-42　云彩效果

使用 Photoshop 设计网页元素

（3）打开随书配套光盘中的"茶叶店素材 1.psd"文件，将其中的 4 幅图片都复制到新文档中，并调整好位置和大小，重命名这 4 个图层，如图 10-43 所示。

图 10-43　复制素材图片

（4）选中"水墨"图层，设置图层的混合模式为"正片叠底"；选中"插画"图层，设置不透明度为"60%"；选中"梅花"图层，将梅花图片水平翻转，再适当缩小，效果如图 10-44 所示。

图 10-44　图片效果

（5）打开素材库中的"茶杯.jpg"文件，选择"自由钢笔工具"，在选项栏中单击"路径"按钮，选中"磁性的"复选框，沿茶杯的外轮廓创建路径，然后将路径转换成选区，将选区内的图片移动到广告文档中，并调整好它的位置和大小，如图 10-45 所示。

图 10-45　放置茶杯后的效果图

专家点拨：本范例中使用了大量的素材图片，这些图片其实都已经进行了抠图处理，去除了素材图中原有的杂乱背景。抠图的方法很多，用户要根据图片的实际情况恰当地使用选区工具进行编辑处理。

（6）打开素材文件"花茶图.jpg"，将图片拖入广告文档的左侧，将该图层命名为"花茶"，单击"图层"面板下方的"添加图层蒙版"按钮为"花茶"图层添加蒙版。

（7）选择"渐变工具"，设置渐变色为"从黑色到白色"的线性渐变，然后从右向左拖一条线段，将"花茶图"的右侧边缘虚化，并将此图层拖放到"茶道"图层下，局部效果如图 10-46 所示。

2. 布局文字

（1）打开素材文件"一杯茶.jpg"，扩展画布大小，设置背景色为白色，然后选择"多边形套索工具"，设置羽化值为 0，将两列文字布局为 4 列文字，如图 10-47 所示。

图 10-46　局部效果图　　　　　图 10-47　文字效果图

（2）将文字图片复制到文档中，保持在图层的顶部，设置图层混合模式为"正片叠底"，并调整好位置和大小，效果如图 10-48 所示。

图 10-48　图片效果

（3）选择"横排文字工具"，设置字体为"文鼎行楷碑体"、字号为 48 点，输入文字"北京京誉茶叶"。然后展开"样式"面板，为文字添加一种合适的样式，效果如图 10-49 所示。

3. 修饰广告图片

（1）选择"背景"图层，然后选择"多边形套索工具"，设置羽化值为 20px，绘制出选区，如图 10-50 所示，按 Delete 键删除选区内容后取消选区。

图 10-49　文字效果图

图 10-50　用"多边形套索工具"创建选区

（2）选中"图层 1"，将"背景图片 2.jpg"置入当前文档中，水平翻转图片，并调整图片的位置和大小，如图 10-51 所示。

图 10-51　图片效果

（3）单击"图层"面板下方的"添加图层蒙版"按钮为该图层添加蒙版，然后选择"渐变工具"，在图片右侧从右向左拖一条水平短直线，并将右侧边缘虚化。按同样的方法再创建一个图层蒙版，将左侧边虚化，以达到两侧自然过渡的效果，如图 10-52 所示。

图 10-52　添加图层蒙版后的效果

（4）选中"梅花"图层，将其混合模式修改为"正片叠底"。

（5）双击"北京京誉茶叶"图层打开"图层样式"对话框，选择"投影"效果，将距离修改为 2px、大小修改为 4px，保存文档，则茶叶店通栏广告绘制完成。

（6）将图像输出为 GIF 或者 JPG 格式。

10.3　设计网页按钮和导航条

按钮是网页中用于导航的重要元素，导航条是一组按钮的集合，它提供了到网站不同栏目的链接。网页按钮和导航条设计得好不仅能增强网页的视觉效果，而且能使导航清晰、自然。

10.3.1　绘制网页按钮

本实例学习绘制一个具有水晶质感的网页导航按钮，效果如图 10-53 所示。

1. 新建文件并制作渐变底图

（1）运行 Photoshop CS6，按 Ctrl+N 组合键打开"新建"对话框，创建画布为 160×125 像素、分辨率为 72px/in、颜色模式为 RGB、背景色为白色、名称为"水晶按钮"、其他参数为默认的文档。

（2）设置前景色为白色，选择"圆角矩形工具"，在选项栏中选择形状图层，设置角半径为 10px，采用默认样式（无），绘制一个圆角矩形。

（3）将图层重新命名为"矩形"，然后右击图层，在弹出的快捷菜单中选择"混合选项"命令，打开"图层样式"对话框。

（4）选择"投影"效果，设置不透明度为 100%、大小为 4px；选择"渐变叠加"效果，设置深蓝到浅蓝渐变，设置左侧渐变色为#16397A、右侧渐变色为#1464C8，完成后图片效果如图 10-54 所示。

图 10-53　水晶按钮效果图　　　　　　　图 10-54　圆角矩形效果

2. 制作水晶效果

（1）复制"矩形"图层，重新命名为"矩形 2"，然后为这个图层添加"渐变叠加"图层样式，修改渐变颜色，设置 3 个色标，颜色值从左到右依次为#449CDB、#538CBB、#d4E1EE，此时按钮效果如图 10-55 所示。

（2）放大画布显示比例，按 Ctrl+T 组合键将矩形 2 向内缩进 1 个像素。

（3）选择"添加锚点工具"，在矩形 2 左右两边的中点位置分别添加两个锚点，然后使用"转换点工具"，按下 Ctrl 键将锚点向中间移动合适的距离，如图 10-56 所示。

图 10-55　矩形 2 效果图

图 10-56　移动锚点

3. 添加电话形状

（1）选择"自定形状工具"，设置前景色为白色，在"自定形状拾色器"中添加"物体"类别，然后选择"电话 2"形状，在水晶按钮上绘制电话形状，效果如图 10-57 所示。

图 10-57　创建电话形状

（2）打开"图层样式"对话框，选择"投影"样式，设置距离为 3px、扩展为 2%、大小为 4px。

（3）选择"斜面浮雕"样式，设置方向为下、大小为 3px、软化为 3px。

（4）选择"描边"样式，设置大小为 3px、颜色为#053272；选择"渐变叠加"样式，修改渐变颜色，从左到右颜色值分别为#449CDB、#DFFCFA、#76B7F8，然后单击"确定"按钮，一个质感十足的水晶按钮制作完成。

10.3.2　绘制网页导航条

导航条不仅要美观、醒目，而且在功能表达上也要一目了然。整个站点中的导航栏风格通常都是一致的，以方便浏览者了解网站的所有内容，并且知道自己所处的位置。

下面一起来制作如图 10-58 所示的导航条，其中"公司介绍"为当前页。

图 10-58　导航条效果图

1. 绘制圆角矩形

（1）运行 Photoshop CS6，创建画布为 800×150px、分辨率为 72px/in、颜色模式为 RGB、背景色为白色、名称为"导航条"、其他参数为默认的文档，设置背景色为#1D9B9B（蓝绿色），按 Ctrl+Delete 组合键填充背景色。

（2）选择"圆角矩形工具"，在选项栏中选择工具模式为"形状"，设置角半径为 10px，单击"几何选项"按钮，设置固定大小为 420×46px，绘制一个 420×46px 的圆角矩形，然后在"圆角矩形 1"图层上右击，在弹出的快捷菜单中选择"栅格化图层"命令将图层栅格化。

专家点拨：在绘制固定值的形状时可以展开"信息"面板，参照"信息"面板中的 W 和 H 值。

2. 制作矩形导航效果

（1）选择"钢笔工具"，选中"路径"模式，绘制如图 10-59 所示的路径，然后按 Ctrl+

使用 Photoshop 设计网页元素

Enter 组合键将路径转成选区。

（2）按 Ctrl+X 组合键剪裁选区图形，按 Ctrl+V 组合键粘贴图形到新图层，并将"图层 1"重命名为"开端"，然后调整两个图层的位置，效果如图 10-60 所示。

图 10-59　绘制路径

图 10-60　开端效果图

专家点拨：在绘图过程中选择"视图"|"对齐"命令并恰当地使用参考线可以准确定位图形。

（3）选择"圆角矩形 1"图层，打开"路径"面板，单击选中"工作路径"，然后使用"路径选择工具"选择路径并右移，按 Ctrl+Enter 组合键将路径转换成选区。

（4）剪裁选区图形，粘贴到新图层，重命名为"中段"图层，然后将"圆角矩形 1"图层重命名为"结尾"，并调整图层的位置，效果如图 10-61 所示。

（5）复制两次"中段"图层，调整所有图形的位置，将它们水平间隔排列，然后选中除背景图层以外的其他图层，按 Ctrl+E 组合键合并图层，将其重命名为"底部导航条"，效果如图 10-62 所示。

图 10-61　3 段效果图

图 10-62　导航条效果

3.　添加渐变效果

（1）按住 Ctrl 键，单击"图层"面板中"底部导航条"的缩略图，将其载入选区。选择"渐变工具"，设置 3 个渐变色标为#004A6D、#34A2AF 和#FFFFFF 的线性渐变，由上至下填充渐变效果。

（2）为图层添加"描边"图层样式，设置大小为 1px、颜色为#034D5A，其他值默认。

（3）新建图层，选择"渐变工具"，设置渐变色为"前景到透明"，保持前景色为白色，从上到下填充，然后按 Ctrl+D 组合键取消选区，添加高光后的效果如图 10-63 所示。

图 10-63　添加高光效果

4.　制作倒影

（1）复制"底部导航条"图层，选择"编辑"|"变换"|"垂直翻转"命令，并按住 Shift 键移动翻转图形到如图 10-64 所示的位置。

图 10-64　翻转图形后的效果

（2）将图层重命名为"倒影"，在"图层"面板中单击图层效果中的"描边"样式左侧的眼睛图标，隐藏"描边"样式，停用描边图层效果。然后单击"图层"面板下方的"添加图层蒙版"按钮为"倒影"图层添加图层蒙版，选择"渐变工具"，使用从黑到白的线性渐变由下到上填充渐变，完成导航条的倒影效果，如图 10-65 所示。

图 10-65　倒影效果

5.　输入导航条文字

（1）选择"文字工具"，设置字体为"方正准圆简体"、字号为 18 点、颜色为白色，输入文字"公司首页"。打开"图层样式"对话框，添加"投影"样式，距离为 2px、扩展为 0px、大小为 2px，然后添加"描边"样式，大小为 1px、颜色为#0B5269。

（2）用同样的方法分别输入文字"公司介绍""产品展示""信息反馈"和"联系我们"。在"公司主页"图层上右击，在弹出的快捷菜单中选择"拷贝图层样式"命令，同时选中其他 4 个导航文字图层右击，在弹出的快捷菜单中选择"粘贴图层样式"命令，效果如图 10-66 所示。

图 10-66　输入文字后的效果

6.　导航菜单的突出显示

为了标示浏览者所处的网站位置，下面对当前页的导航栏状态添加突出显示效果。

（1）新建图层，命名为"圆珠"，保持图层在最顶部。选择"椭圆选框工具"，按住 Shift 键在画布中绘制圆形选区，并用白色填充。

（2）将"公司主页"的图层样式复制粘贴给"圆珠"图层，然后打开"图层样式"对话框，添加"渐变叠加"样式，并复制该图层，将新图层中的圆珠移动到文字后面，效果如图 10-67 所示。至此，导航条制作完成。

图 10-67　当前页导航条的局部效果

10.4　设　计　网　页

使用 Photoshop CS6 可以快速创建网站和用户界面原型，并能通过切片和优化将图片直接转换成 Web 格式。本节将综合使用 Photoshop CS6 的各种工具完整地制作一个网页作品，以使读者对网页制作流程有一个大致的认识，达到心领神会的目的。图 10-68 所示为绘制好的网页。

图 10-68　绘制好的网页

10.4.1　绘制网页

1. 新建文件并绘制网页顶部背景

（1）运行 Photoshop CS6，按 Ctrl+N 组合键打开"新建"对话框，创建
画布为 910×770px、分辨率为 72px/in、颜色模式为 RGB、背景色为白色、名称为"网页
制作"、其他参数为默认的文档，然后单击"确定"按钮进入设计窗口。

（2）将背景色设为绿色（#63A642），按 Ctrl+Delete 组合键填充背景色，并开启标尺。

（3）选择"圆角矩形工具"，使用"路径"模式，设置半径值为 10px，绘制 910×123px
的矩形路径，然后用删除锚点和修改锚点的方
法将上面两个圆角改为直角。

（4）拖动两条参考线至 575、210 处，将在
这一区域绘制波浪形。

（5）选择"添加锚点工具"，在矩形路径右
下方添加 3 个锚点，然后使用"转换点工具"
调整路径的形状，如图 10-69 所示。

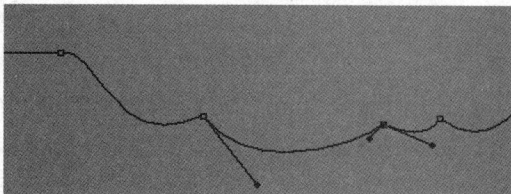

图 10-69　添加锚点并修改路径

（6）新建图层，命名为"头部底色"。将前景色设为#1F6431，展开"路径"面板，然后按 Ctrl+Enter 组合键将路径转换为选区，按 Alt+Delete 组合键填充背景色，按 Ctrl+D 取消选区。

2. 添加网站 Logo 和导航条

（1）打开本章第 1 节制作好的素材文件"网页 logo.jpg"，将其拖放到网页文件中，更改它的位置和大小。

（2）打开素材文件"网页导航条.jpg"，该导航条的制作方法与本章第 3 节相似，将其拖放到网页文件中，更改它的位置和大小，效果如图 10-70 所示。

图 10-70　添加 Logo 和导航条

专家点拨：导航条上的文字部分在导出为 HTML 文件时要关闭显示，在 Dreamweaver 中打开后再添加，这样可以优化图片，节约流量，提高访问速度。在该范例中加入文字是为了观看完整的网页效果。

（3）选择"圆角矩形工具"，设置模式为"路径"、半径为 10px，绘制一个 115×25px 的矩形。

（4）新建图层，命名为"标签 1"，将前景色设为黄色（# EFEE5E），然后展开"路径"面板，单击"用前景色填充路径"按钮。按同样的方法新建 3 个图层，分别命名为"标签 2""标签 3""标签 4"，分别填充颜色为#CDCB03、#CDA003、#CD6103。输入标签栏中的文字，将文字图层的样式设置为"投影"，投影距离为 1px、大小为 1px，效果如图 10-71 所示。

图 10-71　标签栏效果

（5）打开两片小树叶素材文件，将它放到网页的右上角，并输入文字"登录""注册"。

（6）选择"文字工具"，设置字体为宋体、字号为 13px、颜色为灰色（#CECDCD），输入当前的位置信息和日期，效果如图 10-72 所示。

图 10-72　加入位置和日期信息

使用 Photoshop 设计网页元素

3. 绘制站内搜索栏

（1）选择"矩形选框工具"，新建图层并命名为"搜索条"，然后绘制搜索框并填充白色。在左边输入文字"站内搜索"，并置入"搜索.gif"图片，放到搜索条右侧，如图10-73所示。

（2）选择"椭圆选框工具"，绘制正圆选区。新建图层并重命名为"圆圈"，设置前景色为#FF9F1B，按Alt+Delete组合键填充前景色。选择"选择"|"修改"|"收缩"命令，设置收缩量为2px。按Delete键删除选区内容。

（3）复制出两个"圆圈"图层，水平布局好，然后输入文字，效果如图10-74所示。

图 10-73　加入搜索条　　　　　图 10-74　搜索栏效果

4. 绘制左侧栏目

（1）选择"圆角矩形工具"，使用"形状图层"模式，半径为10px，设置前景色为#B5D3A5，绘制一个560×565px的矩形路径，然后栅格化图层，重命名为"左栏底色"。

（2）更改前景色为#73AA63，绘制一个265×180px的矩形路径，然后栅格化图层，重命名为"专题栏底色"。

（3）更改前景色为#5A8A52，绘制一个265×30px的矩形路径，然后栅格化图层，重命名为"标题底色"。

（4）选择"专题栏底色"和"标题底色"图层，按Ctrl+E组合键合并图层。复制合并后的图层，重命名为"教程底色"，然后水平右移，效果如图10-75所示。

图 10-75　左侧栏目效果

专家点拨：准确的数据会给生成网页后的编辑工作提供方便，因此在绘制时应该进行精确绘制，这里在绘制时使用了各栏目的准确值。

（5）将素材图片"桔色圆.psd"置入网页中，重命名图层为"引导圆1"，并将图片放置好，然后按住Alt键拖动"桔色圆"到右侧栏目中快速复制一个桔色圆。

（6）在栏目中输入标题名称和文章列表，效果如图10-76所示。

（7）原创图书栏和中间信息栏的绘制与前面的操作大致相同，此处不再赘述。绘制完成后的效果如图10-77和图10-78所示。

图 10-76　专题栏和教程栏效果

图 10-77　原创图书栏效果

图 10-78　中间信息栏效果

5. 绘制右侧栏目

（1）选择"自定形状工具"，追加"台词框"形状组，然后选取"会话3"形状，将前景色设为白色，绘制路径，如图 10-79 所示。

（2）选择"删除锚点工具"，删除下面的锚点。展开"路径"面板，单击"将路径作为选区载入"按钮，然后选择"选择"|"修改"|"收缩"命令，设置收缩量为 4px。

（3）新建图层，重命名为"公告底色"。设置前景色为#B5D3A5，按 Alt+Delete 组合键填充前景色，然后添加文字，公告栏效果如图 10-80 所示。

图 10-79　绘制路径

图 10-80　公告栏效果

（4）打开素材图片"小草.psd"，将图形拖到网页作品的"公告底色"图层的下方，效果如图 10-81 所示。

使用 Photoshop 设计网页元素

图 10-81　加入小草后的效果

（5）右侧下部内容的制作与左侧类似，在此不再赘述。

6．绘制底部栏目并整理图层

（1）网站底部的"友情链接"的绘制比较简单，大家可以自己尝试，完成后添加文字和网站信息，效果如图 10-82 所示。

图 10-82　网站底部效果

（2）打开"图层"面板，单击"创建新组"按钮添加图层组，然后按布局对图层组重命名，并将图层分门别类地拖入各个图层组，如图 10-83 所示。

专家点拨：在创建图层组的过程中，整理图层的工作可以在设计网页时边创作边完成。通过整理图层，"图层"面板变得整齐有序，便于编辑和修改。

10.4.2　创建切片

切片是将 Photoshop 的整张大图分割成多个较小的图片，然后在网页中通过表格形式重新将小图片拼接成完整的图像，这是将 Photoshop 设计制作的网页图片转化成真正网页的重要步骤。

图 10-83　整理后的"图层"面板

将图像切片至少有 3 个优点：

一是优化。由于网速的限制，网页元素在确保图像快速下载的同时要尽可能保证质量。切片可以使用最适合的文件格式和压缩设置来优化每个独立切片。

二是创建链接。在切片制作好后可以对不同的切片制作不同的链接。

三是可以更新网页的某些部分。使用切片可以轻松地更新网页中经常更改的部分，例如当前日期、最新公告等，利用切片可以快速更改局部内容而不用更换整个网页。

1．网页头部的切片

（1）打开上一小节制作的"网页制作.psd"文件，将画布放大到 150%，创建 5 条水平参考线，如图 10-84 所示。

专家点拨：创建参考线可以使图片的切割更加准确，最大限度地避免切片交叉。创建参考线的原则有两个，一是将内容部分分割，二是将纯色部分分出。

图 10-84　网页头部的水平参考线

（2）创建 11 条垂直参考线，如图 10-85 所示，注意左边第一条参考线的位置刚好错过圆角。

图 10-85　网页头部的垂直参考线

（3）在工具箱中选择"切片工具"，从第一条水平参考线左起点开始拖动选取框至第 5 条水平参考线右侧结束，这样切出 3 个切片，如图 10-86 所示。

图 10-86　对网页头部切片

专家点拨：在切片时一般是先上后下，先左后右，先切大块再分割成小块。在切割图片时难免会有 1～2px 的误差，因此在切割后要放大画布，查看切片的边线，及时调整大小。

（4）网页头部其他部分的切片主要有 Logo、标签栏、导航栏和位置时间信息区，完成后如图 10-87 所示。

图 10-87　网页头部的切片

2. 网页中下部左侧栏的切片

（1）网页左侧栏目的切片比较简单，值得注意的是圆角必须单独切割出来，如图 10-88 和图 10-89 所示，其中的小切片都是需要处理的矩形圆角。

图 10-88　左侧栏上部切片

图 10-89　左侧栏下部切片

（2）网页右侧和底部的切片方法与上面完全相似，此处不再赘述，切片完成后网页效果如图 10-90 所示。

10.4.3　优化切片并导出 HTML 文件

（1）选择"文件"|"存储为 Web 所用格式"命令，弹出"存储为 Web 所用格式"对话框，在视图下方的注释区可以看到优化信息，包括当前切片的大小、预计下载时间。

（2）在"存储为 Web 所用格式"对话框的视图区内选中所有切片。

（3）在右侧的"预设"项中设置优化的文件格式，选择 JPEG。如果选中"优化"复选框，可以最大限度地压缩文件。

（4）"品质"的设置越高，图像质量越好，文件也就越大，这里设为"60"，这也是网页中通常所用的设置。

（5）这里不选中"连续"复选框，否则会使图片在 Web 浏览器中以渐进方式显示，与"优化"是相矛盾的。其他参数不用设置，如图 10-91 所示。

图 10-90　网页切片效果

图 10-91　"存储为 Web 所用格式"对话框设置

使用 Photoshop 设计网页元素

（6）切换到"双联"选项卡，选择左侧的"抓手工具"移动右联图片，选择"切片选择工具"来选择切片。然后对比上、下图片的差别，如果感觉清晰度下降，可以选择"切片选择工具"来选择切片，单独提高某切片的品质。在图片窗口中右击可以选择图片的显示比例和网速。

（7）如果用户对优化结果满意，单击"存储"按钮，在弹出的"将优化结果存储为"对话框中选择保存路径，并输入文件名 hkdsy，将保存类型选择为"HTML 和图像"，单击"保存"按钮。

（8）打开保存网页的路径，可以看到一个名为 images 的文件夹和一个名为 hkdsy.html 的网页文件。所有切片都以 JPEG 图片方式保存到了 images 文件夹中，其中"分割符.gif"的图片是程序自动生成的，用于确定行、列切片在网页中的占位，不影响网页效果。

专家点拨： 为了生成规范的网页，这里的路径和文件名要用英文字母。网页制作要求涉及路径和文件名的地方都用英文。

（9）双击网页文件 hkdsy.html 就可以在 IE 中浏览网页。

10.4.4　在 Dreamweaver 中编辑网页

（1）打开 Dreamweaver，选择"文件"|"打开"命令，在弹出的"打开"对话框中选择上一小节导出的 hkdsy.html 文件。

（2）在打开的文件窗口中可以看到，在 Photoshop 中编辑好的网页在 Dreamweaver 中得到了完美的支持，切片生成了表格，如图 10-92 所示。

图 10-92　编辑网页文件

（3）选中整个网页，将网页居中对齐，用户还可以对网页进行各种修改，修改完成后按 F12 键在 IE 中预览，效果如图 10-93 所示。

图 10-93 预览网页

10.5 本 章 习 题

一、选择题

1. 网站图标的格式是（　　　）。

    A．gif   B．jpg

    C．ico   D．psd

2. （　　　）是网站的"眼睛"。

    A．Logo   B．网站图标

    C．Banner   D．广告动画

3. 绘制不规则路径一般使用（　　　）工具。

    A．铅笔   B．钢笔

    C．笔刷   D．矩形

4. （　　　）是一组按钮的集合，它提供了到网站不同栏目的链接。

    A．导航条   B．Logo

    C．网站图标   D．标题栏

5. 在 Dreamweaver 中，网页编辑好后如果想在浏览器中预览网页效果，可以按（　　　）键。

使用 Photoshop 设计网页元素

A. F5　　　　　　　　　　　B. F6
C. F10　　　　　　　　　　 D. F12

二、填空题

1.＿＿＿＿＿＿＿＿是一个网站的标志性图片，它的英文名称叫 Favicon。

2.网站图标的表现形式有 3 种，第一种是＿＿＿＿＿＿＿，第二种是＿＿＿＿＿＿，第三种是＿＿＿＿＿＿。

3.Banner 是指网页中的＿＿＿＿＿＿＿，一般使用＿＿＿＿＿＿格式的动态图像文件，以达到吸引观者注意力的目的。

4.＿＿＿＿＿＿＿＿是指左右与网页同宽，高度一般为 100～200px 的图片广告，这种广告多为＿＿＿＿＿＿。

5.将图像切片至少有 3 个优点，一是＿＿＿＿＿＿＿＿，二是＿＿＿＿＿＿＿，三是＿＿＿＿＿＿。

10.6　上 机 练 习

练习1　绘制网站 Logo

综合运用各种绘图工具和图层样式绘制如图 10-94 所示的网站标志，可以参考以下步骤进行操作练习。

（1）运用"圆形工具"绘制橙色底圆。

（2）运用"横排文字蒙版工具"制作出字母的镂空效果。

（3）添加文字和网址。

（4）添加图层样式。

图 10-94　网站标志

练习2　绘制导航条

综合运用各种绘制工具绘制如图 10-95 所示的导航条，可以参考以下步骤进行操作练习。

（1）运用"圆角矩形工具"绘制单个按钮。

（2）添加渐变色和描边。

（3）复制、翻转按钮，制作不同的按钮状态图形。

图 10-95　导航条

练习3 制作网页 GIF 动画

综合运用各种绘图工具绘制如图 10-96 所示的网页动画，可以参考以下步骤进行操作练习。

（1）运用绘图工具绘制窗。

（2）用自由变换命令将窗修改成半开状态。

（3）添加文字，第二页文字内容如图 10-97 所示。

图 10-96 动画画面 1

图 10-97 动画画面 2

（4）添加帧，更改各帧中的文字内容。

练习4 设计个人主页

综合运用所学知识设计一个个人网站主页，在操作练习时先用 Photoshop 绘制主页布局效果，然后切片导出，最后用 Dreamweaver 进行网页的编辑。

第 11 章 | Flash 动画制作基础

Flash 是专业的矢量网页动画制作软件。利用 Flash 制作的动画文件体积小、能边下载边播放，这样可以避免浏览者因等待时间过长而关闭网页。在网站开发过程中经常利用 Flash 设计制作网页动画，这样可以使网站效果更加丰富，更加吸引浏览者的注意。

本章主要内容：

- Flash CS6 的工作环境
- Flash 动画的制作
- 绘制矢量图形
- 位图和文字

11.1 Flash CS6 的工作环境

Flash CS6 以便捷、完美、舒适的动画编辑环境深受广大动画制作爱好者的喜爱，在制作动画之前要先对工作环境进行介绍，包括一些基本的操作方法以及工作环境的组织和安排。

11.1.1 工作界面简介

1. 开始页

运行 Flash CS6，首先映入用户眼帘的是"开始页"，"开始页"将常用的任务集中放在一个页面中，用户可以在其中选择从哪个项目开始工作，能够很容易地实现从模板创建文档、新建文档和打开文档的操作；通过选择"学习"栏中的选项用户能够方便地打开相应的帮助文档，进入具体内容的学习，如图 11-1 所示。

专家点拨： 如果隐藏开始页，可以选中"不再显示"复选框，然后在弹出的对话框中单击"确定"按钮。如果再次显示开始页，可以选择"编辑"|"首选参数"命令打开"首选参数"对话框，然后在"常规"类别中设置"启动时"选项为"欢迎屏幕"。

2. 工作窗口

在"开始页"中选择"新建"下的"ActionScript 3.0"选项，这样就启动了 Flash CS6 的工作窗口并新建一个影片文档。Flash CS6 的"传统"工作区界面窗口构成如图 11-2 所示。

图 11-1　开始页

菜单栏

工作区切换器

"时间轴"面板

绘图工具箱

面板组

舞台

"属性"面板

图 11-2　Flash CS6 的工作窗口

Flash 动画制作基础

Flash CS6 的工作窗口主要包括应用程序栏、菜单栏、绘图工具箱、舞台、面板和面板组等。

窗口最上方是"应用程序栏"，用于显示软件图标，设置工作区的布局，同时还包括了传统的 Windows 应用程序窗口的最大化、关闭和最小化按钮。

"应用程序栏"下方是"菜单栏"，在其下拉菜单中提供了几乎所有的 Flash CS6 命令。

"菜单栏"下方是"时间轴"面板，这是一个显示图层和帧的面板，用于控制和组织文档内容在一定时间内播放的帧数，同时可以控制影片的播放和停止，如图 11-3 所示。时间轴左侧是图层，图层就像堆叠在一起的多张幻灯胶片一样，在舞台上一层层地向上叠加。如果上面的一个图层上没有内容，那么就可以透过它看到下面的图层。在每一个图层上包括一些小方格，它们是 Flash 的"帧"，是制作 Flash 动画的关键元素。

图 11-3 "时间轴"面板

专家点拨：在"时间轴"面板上双击"时间轴"标签可以隐藏面板，隐藏后单击该标签能将面板重新显示。

单击"时间轴"标签右侧的"动画编辑器"标签可以切换到"动画编辑器"面板，如图 11-4 所示。Flash CS6 使用动画编辑器对每个关键帧的参数进行完全控制，这些参数包括旋转角度、大小、缩放、位置和滤镜等。在"动画编辑器"面板中操作者可以借助于曲线以图形的方式来控制缓动。

图 11-4 "动画编辑器"面板

"时间轴"面板下方是"舞台"。舞台是放置动画内容的矩形区域（默认是白色背景），这些内容可以是矢量图形、文本、按钮、导入的位图或视频等，如图 11-5 所示。

图 11-5　舞台

专家点拨：窗口中的矩形区域为"舞台"，在默认情况下它的背景是白色的。将来导出的动画只显示矩形舞台区域内的对象，舞台外灰色区域内的对象不会显示出来。也就是说，动画"演员"必须在舞台上演出才能被观众看到。

在工作时可以根据需要改变"舞台"的显示比例大小，可以在"时间轴"右下角的"显示比例"列表框中设置显示比例，最小比例为 8%，最大比例为 2000%。在"显示比例"列表框中还有 3 个选项，其中"符合窗口大小"选项用来自动调节到最合适的舞台比例大小；"显示帧"选项可以显示当前帧的内容；"显示全部"选项能显示整个工作区中包括"舞台"之外的元素。

窗口左侧是功能强大的"绘图工具箱"，它是 Flash 中最常用到的一个面板，其中包含了用于图形绘制和编辑的各种工具，利用这些工具可以绘制图形、创建文字、选择对象、填充颜色、创建 3D 动画等。单击"绘图工具箱"上的 ◀️ 按钮可以将面板折叠为图标。在面板的某些工具的右下角有一个三角形符号，表示这里存在一个工具组，单击该按钮后按住鼠标不放则会显示工具组的工具。将鼠标指针移到打开的工具组中单击需要的工具即可使用该工具，如图 11-6 所示。

在"绘图工具箱"中单击某个工具按钮选择该工具，此时在"属性"面板中将显示该工具的设置选项，可以对它们进行设置，如图 11-7 所示。

11.1.2　面板的操作

Flash CS6 加强了对面板的管理，常用的面板可以嵌入面板组中。使用

Flash 动画制作基础

面板组可以对面板的布局进行排列，包括对面板进行折叠、移动和任意组合等操作。在默认情况下，Flash CS6 的面板以组的形式停放在操作界面的右侧。

图 11-6 打开隐藏的工具组

图 11-7 在"属性"面板中设置工具属性

在面板组中单击图标或按钮 ▶▶ 能够展开对应的面板，如图 11-8 所示。从功能面板组中将一个图标拖出，该图标可以放置在屏幕上的任何位置，如图 11-9 所示。

专家点拨：将面板标签拖曳到面板组的标题栏中，标题栏将由灰色变成蓝色，松开鼠标即可将该面板放置到组中。在展开的面板中如果需要重新排列面板，只需将面板标签移动到组的新位置即可。

图 11-8 展开面板

拖放到屏幕的任意位置

图 11-9　放置面板

11.2　Flash 动画的制作

掌握实用 Flash 制作动画的工作流程以及 Flash 影片文档的基本操作方法是设计制作网页动画的基础。

11.2.1　Flash 动画的制作流程

Flash 动画的基本制作流程是准备素材→新建 Flash 影片文档→设置文档属性→制作动画→测试和保存影片→导出和发布影片。

1. 准备素材

根据动画内容准备一些动画素材，包括音频素材（声效、音乐等）、图像素材、视频素材等，通常需要对这些素材进行采集、编辑和整理，以满足动画制作的需求。

2. 新建 Flash 影片文档

Flash 影片文档有两种创建方法，一种是新建空白的影片文档，另一种是从模板创建影片文档。在 Flash CS6 中新建空白影片文档有两种类型，一种是 "ActionScript 3.0" 文档，另一种是 "ActionScript 2.0" 文档，这两种类型的影片文档的不同之处在于前者的动作脚本语言版本是 ActionScript 3.0，后者的动作脚本语言版本是 ActionScript 2.0。

3. 设置文档属性

在正式制作动画之前要先设置好尺寸（舞台的尺寸）、背景颜色（舞台背景色）、帧频（每秒播放的帧数）等文档属性，这些操作要在 "文档设置" 对话框中进行，如图 11-10 所示。

4. 制作动画

制作动画是完成动画效果制作的最主要的步骤。一般情况下需要先创建动画角色（可以用绘图工具绘制或者导入外部的素材），然后在时间轴上组织和编辑动画效果。

5. 测试和保存影片

在动画制作完成后可以选择 "控制" | "测试影片" 下面的命令对影片效果进行测试，如果满意可以选择 "文件" | "保存" 命令（快捷键为 Ctrl+S）保存。为了安全，在动画制作过程中要经常保存文件。按 Ctrl+S 组合键可以快速保存文件。

Flash 动画制作基础

图 11-10 "文档设置"对话框

6. 导出和发布影片

如果对制作的动画效果比较满意，最后可以导出或者发布影片。选择"文件"|"导出"|"导出影片"命令可以导出影片，选择"文件"|"发布"命令可以发布影片，通过发布影片可以得到更多类型的目标文件。

11.2.2 制作第一个网页动画

本小节利用投影滤镜制作一个阴影文字特效范例，范例效果如图 11-11 所示。通过这个阴影文字特效的制作过程介绍如何新建 Flash 影片文档、设置文档属性、保存文件、测试影片、导出影片、打开文件、修改文件、输入文本、设置文本的滤镜效果以及认识 Flash 所产生的文件类型等内容。

其制作步骤如下。

1. 新建影片文档和设置文档属性

（1）启动 Flash CS6，出现"开始页"，选择"新建"下的"ActionScript 3.0"选项，这样就启动了 Flash CS6 的工作窗口并新建了一个影片文档。

（2）展开"属性"面板，在"属性"栏下单击"大小"右边的"编辑"按钮，弹出"文档设置"对话框。

图 11-11 范例效果

（3）设置"尺寸"为 300×200 像素，设置"背景颜色"为浅蓝色，设置"帧频"为12，其他保持默认，如图 11-12 所示。

图 11-12 "文档设置"对话框

"文档设置"对话框中参数的含义如下。

- 尺寸：舞台的尺寸最小可设定成宽 1 像素、高 1 像素，最大可设定成宽 2880 像素、高 2880 像素。另外，系统默认的尺寸单位是像素，用户可以自行输入"厘米""毫米""点"和"英寸"等单位的数值，也可以在"标尺单位"下拉列表中选择。
- 调整 3D 透视角度以保留当前舞台投影：若要调整舞台上 3D 对象的位置和方向以保持其相对于舞台边缘的外观，请选中这个复选框，仅当更改舞台大小时该复选框可用。
- 标尺单位：标尺是显示在场景周围的辅助工具，以标尺为参照可以使用户绘制的图形更精确。在这里可以设置标尺的单位。
- "匹配" | "默认"：使用默认值。
- "匹配" | "内容"：文档大小恰好容纳当前影片的内容。
- "匹配" | "打印机"：文档大小将设置为最大可用打印区域。
- 背景颜色：设置舞台的背景颜色。单击颜色块，在弹出的调色板中选择合适的颜色即可。
- 帧频：默认 24fps。用户可以根据需要更改这个数值，数值越大动画的播放速度越快，动画的运行也更为平滑，但是相应的文档体积会较大。对于大多数计算机显示的动画来说，特别是网站中播放的动画，8fps 到 15fps 就足够了。
- 设为默认值：将所有设定存成默认值，当下次开启新的影片文档时影片的舞台大小和背景颜色会自动调整成这次设定的值。

2. 创建文字

（1）在绘图工具箱中选择"文本工具" T，然后在"属性"面板的"字符"栏中设置"系列"为黑体、"大小"为 45 点、"颜色"为白色，其他属性保持默认，如图 11-13 所示。

（2）将鼠标指针移向舞台上单击，在出现的文本框中输入"网页制作"。

（3）在绘图工具箱中选择"选择工具"，拖动文字到舞台中央位置，效果如图 11-14 所示。

图 11-13　在"属性"面板中设置文本属性　　　　图 11-14　创建文本对象

Flash 动画制作基础

3. 保存和测试影片

（1）选择"文件"|"保存"命令（快捷键为 Ctrl+S），弹出"另存为"对话框，指定保存影片的文件夹，输入文件名"第一个网页动画"，然后单击"保存"按钮，这样就将影片文档保存起来，文件的扩展名是.fla。

（2）选择"控制"|"测试影片"|"测试"命令（快捷键为Ctrl+Enter），弹出测试窗口，在该窗口中可以观察到影片的效果，并且可以对影片进行调试。关闭测试窗口可以返回到影片编辑窗口对影片继续进行编辑。

（3）打开"资源管理器"窗口，定位在保存影片文档的文件夹，可以观察到两个文件，如图 11-15 所示。左边是影片文档源文件（扩展名是.fla），也就是第（1）步保存的文件。右边是影片播放文件（扩展名是.swf），也就是第（2）步测试影片时自动产生的文件。直接双击影片播放文件可以在 Flash 播放器（对应的软件名称是 Flash Player）中播放动画。

图 11-15　文档类型

4. 关闭和打开影片文档

（1）单击影片文档窗口中的关闭按钮关闭影片文档，如图 11-16 所示。

图 11-16　关闭影片文档

（2）在"开始页"的"打开最近的项目"下单击"第一个网页动画.fla"文件，这样就把影片文档重新打开了。

专家点拨：如果在"开始页"的"打开最近的项目"下找不到需要打开的文件，可以单击"打开"按钮，此时会弹出"打开"对话框，在"查找范围"中定位到要打开影片文件所在的文件夹，选择要打开的影片文件（扩展名为.fla），然后单击"打开"按钮。

（3）单击舞台上的文本对象，接着展开"属性"面板，在"滤镜"栏中单击"添加滤镜"按钮，在弹出的菜单中选择"投影"滤镜，此时舞台上的文本对象产生了滤镜效果，如图 11-17 所示。

图 11-17 设置文字滤镜效果

（4）按 Ctrl+S 组合键保存文件，按 Ctrl+Enter 组合键测试影片效果，得到一个具有阴影效果的文字特效。

5. 导出影片

当对影片文档中的内容进行了修改后按下 Ctrl+Enter 组合键测试影片效果时系统自动生成的 SWF 文件会覆盖原来的同名文件，如果不想覆盖原来的 SWF 文件，可以使用导出影片的功能。

选择"文件"|"导出"|"导出影片"命令，弹出"导出影片"对话框，指定导出影片的文件夹，输入导出影片的文件名，单击"保存"按钮，即可得到需要的影片。导出的影片文件类型是播放文件，文件扩展名为.swf。

11.3　绘制矢量图形

图形是制作 Flash 动画的基础，要想创作出专业的 Flash 动画作品，必须先掌握图形的绘制方法。Flash 提供了很多实用的矢量绘图工具，这些工具功能强大而且使用简单，对于 Flash 入门者来说不需要太多的绘图专业技能就能绘制出既美观又专业的图形。

11.3.1　绘制线条

线条是最简单的图形，很多图形都是由线条构成的。本小节主要介绍线条的基本绘制方法、快速套用线条属性、用选择工具改变线条属性、线条的端点设置和线条的接合等内容。

1. 线条工具

线条工具是绘制各种直线最常用的工具，它的使用非常广泛，下面首先绘制一条直线。

（1）单击"线条工具" ，移动鼠标指针到舞台上，这时鼠标指针变成了"十"字形状。按住鼠标左键并拖动到合适的位置松开鼠标左键，一条直线就画好了，如图 11-18 所示。

（2）选择线条工具后打开"属性"面板，在"填充和笔触"栏中可以设置线条的笔触颜色、笔触高度和笔触样式等，从而可以画出风格各异的线条，如图 11-19 所示。

图 11-18　绘制直线　　　　　　　　　　图 11-19　"属性"面板

（3）在"属性"面板中单击"笔触颜色"按钮▅▅会弹出一个调色板，此时鼠标指针变成滴管状，用滴管直接拾取颜色或者在文本框中输入颜色的十六进制数值就可以完成线条颜色的设置，如图 11-20 所示。

（4）在"属性"面板中单击"笔触"右边的按钮并拖动，或者直接在文本框中输入数字，可以设置线条的笔触高度。

（5）在"属性"面板中单击"样式"右边的按钮会弹出一个下拉菜单，如图 11-21 所示，在其中可以选择线条的笔触样式。

图 11-20　笔触调色板　　　　　　　　　　图 11-21　设置笔触样式

专家点拨：在使用线条工具绘制直线时按住 Shift 键拖动可以将线条的角度限制为 45°的倍数，可以方便地画出水平、垂直等方向上的直线，并且便于绘制线条间成直角关系的图形，按住 Alt 键拖动可以从拖动点中心向两边绘制直线。

2. 自定义笔触样式

选择"线条工具"，在"属性"面板中单击"样式"右边的"编辑笔触样式"按钮▱打开"笔触样式"对话框，在其中根据需要进行相应的设置，如图 11-22 所示。设置完成后单击"确定"按钮，然后在舞台上拖动即可绘制自定义笔触样式的线条。图 11-23 所示就是绘制的各种样式的线条。

图 11-22 "笔触样式"对话框

图 11-23 各种样式的线条

专家点拨：对于初学者来说，在"笔触样式"对话框中多尝试改变线条的各项参数对各种线条的理解和绘图能力的提高会有很大帮助。

3. 快速套用线条属性

使用"滴管工具" ![滴管工具]和"墨水瓶工具" ![墨水瓶工具]可以很快地将任意线条的属性套用到其他的线条上，具体操作步骤如下。

（1）用"滴管工具"单击要套用属性的线条，查看"属性"面板，它显示的就是该线条的属性，此时所选工具自动变成了"墨水瓶工具"。

（2）使用"墨水瓶工具"单击其他线条，可以看到被单击线条的属性变成了第一个线条的属性，如图 11-24 所示。

图 11-24 快速套用线条属性

4. 改变线条形状

"选择工具" ![选择工具]主要用于选择对象、移动对象和改变对象的轮廓，如果需要更改线条的方向和长短可以用"选择工具"来实现。

（1）更改线条的方向和长短。在绘图工具箱中选择"选择工具"，然后移动鼠标指针到线条的端点处，当鼠标指针右下角出现直角标志后拖动鼠标即可改变线条的方向和长短，如图 11-25 所示。

（2）更改线条的轮廓。将鼠标指针移动到线条上，当鼠标指针右下角出现弧线标志后拖动鼠标即可改变线条的轮廓，可以使直线变成各种形状的弧线，如图 11-26 所示。

Flash 动画制作基础

图 11-25　改变线条的方向和长短　　　　　　图 11-26　改变线条为弧线

5. 线条的端点和接合

在"属性"面板中还可以设置线条的端点和接合，如图 11-27 所示，这样可以绘制出更加丰富的线条类型。

图 11-27　设置线条的端点和接合

11.3.2　绘制简单图形

利用矩形工具组、椭圆工具组中的工具和多角星形工具可以绘制一些简单图形。矩形工具组中包括矩形工具和基本矩形工具，椭圆工具组中包括椭圆工具和基本椭圆工具。

1. 矩形工具组

1）矩形工具

使用矩形工具可以绘制矩形、圆角矩形、正方形这些基本图形。在绘图工具箱中选择"矩形工具" ▢，展开"属性"面板，在其中可以设置矩形的笔触颜色、笔触高度、笔触样式、填充颜色、边角半径等属性，如图 11-28 所示。

图 11-28　设置矩形的属性

"填充和笔触"栏中各个选项的含义和线条工具"属性"面板中的相同，这里不再赘述。"矩形选项"栏中各个选项的含义如下。

- "矩形边角半径"文本框：共包括 4 个文本框，用于指定矩形的角半径。用户可以在框中输入半径的数值，或单击滑块相应地调整半径的大小。如果输入负值，则创建的是反半径。用户还可以取消选中锁定角半径的图标，然后分别调整每个角半径。
- "重置"按钮：单击这个按钮可以将矩形边角半径重置为 0。

根据需要将矩形工具的属性设置完成，然后在舞台上拖动鼠标即可绘制出矩形，绘制的各种矩形如图 11-29 所示。

专家点拨：在绘制矩形时如果按住 Shift 键拖动鼠标，那么可以绘制出正方形。

图 11-29　各种矩形

如果想精确地绘制矩形，可以在选择"矩形工具"后按住 Alt 键在舞台上单击，此时会弹出"矩形设置"对话框，如图 11-30 所示，在其中可以以像素为单位精确地设置矩形的宽、高和边角半径的数值。

在默认情况下用矩形工具绘制的是形状，用"选择工具"可以对矩形进行选择。单击矩形的某个边框可以选中这个边框；双击矩形的任意一个边框可以选中全部矩形边框；单击矩形填充可以选中填充形状；双击填充可以选中整个矩形（包括整个边框和填充）。

2）基本矩形工具

利用基本矩形工具绘制出来的是一种叫"图元"的对象，这种对象不同于一般的形状。在绘图工具箱中选择"基本矩形工具" ▣，在舞台上拖动鼠标即可绘制出"图元"矩形。用"选择工具"单击"图元"矩形会出现一个矩形线框，上面有 8 个控制点，拖动控制点可以改变矩形的边角半径。另外，在"属性"面板中可以对"图元"矩形的各种属性进行重新设置，这样可以得到各种各样的图形，如图 11-31 所示。

图 11-30　"矩形设置"对话框

图 11-31　用基本矩形工具绘制的各种"图元"图形

专家点拨：在用基本矩形工具绘制图元矩形时要想更改矩形的边角半径，可按向上箭头键或向下箭头键，当圆角达到所需圆度时松开按键即可。

2. 椭圆工具组

1）椭圆工具

使用椭圆工具可以绘制椭圆、圆、扇形、圆环等基本图形。在绘图工具箱中选择"椭圆工具" ◯，展开"属性"面板，在其中可以设置椭圆的笔触颜色、笔触高度、笔触样式、填充颜色、开始角度、结束角度、内径等属性，如图 11-32 所示。

273

第
11
章

Flash 动画制作基础

"填充和笔触"栏中各个选项的含义和线条工具"属性"面板中的相同，这里不再赘述。"椭圆选项"栏中各个选项的含义如下。

图 11-32　设置椭圆的属性

- "开始角度"文本框和"结束角度"文本框：用于指定椭圆的开始点和结束点的角度。使用这两个控件可以轻松地将椭圆和圆形的形状修改为扇形、半圆形及其他有创意的形状。
- "内径"文本框：用于指定椭圆的内径（即内侧椭圆）。用户可以在该文本框中输入内径的数值，或单击滑块相应地调整内径的大小，允许输入的内径数值范围为 0～99，表示删除的椭圆填充的百分比。
- "闭合路径"复选框：用于指定椭圆的路径（如果指定了内径则有多个路径）是否闭合。如果指定了一条开放路径，但未对生成的形状应用任何填充，则仅绘制笔触。在默认情况下此复选框处于选中状态。
- "重置"按钮：将重置"开始角度""结束角度"和"内径"的值为 0。

根据需要将椭圆工具的属性设置完成，然后在舞台上拖动鼠标即可绘制出需要的图形，绘制的各种图形如图 11-33 所示。

专家点拨：在绘制椭圆时如果按住 Shift 键拖动鼠标就可以绘制出圆形。

如果想精确地绘制椭圆，可以在选择"椭圆工具"后按住 Alt 键在舞台上单击，此时会弹出"椭圆设置"对话框，如图 11-34 所示，在其中可以以像素为单位精确地设置椭圆的宽、高数值。

图 11-33　用椭圆工具绘制的各种图形

图 11-34　"椭圆设置"对话框

专家点拨：在默认情况下用椭圆工具绘制的也是形状。在用"选择工具"选择用椭圆工具绘制的图形时情况与选择矩形一样，这里不再赘述。

2）基本椭圆工具

使用"基本椭圆工具"可以绘制出和用"椭圆工具"绘制的一样的图形，包括椭圆、圆、圆弧、圆环等，但是用基本椭圆工具绘制的不是形状，而是"图元"对象。在绘图工具箱中选择"基本椭圆工具" ，在舞台上拖动鼠标即可绘制出"图元"椭圆。用"选择工具"单击"图元"椭圆会出现一个矩形线框，上面有两个控制点，拖动控制点可以改变椭圆的开始角度、结束角度、内径等属性，这样可以得到各种各样的图形，如图 11-35 所示。另外，在"属性"面板中可以对选中的"图元"椭圆的各种属性进行重新设置。

图 11-35　用基本椭圆工具绘制的各种"图元"图形

3. 多角星形工具

"多角星形工具"是一个复合工具，利用它可以绘制规则的多边形和星形。在绘图工具箱中选择"多角星形工具" ⬡，展开"属性"面板，在其中可以设置多边形或星形的笔触颜色、笔触高度、笔触样式、填充颜色等属性，如图 11-36 所示。

图 11-36　设置多边形的属性

单击"属性"面板中的"选项"按钮，弹出"工具设置"对话框，如图 11-37 所示。用户通过"样式"下拉列表可以设置为"多边形"或"星形"，"边数"能输入一个 3～33 的数字。根据需要设置为多边形，然后在舞台上拖动鼠标即可绘制出多边形，绘制的各种多边形如图 11-38 所示。

图 11-37　"工具设置"对话框

图 11-38　各种多边形

Flash 动画制作基础

当选择"样式"为"星形"时，"星形顶点大小"决定了顶点的深度，取值范围为 0～1，数字越接近 0 创建的顶点越细小。设置完成后同样可以绘制出各种星形，如图 11-39 所示。

图 11-39　各种星形

专家点拨：在绘制多边形时星形顶点的大小不影响绘制的形状，应保持数值不变。

11.3.3　设计图形色彩

丰富的色彩是构建动画必不可少的元素，在设计图形色彩时主要使用墨水瓶工具、颜料桶工具、渐变变形工具和"颜色"面板进行操作。

1. 颜料桶工具

使用"颜料桶工具"可以用纯色、渐变色和位图对闭合的轮廓进行填充。在绘图工具箱中选择"颜料桶工具" <img>，展开"属性"面板，在其中可以设置填充颜色属性。另外，在选择"颜料桶工具"后绘图工具箱下方的选项栏里出现了"颜料桶工具"的两个属性设置按钮——"空隙大小"按钮 <img> 和"锁定填充"按钮 <img>。

- "空隙大小"按钮：单击这个按钮打开下拉列表，如图 11-40 所示，其中包括"不封闭空隙""封闭小空隙""封闭中等空隙"和"封闭大空隙"4 个填充时闭合空隙大小的选项。如果要填充颜色的轮廓有一定的空隙，那么可以在这个"空隙大小"下

图 11-40　"空隙大小"下拉列表

拉列表中选择一个合适的选项，以完成颜色的填充。但是有时候因为轮廓的缝隙太大，所以选择"封闭大空隙"选项也不能完成轮廓的颜色填充。
- "锁定填充"按钮：选中它可以对舞台上的图形进行相同颜色的填充。一般情况下，在进行渐变色填充时这个选项十分有用。

专家点拨：使用颜料桶工具为图形填充渐变色时单击可以确定新的渐变起始点，然后向另一方向拖动可以快速更改渐变填充效果。

2. "颜色"面板

使用"颜色"面板可以方便地对线条和形状的填充颜色进行创建编辑。在默认情况下，"颜色"面板停驻在面板区，双击面板的标题栏能折叠或打开该面板。如果面板区中没有"颜色"面板，可以选择"窗口"|"颜色"命令或按 Shift+F9 组合键将其打开，如图 11-41 所示。

图 11-41 "颜色"面板

- "笔触颜色"按钮：单击 ![](按钮切换到笔触颜色，单击后面的色块按钮弹出调色板，在其中可以设置图形的笔触颜色。
- "填充颜色"按钮：单击 ![](按钮切换到填充颜色，单击后面的色块按钮弹出调色板，在其中可以设置图形的填充颜色。
- 控制按钮：共包括 3 个按钮，即"黑白"按钮"没有颜色"按钮和"交换颜色"按钮。单击"黑白"按钮可以设置"笔触颜色"为黑色、"填充颜色"为白色；单击"没有颜色"按钮可以设置"笔触颜色"为无色或者"填充颜色"为无色；单击"交换颜色"按钮可以让"笔触颜色"和"填充颜色"的设置颜色互相交换。
- "类型"列表框：在这个列表框中可以选择填充的类型，其包括纯色、线性渐变、径向渐变和位图填充 4 种填充类型。
- "HSB 模式"颜色设置：可以分别设置颜色的色相、饱和度和亮度。
- "RGB 模式"颜色设置：可以用 RGB 模式分别设置红、绿和蓝的颜色值。在相应的文本框中可以直接输入颜色值进行颜色设置。
- 颜色空间：单击鼠标可以选择颜色。
- 颜色控件：在 HSB 模式或者 RGB 模式中选中某个单选按钮后，这个颜色控件会随之发生变化，用鼠标可以操作这个颜色控件从而改变颜色设置。
- "Alpha"文本框：设置颜色的透明度，范围为 0%~100%，0%为完全透明，100%为完全不透明。
- "颜色代码"文本框：在这个文本框中显示以"#"开头的十六进制模式的颜色代码，可以直接在这个文本框中输入颜色值。
- 颜色设置条：当用户选择填充类型为纯色时这里显示所设置的纯色，当用户选择填充类型为渐变色时这里可以显示和编辑渐变色。

3. 渐变填充

渐变填充有两种，即线性渐变和径向渐变，它们都可以在"颜色"面板中进行设置。

1）线性渐变

"线性渐变"用来创建从起点到终点沿直线变化的颜色渐变，展开"颜色"面板，在填充类型中选择"线性"填充，如图11-42所示。

"流"用来控制超出渐变范围的颜色布局模式，它有扩展颜色（默认模式）、反射颜色和重复颜色3种模式。"扩展颜色"是指把纯色应用到渐变范围外；"反射颜色"是指将线性渐变色反向应用到渐变范围外；"重复颜色"是指把线性渐变色重复应用到渐变范围外。图11-43所示为3种模式的区别。

在默认情况下，"颜色"面板下方的颜色设置条上有两个渐变色块，左边的表示渐变的起始色，右边的表示渐变的终止色，如图11-44所示。单击颜色设置条或颜色设置条的下方可以添加渐变色块。Flash最多可以添加15个渐变色块，从而创建多达15种颜色的渐变效果。

下面通过实际操作介绍一下线性渐变填充的应用。

（1）选择"矩形工具"，展开"颜色"面板，单击"类型"后面的小三角按钮，弹出下拉列表，在其中选择"线性渐变"。

图11-42　设置线性渐变

扩展颜色　　　　　反射颜色　　　　　重复颜色

图11-43　"流"选项的不同效果

（2）双击颜色设置条左边的色块，在弹出的调色板中选择蓝色，然后单击右边的色块，在弹出的调色板中选择黄色。

（3）单击颜色设置条的中间区域增加一个渐变色块，设置这个色块的颜色为绿色，如图11-45所示。

图11-44　线性渐变　　　　　　　　　图11-45　设置渐变色

（4）在舞台上拖动鼠标绘制一个矩形，沿直线进行线性渐变的图形就绘制完成了，如图 11-46 所示。

图 11-46　绘制线性渐变填充的矩形

2）径向渐变

使用"径向渐变"可以创建一个从中心焦点出发沿环形轨道混合的渐变。展开"颜色"面板，在"类型"下拉列表中选择"径向渐变"选项，如图 11-47 所示。选择不同的"流"选项，效果如图 11-48 所示。

在径向渐变的颜色设置条上默认有两个渐变色块，左边的色块表示渐变中心的颜色，右边的色块表示渐变的边缘色。下面通过实际操作介绍一下径向渐变填充的应用。

（1）选择"椭圆工具"，打开"颜色"面板，单击"类型"后面的下三角按钮，弹出下拉列表，在其中选择"径向渐变"选项。

（2）单击颜色设置条左边的色块，在弹出的调色板中选择蓝色，然后用同样的方法设置右边色块的颜色为黑色，如图 11-49 所示。

图 11-47　选择"径向渐变"

扩展颜色　　　　　　反射颜色　　　　　　重复颜色

图 11-48　"流"选项的不同效果

（3）按住 Shift 键拖动鼠标在舞台上绘制一个圆，则径向渐变的图形就绘制完成了，如图 11-50 所示。

专家点拨：在"颜色"面板中设置好径向渐变填充色后，在绘制图形时默认的径向渐变色的中心点在图形中心。如果使用"颜料桶工具"给图形填充颜色，那么单击图形的任意位置就会将径向渐变色的中心点改变到该位置。

图 11-49　设置渐变色

图 11-50　绘制径向渐变填充的圆形

4. 渐变变形工具

选择"渐变变形工具"，通过调整填充颜色的大小、方向或者中心可以使渐变填充或位图填充变形。在绘图工具箱中单击"任意变形工具"，在下拉列表中选择"渐变变形工具" 📷，单击舞台上绘制好的线性渐变图形，则线性渐变上面出现两条竖向平行的直线，其中一条上有方形和圆形的手柄，如图 11-51 所示。

平行线代表渐变的范围，拖动中心圆点手柄可以改变渐变的位置，拖动方形手柄可以改变渐变的范围大小，拖动圆形手柄可以旋转渐变色的方向。图 11-52 所示为拖动不同手柄时的效果图。

图 11-51　使用渐变变形工具

图 11-52　拖动手柄

在绘制好径向渐变的图形后选择"渐变变形工具" 📷，单击径向渐变的图形，出现一个带有若干编辑手柄的环形边框，如图 11-53 所示。

图 11-53　径向渐变填充变形手柄

边框中心的小圆圈是填充色的"中心点"，边框中心的小三角是"焦点"。在边框上有 3 个编辑手柄，分别是大小、旋转和宽度手柄，当将鼠标指针移动到手柄上时指针的形状会发生变化。

- 中心点手柄可以更改渐变的中心点,将鼠标指针移到它上面会变成一个四向箭头。
- 焦点手柄可以改变径向渐变的焦点,将鼠标指针移到它上面会变成倒三角形。
- 大小手柄可以调整渐变的大小,将鼠标指针移到它上面会变成内部有一个箭头的圆。
- 旋转手柄可以调整渐变的旋转,将鼠标指针移到它上面会变成 4 个圆形箭头。
- 宽度手柄可以调整渐变的宽度,将鼠标指针移到它上面会变成一个双头箭头。

尝试拖动不同的手柄,效果如图 11-54 所示。

图 11-54 更改后的径向渐变

11.3.4 绘制复杂图形

前面运用线条、矩形、椭圆等工具绘制了比较规则的形状,如果要绘制比较复杂的不规则图形,就要用到功能强大的钢笔、铅笔、刷子、喷涂刷、Deco 等绘图工具,以及部分选取工具和橡皮擦工具等辅助工具。

1. 钢笔工具

在 Flash CS6 中,钢笔工具组中包括钢笔工具、添加锚点工具、删除锚点工具和转换锚点工具 4 种工具,钢笔工具用来绘制任意直线、折线或曲线。选择"钢笔工具",展开"属性"面板,可以设置其笔触颜色、笔触样式等,如图 11-55 所示。

图 11-55 钢笔工具的属性设置

1)用钢笔工具绘制直线

在舞台上单击鼠标会出现一个小圆圈,它就是锚点。移动鼠标指针到另一位置单击会出现一个新锚点,两个圆点之间出现一条直线路径,不断地拖动鼠标指针单击就能绘制出非常复杂的直线路径。如果要结束开放路径的绘制,双击最后一个点即可。如果要闭合路径,将"钢笔工具"放到第一个锚点上,如果定位准确,就会在靠近钢笔尖的地方出现一个小圆圈。单击或拖动可以闭合路径。使用"选择工具"能看到绘制的路径是线条。绘制过程如图 11-56 所示。

专家点拨:锚点是钢笔工具绘制路径的构造点,它决定了线条的方向、形状和大小。

Flash 动画制作基础

图 11-56　绘制的直线路径

2）添加和删除锚点

选择绘图工具箱中的"添加锚点工具" ，鼠标指针变为带"+"号的钢笔尖，单击需要添加锚点的位置就可以增加一个锚点，如图 11-57 所示。

选择绘图工具箱中的"删除锚点工具" ，鼠标指针变为带"−"号的钢笔尖，单击锚点可以删除锚点，如图 11-58 所示。

图 11-57　添加锚点

图 11-58　删除锚点

3）用钢笔工具绘制曲线

使用钢笔工具还可以绘制平滑的曲线，下面实际操作一下。

（1）选择绘图工具箱中的"钢笔工具"，在舞台上单击创建第一个锚点。

（2）将鼠标指针移动到新位置，向右拖动，直线路径变成了曲线。

（3）松开鼠标左键，到新位置继续创建曲线，绘制过程如图 11-59 所示。

图 11-59　使用钢笔工具绘制曲线

专家点拨：在使用"钢笔工具"绘制曲线时以锚点为中心生成的线段叫切线手柄，拖动该手柄可以调整曲线的方向和形状。另外，在用"钢笔工具"绘制曲线时要尽量用更少的锚点来完成曲线的绘制，因为太多的锚点会影响系统显示曲线的速度并且不利于对曲线的编辑。

4）调整路径上的锚点

在使用钢笔工具绘制曲线时会创建曲线点，即连续的弯曲路径上的锚点。在绘制直线段或连接到曲线段的直线时会创建转角点，即在直线路径上或直线和曲线路径接合处的锚点。在默认情况下选定的曲线点显示为空心圆圈，选定的转角点显示为空心正方形。

若要将线条中的线段从直线段转换为曲线段或者从曲线段转换为直线段，请将转角点转换为曲线点或者将曲线点转换为转角点。

（1）用"钢笔工具"在舞台上绘制一条由直线段构成的折线。

（2）选择绘图工具箱中的"转换锚点工具" ，将鼠标指针移动到最下边的锚点上。

（3）在锚点位置拖动将方向点拖出，这样就将折线变成了曲线，如图 11-60 所示。

图 11-60　将折线变成曲线

（4）这时还可以使用"转换锚点工具"自由地改变曲线的曲率、大小等。

（5）如果想把曲线变成原来的折线，只需用"转换锚点工具"在曲线锚点上单击即可。

专家点拨：钢笔工具可以胜任复杂图形的绘制，虽然初学者在短时间内很难掌握其使用要领，但只要多加练习一定会熟能生巧，随心所欲地绘制出任意图形。

2. 部分选取工具

使用"部分选取工具"可以精细地调整线条的形状。选择绘图工具箱中的"部分选取工具" ，然后选择图形中的曲线，线条上会出现一个个锚点。

拖动锚点可以改变锚点的位置，在锚点上拖动切线手柄可以改变曲线的形状。图 11-61 所示为调整形状的过程。

图 11-61　使用部分选取工具调整形状

选择绘制的折线，拖动锚点可以改变形状。按住 Alt 键拖动锚点会出现切线手柄，这时可以拖动手柄自由地改变折线的形状，调整过程如图 11-62 所示。

图 11-62　改变折线的形状

3. 铅笔工具

"铅笔工具"用来自由地手绘线条，单击绘图工具箱中的"铅笔工具" ，在"属性"面板中可以定义线条颜色、粗细、样式和平滑度等。其中"平滑"选项表示绘制线条时的平滑程度，平滑值越大形状越平滑。

选择"铅笔工具"，在绘图工具箱的选项栏中可以定义绘制线条的模式，包括伸直、

Flash 动画制作基础

平滑和墨水，如图 11-63 所示。

- "伸直"模式：把绘制的线条自动转换成接近形状的直线。
- "平滑"模式：把绘制的线条转换为接近形状的平滑曲线。
- "墨水"模式：不进行修饰，完全保持鼠标轨迹的形状。

图 11-64 所示为用不同铅笔模式绘制的山峰。

图 11-63 "铅笔工具"选项　　　　　图 11-64 用不同铅笔模式绘制的山峰

4. 刷子工具

使用"刷子工具"可以随意地涂画出色块区域。选择"刷子工具" ，展开"属性"面板，可以在其中设置绘制色彩和平滑值，平滑值越大形状越平滑。

选择"刷子工具"，在绘图工具箱的选项栏中可以设置刷子的大小和样式，如图 11-65所示，左图为刷子大小，右图为刷子的样式。

图 11-65 刷子工具的大小和样式

专家点拨：选择"刷子工具"，在绘图工具箱下方单击"锁定填充"按钮 可以启动刷子工具的锁定功能，此时刷子工具绘制的所有颜色将被视为同一区域。

选择"刷子工具"，单击绘图工具箱下方的"刷子模式"按钮 ，弹出刷子填充模式下拉菜单，在其中可以选择"标准绘画""颜料填充""后面绘画""颜料选择"或"内部绘画"填充模式。

- 标准绘画：不论是线条还是填色范围，只要是画笔经过的地方都被上色。
- 颜料填充：只改变填色范围，不会遮盖住线条。
- 后面绘画：绘制在图像后方，不会影响前景图像。
- 颜料选择：对选择的区域涂色。

- 内部绘画：在绘画时画笔的起点必须在轮廓线以内，而且画笔的范围只能作用在轮廓线以内。

图 11-66 所示为在不同模式下用刷子工具在草莓形状上绘制的效果。

图 11-66　用 5 种模式绘制的效果

专家点拨： 使用"刷子工具"能够获得毛笔上彩的效果，该工具常用于绘制对象或为对象填充颜色。使用"刷子工具"绘制的图形属于面，而非线，因此绘制的图形没有外轮廓线。

5. 橡皮擦工具

使用"橡皮擦工具"可以像使用橡皮一样擦去不需要的图形。选择绘图工具箱中的"橡皮擦工具" ![icon]，在工具箱下方的选项栏中单击"橡皮擦形状"按钮，可以设置橡皮擦的大小和形状。单击"橡皮擦模式"按钮 ![icon]，在弹出的菜单中有以下 5 个选项。

- 标准擦除：移动鼠标擦除同一层上的笔触色和填充色。
- 擦除填色：只擦除填充色，不影响笔触色。
- 擦除线条：只擦除笔触色，不影响填充色。
- 擦除所选填充：只擦除当前选定的填充色，不影响笔触色，不管此时笔触色是否被选中。注意，在使用此模式之前需先选择要擦除的填充色。
- 内部擦除：只擦除橡皮擦笔触开始处的填充色。如果从空白点开始擦除，则不会擦除任何内容。在一般情况下，以这种模式使用橡皮擦并不影响笔触色。

在"橡皮擦工具"的选项中选择"水龙头" ![icon]模式，单击需要擦除的填充区域或笔触段可以快速将其删除。

图 11-67 所示为在不同模式下用橡皮擦工具在草莓形状上擦除的效果。

图 11-67　用 5 种模式擦除的效果

专家点拨： 双击橡皮擦工具可以删除舞台上的全部内容。

Flash 动画制作基础

6. 喷涂刷工具

喷涂刷工具类似于一个粒子喷射器，使用它可以将图案喷涂在舞台上。在默认情况下，该工具将使用当前选定的填充颜色来喷射粒子点。同时，该工具也可以将按钮元件、影片剪辑元件和图形元件作为笔刷效果进行喷涂。下面以使用外部图形作为喷涂粒子为例来介绍喷涂刷工具的使用方法。

（1）启动 Flash CS6 并创建一个空白文档，选择"文件"|"导入"|"导入到库"命令打开"导入到库"对话框，在其中选择作为喷涂粒子的图片文件"烟花.wmf"，如图 11-68 所示。然后单击"打开"按钮将选择的文件导入到库中。

图 11-68 "导入到库"对话框

（2）在绘图工具箱中选择"喷涂刷工具" ，在"属性"面板中单击"编辑"按钮打开"选择元件"对话框，在其中的列表中选择作为粒子的元件后单击"确定"按钮，如图 11-69 所示。

图 11-69 "选择元件"对话框

（3）在"属性"面板中对"喷涂刷工具"进行进一步的设置，完成设置后在舞台上单击或拖动鼠标即可将选择的图案喷涂在舞台上，如图 11-70 所示。

图 11-70　设置工具并喷涂图案

下面介绍"喷涂刷工具"的"属性"面板中各设置项的含义。

- 缩放宽度：此设置项只在将元件作为粒子时可用，其用于设置作为喷涂粒子的元件的宽度的缩放比例。其值小于 100%将元件的宽度缩小，大于 100%增大元件的宽度。
- 缩放高度：此设置项只在将元件作为粒子时可用，其用于设置作为喷涂粒子的元件的宽度的缩放比例。其值小于 100%将元件的宽度缩小，大于 100%增大元件的宽度。
- "随机缩放"复选框：用于指定按随机缩放比例将基于元件的粒子放置到舞台上并改变每个粒子的大小。
- "旋转元件"复选框：此复选框只在将元件作为粒子使用时可用。选中该复选框，在喷涂时将围绕单击点旋转喷涂粒子。
- "随机旋转"复选框：此复选框只在将元件作为粒子使用时可用。选中该复选框，在喷涂时喷涂粒子将按随机旋转角度放置到舞台上。
- 宽度和高度：用于设置整个粒子群的宽度和高度。
- 画笔角度：用于设置整个粒子群的顺时针旋转角度。

7. Deco 工具

Deco 工具是一个装饰性绘画工具，用于创建复杂的几何图案或高级动画效果。该工具提供了"藤蔓式填充""网格填充"和"对称刷子"等多种模式，并内置了默认的图案供用户选择使用。同时，用户也可以使用图形形状或对象来创建更为复杂的图案，并轻松获得动画效果。

下面对 3 个典型的效果进行介绍。

1）藤蔓式填充

在绘图工具箱中选择"Deco 工具" ，其默认的填充方式为"藤蔓式

Flash 动画制作基础

填充"，利用这种方式可以将图案以"藤蔓式填充"模式填满舞台，如图 11-71 所示。

图 11-71　以"藤蔓式填充"模式填充舞台

2）网格填充

对于网格填充，可以使用矩形色块或库中的元件填充舞台、封闭区域或另一个元件。在使用网格填充绘制舞台后如果移动填充元件或调整其大小，网格填充也将随之变化。使用网格填充方式能够方便地制作棋盘图案、平铺图案或用自定义图案填充某个区域，如图 11-72 所示。

图 11-72　以"网格填充"模式填充舞台

3）对称刷子

使用"对称刷子"模式可以创建围绕中心点对称排列的元素。用户可以在该模式下创建圆形元素（如钟表或仪表刻度盘）等，也可创建各种漩涡图案，如图 11-73 所示。

拖动该点旋转图案

拖动该点移动图案

拖动该点增减元件数

图 11-73   以"对称刷子"模式填充舞台

11.3.5   图形的变形

对于绘制好的图形对象经常需要进行变形操作，如缩放大小、扭曲形状等，这时就要用到"变形"面板和任意变形工具。

1. "变形"面板

使用"变形"面板可以对选定对象执行缩放、旋转、倾斜和创建副本的操作，如图 11-74 所示。

"变形"面板中各选项的含义如下。

- 缩放：可以在相应的文本框中输入"垂直"和"水平"缩放的百分比值，当"约束"按钮处于 🔗 状态时可以使对象按原来的宽高比例进行缩放，当"约束"按钮处于 状态时对象可以不按照原来的宽高比例进行缩放。

- 旋转：在相应的文本框中输入旋转角度，可以使对象旋转。

- 倾斜：在相应的文本框中输入"水平"和"垂直"角度，可以倾斜对象。

- "重置选区和变形"按钮 ：可以复制出新对象并且执行变形操作。

- "取消变形"按钮 ：用来恢复上一步的变形操作。

图 11-74   "变形"面板

专家点拨：在"变形"面板中还包括 3D 旋转和 3D 中心点两个选项栏，当选中应用了 3D 的对象时，利用这两个选项栏可以改变 3D 旋转的角度和 3D 平移的中心点。

Flash 动画制作基础

2. 任意变形工具

任意变形工具用来对绘制的对象进行缩放、扭曲和旋转等变形操作。选择"任意变形工具" 📐，单击绘制好的图形，在图形上出现了变形控制框，如图 11-75 所示。

把鼠标指针移动到不同位置时鼠标指针的形状会发生变化，从而代表变形的不同操作，具体如下。

图 11-75 变形控制框

- 斜向箭头 ↖：鼠标指针位于 4 个角时的形状，拖动可以缩放图形。
- 水平或垂直平行反向箭头 ⇕：鼠标指针位于水平或垂直框线上时的形状，拖动可以倾斜图形。
- 水平或垂直箭头 ↕：鼠标指针位于框线控制点上时的形状，拖动可以水平或垂直缩放图形。
- 圆弧箭头 ↻：鼠标指针位于 4 个角外部时的形状，拖动可以旋转图形。

专家点拨：在使用"任意变形工具"调整对象大小时按住 Alt 键能够使对象以中心点为基准缩小或放大，按住 Shift 键能够使对象按照原来的长宽比缩小或放大，按住 Alt+Shift 组合键可以使对象按照原来的长宽比以中心点为基准缩小或放大。

在选择"任意变形工具"后，在绘图工具箱的下方选项栏中有 4 个按钮，分别是"旋转与倾斜""缩放""扭曲"和"封套"。

1）"旋转与倾斜"按钮

选中该按钮可以对图形进行旋转和倾斜操作。选择"任意变形工具"，单击选项栏中的"旋转与倾斜"按钮 ↻，旋转以图形中心的小圆圈为轴进行。拖动中心点将其移动到图形的左下角，将鼠标指针放到变形框的任意角上，当鼠标指针变成圆弧状时拖动鼠标图形就发生了旋转，操作过程如图 11-76 所示。

图 11-76 旋转图形

将鼠标指针放在变形框上，当鼠标指针变成平行反向的箭头形状时拖动鼠标可以倾斜对象，如图 11-77 所示。

图 11-77 倾斜对象

2）"缩放"按钮

选中该按钮可以对图形进行缩放操作。选择"任意变形工具"，单击选项栏中的"缩放"按钮，将鼠标指针放到变形框的任意一个调整手柄上，当鼠标指针变成双向箭头形状时拖动鼠标就可以任意缩放图形，如图 11-78 所示。

3）"扭曲"按钮

选中该按钮可以对形状进行扭曲操作。选择"任意变形工具"，单击选项栏中的"扭曲"按钮，将鼠标指针放到变形框的任意一个调整手柄上，当鼠标指针变成三角形状时拖动鼠标就可以任意扭曲图形，如图 11-79 所示。按住 Shift 键拖动转角点可以同步扭曲该对象，如图 11-80 所示。

图 11-78　缩放图形

图 11-79　扭曲形状　　　　　图 11-80　同步扭曲

4）"封套"按钮

选中该按钮可以在图形封套后任意改变其形状。选择"任意变形工具"，单击选项栏中的"封套"按钮，拖动锚点和切线手柄修改封套，操作过程如图 11-81 所示。

图 11-81　修改封套

专家点拨：可以使用"扭曲"和"封套"按钮的对象有 3 种，一是形状；二是利用铅笔工具、钢笔工具、线条工具和刷子工具绘制的对象；三是打散后的文字。图元、群组、元件、位图、视频对象、文本和声音不能使用"扭曲"和"封套"按钮。

11.3.6　绘制模式

在 Flash CS6 中绘制图形时可以选择"合并绘制"模式、"对象绘制"模式或"图元对象绘制"模式，在不同绘制模式下绘制出的图形有不同的特性，本小节将介绍这 3 种绘制模式的实现方法和绘制技巧。

1."合并绘制"模式

1）认识形状

形状是在"合并绘制"模式下创建的图形对象，它是绘图的默认模式，在这种模式下绘制的形状会发生合并现象。

选择"多角星形工具"，确认绘图工具箱下方的"对象绘制"按钮 ◎ 处于弹起状态，在舞台上绘制一个笔触颜色为无、填充颜色为红色的星形，然后用"选择工具"单击选择星形，这时星形布满网格点，在"属性"面板中的显示对象就是"形状"，如图 11-82 所示。

专家点拨：在"合并绘制"模式下，除了"基本矩形工具"和"基本椭圆工具"外，用其他绘制工具绘制的图形都是形状。

2）形状的切割和融合

两个不同颜色的形状相互接触会发生切割现象，相同颜色的形状相互重合会发生融合现象，这是一个非常重要的绘图技巧。

选择"多角星形工具"，在红色星形上绘制一个填充色为蓝色的小星形。然后使用"选择工具"单击选中蓝色的小星形，把它拖动到旁边，蓝色的小星形就将红色的星形切割了，切割过程如图 11-83 所示。

图 11-82　选中星形　　　　图 11-83　切割形状

如果将蓝色星形换成红色，进行类似的操作，形状就会融合成整体，如图 11-84 所示。

图 11-84　形状融合

专家点拨：在"合并绘制"模式下线条与线条、线条和色块之间也能发生切割或融合现象。

3）将形状转换为组

为避免形状相互切割或融合，可以将形状转换为组（或称群组对象），下面通过实际操作进行介绍。

（1）在舞台上绘制一个笔触颜色为无、填充颜色为红色的星形，然后选中星形，选择"修改"|"组合"命令或按快捷键 Ctrl+G 组合对象。

（2）这时处在选中状态的星形上的网格点消失了，并且对象周围出现了蓝色的矩形框，在"属性"面板中显示出对象类型为"组"，如图 11-85 所示。

（3）在星形上绘制一个没有边框的蓝色小星形。

（4）此时蓝色的小星形被遮盖在下层，两个图形并没有出现切割或融合现象，仍然保持独立特性，效果如图 11-86 所示。

图 11-85　将图形转换为组　　　　　　　　图 11-86　组对象和形状没有切割

专家点拨："形状"和"组"是不会相互切割或者融合的，而且"组"对象要比"形状"对象的层次高。如果现在想让小星形出现在大星形的上面，可以将小星形也转换成"组"对象类型。

2. "对象绘制"模式

与"合并绘制"模式相对应的是"对象绘制"模式。在绘图工具箱中选择矩形工具、椭圆工具、多角星形工具、钢笔工具、铅笔工具或刷子工具，相应的选项栏中会出现"对象绘制"按钮，它用于在"合并绘制"模式与"对象绘制"模式之间切换。

1）绘制对象

使用"对象绘制"模式绘制出的图形叫"绘制对象"，它的笔触和填充都不是单独的元素，而是一个整体，所以在相互重叠时不会发生融合或切割。下面使用"对象绘制"模式绘制一个对象。

（1）选择"椭圆工具"，在绘图工具箱中单击"对象绘制"按钮 ⊙，在舞台上绘制一个正圆。

（2）展开"属性"面板，可以看到绘制的椭圆不再是形状，而是一个绘制对象，而且在选中状态下对象的周围会显示一个矩形框，如图 11-87 所示。

（3）任意改变一下笔触颜色和填充颜色，在蓝色椭圆上再绘制一个椭圆。

（4）将椭圆移走，绘制对象没有发生切割或融合，如图 11-88 所示。

专家点拨：使用绘图工具箱中支持"对象绘制"模式的绘图工具时，按 J 键可直接将

Flash 动画制作基础

绘图模式切换到"对象绘制"模式，当再次按下 J 键时可将绘图模式切换回"合并绘图"模式。

图 11-87　绘制对象

图 11-88　不发生切割

2）绘制对象的切割和组合

绘制对象也能完成切割和组合，Flash 提供了一组"合并对象"命令，包括联合、交集、打孔和裁切 4 种。接下来使用上面绘制的两个椭圆对象继续操作。

（1）同时选中这两个对象，如果选择"修改"|"合并对象"|"联合"命令，发现这两个图形对象合成一个整体。

（2）如果选择"修改"|"合并对象"|"交集"命令，发现交集就是保留两图形之间重叠的地方。

（3）如果选择"修改"|"合并对象"|"打孔"命令，发现打孔就是用上层的对象切割下层对象。

（4）如果选择"修改"|"合并对象"|"裁切"命令，发现裁切就是把上层遮盖下层对象的部分裁切出来，如图 11-89 所示。

联合　　　　　　交集　　　　　　打孔　　　　　　裁切

图 11-89　合并对象

3．"图元对象绘制"模式

"图元对象绘制"模式的实质是"对象绘制"模式的高级应用，它在"对象绘制"模式的基础上增加了对图形的自由调整和控制手柄，可以更方便地调整图形。在 Flash CS6 中只有用基本矩形工具和基本椭圆工具绘制对象时采用这种模式，使用这种模式绘制出的对象就是图元对象。下面具体操作一下。

（1）选择"基本椭圆工具"，在舞台上绘制一个图形。

（2）使用"选择工具"拖动图形上的控制手柄可以自由地改变形状。

（3）双击图元对象，弹出"编辑对象"对话框，如图 11-90 所示。单击"确定"按钮回到主场景，在"属性"面板中提示图形已经改变为"绘制对象"。

图 11-90　"编辑对象"对话框

专家点拨: 在使用基本矩形工具和基本椭圆工具绘制图元对象时,无论选项栏上的"对象绘制"模式按钮是否处于按下状态都不影响绘制的效果。

11.4 位图和文字

位图资源极其丰富,而且表现力非常强,在制作网页动画时往往需要应用位图。另外,文字也是网页动画中不可或缺的元素。本节介绍位图和文字在 Flash 动画中的应用。

11.4.1 应用位图

使用位图必须先将它导入到当前 Flash 文档的舞台或当前文档的库中,Flash 提供了导入位图的相关命令,可以很方便地导入和使用位图。下面通过实际操作介绍一下导入位图的方法。

(1) 在新建的 Flash 影片文档中选择"文件"|"导入"|"导入到舞台"命令,弹出"导入"对话框,在文件夹下选择需要导入的图片文件(蝴蝶.jpg),如图 11-91 所示。

(2) 单击"打开"按钮,导入到文档中的图像会自动分布在舞台上,按 Delete 键将图像文件删除,此时图像文件仍然保存在"库"中。打开"库"面板可以看到导入的位图对象,如图 11-92 所示。

图 11-91 导入位图　　　　　　图 11-92 "库"面板中的位图

(3) 导入的位图在"库"面板中的名称是图像的文件名,它们的"类型"标识为"位图","库"面板中的位图对象可以随时拖放到舞台上使用。

专家点拨: 导入到 Flash 中的图形文件的幅面不能小于 2×2 像素。在"导入"对话框中,按住 Ctrl 键依次单击图像文件可同时选中要导入的多个图像文件,按住 Shift 键单击可同时选择两个文件之间的所有连续的图像文件。另外,用户还可以选择"文件"|"导入"|"导入到库"命令将外部图像直接导入到"库"面板中。

Flash 动画制作基础

（4）如果要导入的位图名称按数字顺序结尾，如 image001.jpg、image002.jpg、image003.jpg 等，就会出现导入文件序列的对话框。选择"文件"|"导入"|"导入到舞台"命令，弹出"导入"对话框，在相应的文件夹下选择所需要的图片文件（diannao1.png），单击"打开"按钮，出现是否导入文件序列的对话框，如图 11-93 所示。

图 11-93　是否导入文件序列

（5）单击"是"按钮导入所有的连续文件，这些图片各占用时间轴的 1 帧，如图 11-94 所示。如果单击"否"按钮，则只能导入指定的文件。

专家点拨：导入到 Flash 中的位图往往有背景，在使用时会造成很大的不便，也不利于作品整体风格的设计。在 Flash 中去除位图的背景时，对于大片相同或者相近色使用"魔术棒工具"能比较方便地去除。如果要去掉的背景比较复杂，可直接用"套索工具"或者在相应的选项中选择"多边形模式"，对需要去除背景的区域逐个进行选择后再删除。

图 11-94　导入文件序列

11.4.2　应用文字

在制作 Flash 动画时经常需要创建各种文本，除非特别需要，大部分情况只用到简单的文本操作，在 Flash CS6 中这样的文本被称为传统文本。另外，Flash CS6 所支持的 TLF 文本加强了对文本的控制，支持更丰富的文本布局功能和对文本属性的精细控制。

1. 输入文字

使用绘图工具箱中的"文本工具"可以直接输入文本，并且可以在"属性"面板中改变文字的字体、大小、颜色等属性，使用简单，设置方便。下面针对常用的传统文本进行实际操作。

（1）新建一个 Flash 文档，在绘图工具箱中选择"文本工具" T。

（2）展开"属性"面板，从"文本引擎"下拉列表框中选择"传统文本"，如图 11-95 所示。

专家点拨：这时可以看到"属性"面板的设置项有些改变，这些设置项都是用来设置文本的基本属性，包括字体、样式（粗体、斜体等）、字号大小、字符间距、颜色、对齐、字距、行距等。

图 11-95　选择"传统文本"

（3）在舞台上拖动鼠标指针出现文本框，该框的高度与设定的文字大小一致，长度由制作者决定，它的右上角出现了一个方形手柄，表明此时输入的是具有固定宽度的静态文本，如图 11-96 所示。

（4）此时光标开始闪烁，表示可以输入文字了，这里输入文字"固定宽度"，如图 11-97 所示。

图 11-96　固定宽度的文本框

图 11-97　输入文本

（5）接着输入文字"静态文本"，此时固定宽度的文本自动换行，如图 11-98 所示。

（6）将鼠标指针放在文本框右上角的方形手柄上拖动可以改变文本框的长度，让文本显示在一行内，如图 11-99 所示。

图 11-98　文本自动换行

图 11-99　拖动方形手柄

（7）接着在舞台空白处单击会出现一个右上角有圆形的文本输入框，它就是扩展的静态文本框。输入文字，文本框按照输入文本的长短自动延伸而不会换行，如图 11-100 所示。

（8）拖动固定宽度静态文本的方形手柄，它会变为扩展的静态文本，手柄变成了圆形；

Flash 动画制作基础

双击扩展的静态文本的圆形手柄，它会变为固定宽度的静态文本，手柄变成了方形，如图 11-101 所示。

图 11-100　可扩展的静态文本框　　　　　图 11-101　　扩展和固定宽度静态文本间的互换

专家点拨：除了可以用"文本工具"直接在文本框中输入文字外，用户还可以利用"复制"与"粘贴"命令将 Word 文档、网页或写字板中的文本复制到文本框中。

2. 文本属性设置

在"属性"面板中进行文本属性的设置，可以在选择"文本工具"后就在"属性"面板中进行设置，然后再输入文本，也可以在输入文本后用"选择工具"选中文本，然后在"属性"面板中进行设置。

下面对"文本属性"进行简要介绍。

（1）"文本类型"下拉列表框 静态文本 ：可以选择文本的类型，包括静态文本、动态文本、输入文本 3 种，默认为静态文本类型。

（2）"改变文字方向"下拉列表框 ：可以选择文字的方向，包括"水平""垂直"和"垂直，从左向右" 3 种，默认为"水平"。

（3）"系列"下拉列表框 系列：黑体 ：单击右侧的按钮将弹出下拉列表框，在其中可以选择字体系列。

（4）"样式"下拉列表框 样式：Regular ：可以为文本选择要应用的样式，包括 Regular（常规）、Italic（斜体）、Bold（粗体）、Bold Italic（粗斜体）。文本的样式和字体有关，有些字体仅包含 Regular 样式，那么"样式"下拉列表框就不可选。这时从菜单栏中选择"文本"|"样式"菜单下的"仿粗体"或"仿斜体"命令实现粗体或斜体，但是仿样式看起来可能不如包含真正粗体或斜体样式的字体好。

（5）"嵌入"按钮 嵌入... ：单击这个按钮可以打开"字体嵌入"对话框。在将含有文字的文档发布为 SWF 文档时并不能保证所有文字的字体在播放计算机上可用，如果不可用则出现在播放时文字的外观发生改变的情况，如果要保证 SWF 文档播放时文字效果不变，需要在文档中嵌入全部的字体或某个字体的特定字符集。

（6）"大小"文本框 大小：45.0点 ：用来设置文字的大小，可以直接单击后输入数字，也可以通过拖动设置字体大小。

（7）"字母间距"文本框 字母间距：0.0 ：直接输入数字或者拖动调整字符的距离。

（8）"颜色"按钮 颜色： ：单击弹出调色板，在其中可以设置文字的颜色。

（9）"自动调整字距"复选框 自动调整字距 ：选中后可以根据字体的大小自动调整字距，默认为选中状态。

（10）"消除锯齿"下拉列表框 消除锯齿：可读性消除锯齿 ：用来设置字体的呈现方法。其中包括 5 个选项，不同的选项对应不同的字体呈现方法。

- 使用设备字体：该选项将生成一个较小的 SWF 文件，因为它使用用户计算机上当前安装的字体来呈现文本。
- 位图文本（无消除锯齿）：该选项生成明显的文本边缘，没有进行高级消除锯齿。
- 动画消除锯齿：该选项生成可顺畅进行动画播放的消除锯齿文本。
- 可读性消除锯齿：该选项使用高级消除锯齿引擎。它提供了品质最高的文本，具有最易读的文本。
- 自定义消除锯齿：该选项与"可读性消除锯齿"选项相同，但是可以直观地操作高级消除锯齿参数，以生成特定外观。该选项在为新字体或不常见的字体生成最佳的外观时非常有用。

（11）切换上标和下标按钮 TᵀTᵢ：分别单击这两个按钮可以进行上标和下标格式的切换。

专家点拨：除了以上介绍的"字符"栏中各种文本属性的设置以外，在"属性"面板中还提供了"段落"栏、"选项"栏、"滤镜"栏等，通过它们可以对文本进行更多的属性设置。

3. 文本分离

丰富的字体能为动画增添色彩，但如果制作好的动画文档在没有安装该字体的计算机上运行，Flash 动画就不能正常显示文本，以至于带来不必要的麻烦。解决这个问题最好的办法就是分离文本，下面实际操作一下。

（1）新建一个 Flash 文档，保持文档属性的默认设置。

（2）选择"文本工具"，在"属性"面板中从"文本引擎"下拉列表框中选择"传统文本"，在"系列"下拉列表框中设置字体为"黑体"、大小为 39 点，字体颜色为蓝色，在舞台中输入文字"江山如此多娇"。

（3）选中文本，选择"修改"|"分离"命令或者按 Ctrl+B 组合键分离文本，文本被分离成单字。

（4）再次按 Ctrl+B 组合键分离文本，此时文本变成了以网点显示的形状，再也不能改变字体和字号。文本的分离过程如图 11-102 所示。

图 11-102　文本的分离过程

（5）使用"选择工具"拖动文字形状的笔画，使形状变形。

（6）单击绘图工具箱中的"填充颜色"按钮，在弹出的调色板中选择"彩虹"线性渐变色。

（7）框选分离后的所有文本形状，使用"颜料桶工具"单击图形应用填充色，变形及变色过程如图 11-103 所示。

Flash 动画制作基础

江山如此多娇　江山如此多娇

图 11-103　变形及变色过程

专家点拨：文本是不能直接应用填充效果的，把文本分离成形状后就可以使用填充效果，这也是分离文本的一个重要目的。

4. 文字滤镜

Flash CS6 的滤镜可以应用于文本、影片剪辑和按钮。为对象添加滤镜可以通过"属性"面板的"滤镜"栏进行添加和设置。在"滤镜"栏中可以对滤镜进行添加、复制、粘贴以及启用和禁用等操作，还可以对滤镜的参数进行修改。

Flash CS6 提供了投影、模糊、发光、斜角、渐变发光、渐变斜角和调整颜色 7 种滤镜特效。图 11-104 所示为添加各种类型的文字滤镜后的效果。

投影滤镜　模糊滤镜　发光滤镜　斜角滤镜
渐变发光滤镜　　渐变斜角滤镜

图 11-104　各种文字滤镜效果

5. TLF 文本的增强功能

在 Flash CS6 中默认的文本引擎是 TLF。TLF 文本与传统文本的操作基本相同，但是与传统文本相比，TLF 文本提供了下列增强功能。

1）增强的字符样式

TLF 文本提供了更多的字符样式，包括行距、连字、加亮颜色、下画线、删除线、大小写、数字格式等，使用"属性"面板的"字符"栏和"高级字符"栏可以设置字符样式，如图 11-105 所示。

图 11-105　"字符"栏和"高级字符"栏

2）增强的段落样式

TLF 文本提供了更多的段落样式，包括通过栏间距支持多行、末行对齐选项、边距、缩进、段落间距、容器填充值、标点挤压、避头尾法则类型和行距模型等，使用"属性"面板的"段落"栏、"高级段落"栏、"容器和流"栏可以设置段落样式，如图 11-106 所示。

图 11-106 "段落"栏、"高级段落"栏、"容器和流"栏

3）其他增强功能

用户可以为 TLF 文本应用 3D 旋转、色彩效果以及混合模式等属性，而无须将 TLF 文本放置在影片剪辑元件中。这些属性的设置可以分别在"属性"面板的"3D 定位和查看"栏、"色彩效果"栏和"显示"栏中完成，如图 11-107 所示。

图 11-107 "3D 定位和查看"栏、"色彩效果"栏和"显示"栏

11.5 本 章 习 题

一、选择题

1. Flash 制作的影片文档源文件的扩展名为（　　　），导出后的影片播放文件的扩展名为（　　）。

    A．.swf .fla　　　　　B．.fla .swf　　　　　C．.png .swf　　　　D．.fla .png

2. 下面的叙述正确的是（　　　）。

    A．Flash 影片文档的舞台尺寸默认是 500×400 像素

    B．Flash 影片文档的舞台背景颜色可以直接设置成从红色向白色变化的渐变色

  C．Flash 影片文档的舞台背景颜色只能设置成纯色

  D．无论创建的动画元素是否放在舞台区域内，在测试影片时都能看见

 3．在下面所列的绘图工具中不能绘制直线的是（ ）。

  A．钢笔工具   B．铅笔工具   C．线条工具 D．选择工具

 4．使用渐变变形工具可以通过对所填颜色的范围、方向和角度等进行调节来获得特殊的效果，其中改变填充高光区应该使用（ ）。

  A．大小手柄   B．旋转手柄   C．中心点手柄 D．焦点手柄

 5．（ ）不能使用封套工具进行变形。

  A．使用铅笔工具绘制的图形

  B．使用刷子工具绘制的图形

  C．使用钢笔工具绘制的图形

  D．导入主场景中的位图

 6．Flash CS6 支持导入更多的位图格式，它不能导入的是（ ）格式。

  A．.png   B．.psd   C．.ai   D．.cdr

二、填空题

 1．若想使绘制的图形成为一个独立图形，不与其他图形发生融合，可以使用＿＿＿＿功能。

 2．利用"颜色"面板对线条或图形进行填充有4种填充类型，它们分别是＿＿＿＿、＿＿＿＿、＿＿＿＿和＿＿＿＿。

 3．Flash CS6 把"钢笔工具"分解成一组工具，包括＿＿＿＿、＿＿＿＿、＿＿＿＿和＿＿＿＿4种，使用更为方便，功能极大增强。

 4．"刷子模式"有5种，它们分别是＿＿＿＿模式、＿＿＿＿模式、＿＿＿＿模式、＿＿＿＿模式和＿＿＿＿模式。

 5．Flash CS6 会在要输入的文本块的一角显示一个手柄，用于标识该文本块的类型。对于＿＿＿＿，会在该文本块的右上角出现一个圆形手柄；对于＿＿＿＿，会在该文本块的右上角出现一个方形手柄。

11.6 上 机 练 习

练习 1 绘制商业标志

 利用 Flash 的绘图工具绘制一个商业标志，效果如图 11-108 所示。

图 11-108 商业标志

练习 2 制作公益广告

利用位图和文本制作一个公益广告，效果如图 11-109 所示。注意，此图的背景是位图素材。鸽子也是位图素材，但是需要从位图素材中抠出来。另外，"中国"两字使用的是位图填充效果。

图 11-109 公益广告

第 12 章 | 制作网页动画

Flash 具有强大的动画制作功能和超凡的视听表现力，因此将 Flash 动画运用到网页中将会使网页有声有色，富有动感。网页中的 Logo、Banner 和动态广告等元素大多都是使用 Flash 制作的动画文件。

本章主要内容：
- 图层和帧
- 基础动画
- 元件及其应用
- 高级动画
- 使用 Flash 制作网络广告

12.1　图　层　和　帧

图层和帧是 Flash 的两个基本概念，在制作 Flash 动画时离不开图层和帧的操作。本节介绍图层和帧的基本操作方法。

12.1.1　图层的基本概念和操作

图层就像透明的玻璃纸一样，可以在舞台上一层层叠加。在每个图层上都可以放置不同的图形，而且在一个图层上绘制和编辑对象不会影响其他图层上的对象。

1. 新建图层

新建的 Flash 影片只有一个默认图层，名字是"图层 1"。在制作动画时可以根据需要增加多个图层，利用图层来组织和管理影片中的各种对象。新建图层的方法有 3 种，即通过程序菜单、右键快捷菜单和时间轴工具栏。其中最常用的是第 3 种方法，单击时间轴左下方工具栏中的"新建图层"按钮 就插入了新图层，默认的名字是"图层 2"，如图 12-1 所示。

专家点拨： 另外还有两种新建图层的方法，第一种是选择"插入"|"时间轴"|"图层"命令插入新图层；第二种是在时间轴的层编辑区中右击某个图层，在弹出的快捷菜单中选择"插入图层"命令插入新图层。

2. 图层的重命名

系统默认的图层名称为"图层 1""图层 2"等，在制作中可以根据图层上对象的功能给图层重新命名，这样更便于编辑和管理。双击图层名称，在字段中输入新的名称即可重命名图层，如图 12-2 所示。

图 12-1　插入新图层　　　　　　　　　图 12-2　重命名图层

如果在图层名称前的标志 ⬛ 上双击，可以打开"图层属性"对话框，如图 12-3 所示，在其中能重命名图层或者选择图层类型。

3. 选取图层

在新建多个图层后编辑工作只能在当前被选择的图层上进行，所以在绘制时必须先选取图层。选取图层的方法很多，最常用的是单击图层名称，这时图层名称的背景将变为蓝色，而且旁边会出现一个工作标志 ✎，表示该图层是当前工作图层，如图 12-4 所示。

图 12-3　"图层属性"对话框　　　　　　图 12-4　选取图层

专家点拨：选取图层还有两种方法，一种是单击时间轴上的任意一帧选择图层；另一种是直接选取舞台上的对象选择图层。如果按住 Shift 键分别单击图层名称，就能选取多个图层。

4. 删除图层

在 Flash 影片制作结束后，空白图层和无用图层必须要删除，这样可以缩小文件的体积。在删除图层时首先选取要删除的图层，然后单击"时间轴"面板上的"删除图层"按钮 🗑 即可删除图层，如图 12-5 所示。

专家点拨：删除图层还有两种方法，一种是拖曳要删除的图层到垃圾桶按钮🗑上；另一种是在要删除的图层名字上右击，在弹出的快捷菜单中选择"删除图层"命令。

图 12-5　删除图层

5. 隐藏图层

在添加了多个图层后，为便于舞台上对象的编辑，可以先将其他图层隐藏起来。单击图层名称的隐藏栏就可以隐藏图层，再次单击隐藏栏则显示该图层。如图 12-6 所示，将"图层 1"图层隐藏后隐藏栏上出现了一个红叉。

如果单击隐藏图层图标👁，可以将所有图层隐藏，再次单击隐藏图标会显示所有图层。隐藏图层后图层中的所有对象都不可见。

专家点拨：用鼠标拖动隐藏栏也可以隐藏多个图层或者让多个图层重新显示。

6. 锁定图层

如果在编辑当前图层上的对象时害怕误操作会更改其他图层上的对象，可以将其他图层暂时锁定，被锁定图层上面的对象依旧显示但不能被编辑。单击图层名字右边的锁定栏就可以锁定图层，再次单击锁定栏则解除了对图层的锁定。如图 12-7 所示，将"图层 1"图层锁定后锁定栏上出现了一个小锁。

图 12-6　隐藏图层

图 12-7　锁定图层

单击锁定图层图标🔒可以将所有图层锁定，再次单击锁定图标就解除了对所有图层的锁定。

专家点拨：用鼠标拖动锁定栏也可以锁定多个图层或者让多个图层开锁。

7. 图层文件夹

当时间轴上的图层太多时可以创建图层文件夹进行管理。图层文件夹将图层放在一个树形结构中，通过扩展或折叠文件夹来查看包含的图层，图层文件夹中可以包含图层，也可以包含其他文件夹，这与计算机组织的文件结构相似。

新建图层文件夹的方法很多，最方便的是单击"新建文件夹"按钮📁，新建的图层文件夹将出现在所选图层或文件夹的上面。图层文件夹在建立后还可以重新命名，如图 12-8 所示。

拖动某个图层到图层文件夹名称上，它会以缩进的方式出现在图层文件夹中，如图 12-9 所示。单击文件夹名称左侧的三角形可以展开或者折叠文件夹。

图 12-8　新建图层文件夹

图 12-9　拖放图层到文件夹下

专家点拨：图层文件夹的控制操作将影响文件夹中的所有图层，例如锁定一个图层文件夹将锁定该文件夹中的所有图层。

12.1.2　帧的基本概念和操作

帧就是影像动画中最小单位的单幅影像画面，相当于电影胶片上的每一格镜头。一帧就是一幅静止的画面，连续的帧就形成了动画。按照视觉暂留的原理每一帧都是静止的图像，快速、连续地显示帧便形成了运动的假象。

在 Flash 文档中帧表现在"时间轴"面板上外在特征是一个个小方格。它是播放时间的具体化表现，也是动画播放的最小时间单位，可以用来设置动画运动的方式、播放的顺序及时间等，如图 12-10 所示。

图 12-10　时间轴图层上的帧

从图 12-10 中可以看出，每 5 帧有 1 个"帧序号"标识（呈灰色显示，其他的呈白色显示）。根据性质的不同，可以把"帧"分为"关键帧"和"普通帧"。

1. 关键帧

关键帧定义了动画的变化环节，逐帧动画的每一帧都是关键帧。传统补间动画在动画的重要点上创建关键帧，再由 Flash 自动创建关键帧之间的画面内容。实心圆点 是有内容的关键帧，即实关键帧，无内容的关键帧（即空白关键帧）用空心圆 表示。

2. 普通帧

普通帧显示为一个个普通的单元格。空白的单元格是无内容的帧，有内容的帧显示出一定的颜色。不同的帧颜色代表不同类型的动画，如传统补间动画的帧显示为浅蓝色，形状补间动画的帧显示为浅绿色。关键帧后的普通帧显示为灰色，关键帧后面的普通帧将继承和延伸该关键帧的内容。

3. 播放头

播放头指示当前显示在舞台中的帧，将播放头沿着时间轴移动可以轻易地定位当前帧。播放头用红色矩形 ▮ 表示，红色矩形下面的红色细线所经过的帧表示该帧目前正处于"播放帧"状态。

4. 选择帧

动画中的帧有很多，在操作中首先要准确定位和选择相应的帧，然后才能对帧进行其他操作。如果选择某单帧来操作，可以直接单击该帧；如果要选择很多连续的帧，无论正在使用的是哪种绘图工具都可以在要选择的帧的起始位置处单击，然后拖动光标到要选择的帧的终点位置，此时所有被选中的帧都显示为黑色的背景，那么下面的操作就是针对这些帧了，如图 12-11 所示。

图 12-11　选择帧

专家点拨：在同时选择连续的多个帧时还可以先单击起点帧，再按住 Shift 键单击需要选取的连续帧的最后一帧。另外，按住 Ctrl 键单击时间轴上的帧可以选取多个不连续的帧。

5. 翻转帧

在创作动画时一般是把动画按顺序从头播放，但有时也会把动画反过来播放，创造出另外一种效果，这可以利用"翻转帧"命令来实现。它是指将整个动画从后往前播放，即原来的第 1 帧变成最后一帧，原来的最后一帧变成第 1 帧，整体调换位置。

其具体操作步骤是首先选择需要翻转的所有帧，然后在帧格上右击，在弹出的快捷菜单中选择"翻转帧"命令，如图 12-12 所示。

图 12-12　翻转帧

6. 移动播放头

使用播放头可以观察正在编辑的帧内容以及选择要处理的帧，并且通过移动播放头能观看影片的播放，比如向后移动播放头可以从前到后按正常顺序来观看影片，如果由后到前移动播放头，那么看到的就是动画的回放内容。

播放头的红色垂直线一直延伸到底层，选择时间轴标尺上的一个帧并单击就把播放头移到了指定的帧，或者单击层上的任意一帧，也会在标尺上跳转到与该帧相对应的帧数位置。所有的层在这一帧的共同内容就是观者在当前工作区中所看到的内容。

如果要拖动播放头，可以在时间轴表示帧数目的背景上单击并左右拉动播放头。

7. 添加帧

在制作动画时根据需要经常要添加帧，比如作为背景的帧如果只存在一帧，那么从第2帧开始的动画就没有了背景，因此要为作为背景的帧添加相同的帧，在要添加的帧处右击，在弹出的快捷菜单中选择"插入帧"命令（也可以选择"插入"|"时间轴"|"帧"命令），这样就可以将该帧持续一定的显示时间了。

除了普通帧以外，用户可以根据不同需求创建不同类型的帧，主要有两种，即关键帧和空白关键帧。系统默认第1帧为空白关键帧，也就是没有任何内容的关键帧，它的外观是白色方格中间显示一个空心小圆圈。当在空白关键帧对应的舞台上创建对象后这个空白关键帧就变成了关键帧，这时帧的外观是灰色方格中出现一个黑色小圆圈。

如果要在关键帧后面再创建一个关键帧，可以在"时间轴"面板中所需插入的位置上右击，这时会弹出一个快捷菜单，选择其中的"插入关键帧"命令即可，也可以选择"插入"|"时间轴"|"关键帧"命令。如果要同时创建多个关键帧，只要用鼠标选择多个帧的单元格，然后右击，在弹出的快捷菜单中选择"插入关键帧"命令即可。

如果要创建空白关键帧，可以在"时间轴"面板中所需插入的位置上选择一个单元格，然后右击，在弹出的快捷菜单中选择"插入空白关键帧"命令，也可以选择"插入"|"时间轴"|"插入空白关键帧"命令来完成。

专家点拨：创建关键帧和普通帧是在动画制作过程中频繁进行的操作，因此一般使用快捷键进行操作。插入普通帧的快捷键是 F5 键，插入关键帧的快捷键是 F6 键，插入空白关键帧的快捷键是 F7 键。

8. 移动和复制帧

在制作动画的过程中有时会将某一帧的位置进行调整，也有可能是多个帧甚至一个层上的所有帧整体移动，此时就要用到"移动帧"的操作了。

首先选取这些要移动的帧，被选中的帧显示为黑色背景，然后按住鼠标左键将它们拖动到需要移动到的新位置，释放左键，帧的位置就变化了，如图 12-13 所示。

如果既要插入帧又要把编辑制作完成的帧直接复制到新位置，那么还是要先选中这些需要复制的帧，再右击，在弹出的快捷菜单中选择"复制帧"命令，则被复制的帧就被放到了剪贴板上，接着右击新位置，在弹出的快捷菜单中选择"粘贴帧"命令，就可以将所选择的帧粘贴到指定位置上。

图 12-13　移动帧

9. 删除帧

当某些帧已经无用时可以将它们删除。由于 Flash 中帧的类型不同，所以删除的方法也不同，下面分别进行介绍。

如果只是将关键帧变为普通帧，可以右击，在弹出的快捷菜单中选择"清除关键帧"命令；或者选择需要清除的关键帧，然后选择"插入"|"时间轴"|"清除关键帧"命令。在时间轴上清除关键帧的前后变化如图 12-14 所示。

图 12-14　清除关键帧的前后对比

如果要删除帧（不管是什么类型的帧），先将要删除的帧选中，然后右击，在弹出的快捷菜单中选择"删除帧"命令就可以了。

12.2　基础动画

英国动画大师 John Halas（约翰·海勒斯）对动画有一个精辟的定义："动作的变化是动画的本质"。动画由很多内容连续但各不相同的画面组成。由于每幅画面中对象的位置和形态各不相同，在连续观看时会给人以活动的感觉。例如人物走动的动画一般由 6 幅（或者 8 幅）各不相同的人物画面组成，如图 12-15 所示。

图 12-15　组成人物走路动画的 6 幅画面

动画之所以成为可能，是利用了人类眼睛的"视觉残留"的生物现象。人在看物体时，物体在人的大脑视觉神经中的停留时间约为 1/24s。如果每秒更替 24 个画面或更多的画面，那么前一个画面在人脑中消失之前下一个画面就已经进入了人脑，从而形成连续的影像。

12.2.1　逐帧动画

逐帧动画是一种常见的动画形式，其原理是在"连续的关键帧"中分解动画动作，也就是在时间轴的每一帧上逐帧绘制不同的画面，使其连续播放形成动画。

1. 逐帧动画的制作方法

逐帧动画是最传统的动画方式，它是通过细微差别的连续帧画面来完成动画作品的，与在一本书的连续若干页的页脚上都画上图形，快速地翻动书页，就会出现连续的动画一样。

逐帧动画的制作方法包括两个要点，一是添加若干个连续的关键帧；二是在关键帧中创建不同但有一定关联的画面。下面通过一个卡通人物原地行走的动画范例介绍逐帧动画的制作方法。

（1）新建一个 Flash 影片文档，保持影片文档的默认设置。

（2）选择"文件"|"导入"|"导入到库"命令，打开"导入到库"对话框，在其中选择需要导入的图像素材（共 12 张人物行走动作图像），如图 12-16 所示，单击"打开"按钮即可将图像素材导入到"库"面板中。

图 12-16 "导入到库"对话框

专家点拨：在 Flash 中制作人物行走动画时通常通过逐帧动画来完成。在每个关键帧中创建人物行走动作的细微变化可以用绘图工具直接在每个关键帧上绘制卡通人物的动作，但是这需要制作者具备很高的绘图能力，为了简化本范例的制作过程，这里直接提供了卡通人物行走动作的图像素材。

（3）打开"库"面板，将其中的"走路 1.jpg"位图拖放到舞台中央。

（4）选择第 2 帧，按 F6 键插入关键帧。选中第 2 帧上的卡通人物图像，在"属性"面板中单击"交换"按钮，打开"交换位图"对话框，在其中选择"走路 2.jpg"位图，如图 12-17 所示。单击"确定"按钮，这样第 2 帧上的卡通人物图像就被更换为需要的人物行走动作图像了。

（5）用先插入关键帧再交换位图的类似方法从第 3 帧开始进行操作，一直到第 12 帧为止，完成后的图层结构如图 12-18 所示。

（6）按 Enter 键观看动画效果，可以看到人物原地行走的动画效果，但是行走的速度太快，下面把行走速度降低一些。

（7）单击选中第 1 帧，然后连续按 4 次 F5 键，此时的图层结构如图 12-19 所示。

制作网页动画

图 12-17　"交换位图"对话框

图 12-18　图层结构　　　　　　　　　　图 12-19　添加普通帧的图层结构

（8）按照同样的方法在每个关键帧后面插入 4 个普通帧，完成操作后的图层结构如图 12-20 所示。

图 12-20　最后的图层结构

（9）按 Ctrl+Enter 组合键测试影片，观看动画效果。

专家点拨：这里制作人物原地行走的动画效果是为了达到简化本范例制作技术的目的。在本范例动画效果的基础上如果想实现人物真实行走的动画效果，还要使用 Flash 的补间动画技术，这些技术将在后面介绍。

2. 绘图纸功能

绘图纸提供了辅助定位和编辑动画的功能，这个功能对制作逐帧动画特别有用。通常情况下，Flash 在舞台中一次只能显示动画序列的单个帧，在使用绘图纸功能后就可以在舞台中一次查看两个或多个帧了。

因为逐帧动画的各帧画面有相似之处，所以如果要一帧一帧地绘制，工作量不仅大，而且定位会非常困难。这时如果用绘图纸功能，一次查看和编辑多个帧，对制作细腻的逐帧动画将有很大的帮助。图 12-21 所示为使用了绘图纸功能后的场景，可以看出当前帧中的画面用全彩色显示，其他帧的画面以半透明显示，这样看起来好像所有帧内容是画在一张半透明的绘图纸上，这些内容相互层叠在一起。当然，这时只能编辑当前帧的画面内容，但是其他帧的画面可以作为参考，对当前帧的画面的编辑起到辅助功能。

图 12-21　同时显示多帧内容的变化

"绘图纸"各个按钮的功能如下。

（1）"绘图纸外观"按钮 ▣：按下此按钮后在时间轴的上方出现绘图纸外观标记 ◖ ◗，拉动外观标记的两端可以扩大或缩小显示范围。

（2）"绘图纸外观轮廓"按钮 ▢：按下此按钮后场景中显示各帧画面的轮廓线，填充色消失，特别适合观察画面轮廓，另外可以节省系统资源，加快显示过程。

（3）"编辑多个帧"按钮 ▣：按下此按钮后可以显示全部帧内容，并且可以进行"多帧同时编辑"。

（4）"修改绘图纸标记"按钮 ◘：按下此按钮后弹出下拉菜单，其中有以下选项。

- "始终显示标记"选项：在时间轴标题中显示绘图纸外观标记，无论绘图纸外观是否打开。
- "锚记绘图纸"选项：将绘图纸外观标记锁定在它们在时间轴标题中的当前位置。通常情况下，绘图纸外观范围是和当前帧的指针以及绘图纸外观标记相关的。通过锚定绘图纸外观标记可以防止它们随当前帧的指针移动。
- "绘图纸 2"选项：在当前帧的两边显示两个帧。
- "绘图纸 5"选项：在当前帧的两边显示 5 个帧。
- "所有绘图纸"选项：在当前帧的两边显示全部帧。

专家点拨：绘图纸就像洋葱皮那样是一层套一层显示的，在编辑动画时能够一次性看到多个帧的画面。注意绘图纸功能不能使用在已经被锁定的图层上，若要在该图层上使用绘图纸功能，应该首先解除对图层的锁定。

12.2.2　形状补间动画

通过形状补间可以创建类似于形变的动画效果，使一个形状逐渐变成另一个形状。利用形状补间动画可以制作人物头发飘动、人物衣服摆动、窗帘飘动等动画效果。

1. 制作形状补间动画的方法

形状补间动画的基本制作方法是在一个关键帧上绘制一个形状，然后在另一个关键帧上更改该形状或绘制另一个形状，再定义形状补间动画，Flash会自动补上中间的形状渐变过程。

下面制作一个圆形变成矩形的动画效果。

（1）新建一个 Flash 影片文档，保持文档属性的默认设置。

（2）选择"椭圆工具"，在舞台上绘制一个无边框以黑色填充的圆，如图 12-22 所示。

（3）在"图层 1"的第 20 帧按 F7 键插入一个空白关键帧，然后用"矩形工具"绘制一个无边框以黑色填充的矩形，如图 12-23 所示。

图 12-22　绘制一个圆　　　　图 12-23　绘制一个矩形

专家点拨：*在绘制圆和矩形时一定要保证"绘图"面板中的"对象绘制"按钮不被按下，这样才能绘制出需要的形状。*

（4）选择第 1 帧并右击，在弹出的快捷菜单中选择"创建补间形状"命令，这时"图层 1"的第 1 帧到第 20 帧之间出现了一条带箭头的实线，并且第 1 帧到第 20 帧之间的帧格变成绿色，如图 12-24 所示。

（5）这样就制作完成了一个形状补间动画，按 Enter 键可以看到一个圆形逐渐变化为矩形。

（6）除了可以制作形状的变形动画以外，还可以制作形状的位置、大小、颜色变化的动画效果。选择第 20 帧上的矩形，将它的填充颜色更改为红色。

（7）再按 Enter 键，可以看到一个圆形逐渐变化为矩形，并且同时图形颜色由黑色逐渐过渡为红色。

2. 形状补间动画的参数设置

在定义了形状补间动画后，在"属性"面板的"补间"栏中可以进一步设置相应的参数，以使动画效果更丰富，如图 12-25 所示。

图 12-24　形状补间动画的"时间轴"面板　　　　图 12-25　"属性"面板

1）"缓动"数值框

将鼠标指针指向"缓动"右边的缓动值会出现小手标志，拖动即可设置参数值。用户也可以直接单击缓动值，然后在数值框中输入具体的数值，设置完后动画效果会做出相应的变化，具体情况如下所述。

- 在 -1 到 -100 的负值之间，动画的速度从慢到快，朝动画结束的方向加速补间。
- 在 1 到 100 的正值之间，动画的速度从快到慢，朝动画结束的方向减慢补间。
- 在默认情况下补间帧之间的变化速率是不变的。

2）"混合"下拉列表

该下拉列表中有两个选项。

- 分布式：创建的动画的中间形状更加平滑和不规则。
- 角形：创建的动画的中间形状会保留有明显的角和直线。

专家点拨："角形"只适合于具有锐化转角和直线的混合形状。如果选择的形状没有角，Flash 会还原到分布式形状补间动画。

3. 添加形状提示

如果要控制更加复杂或特殊的形状变化，可以使用形状提示，形状提示会标识起始形状和结束形状中的相对应的点。例如，如果要通过补间形状制作一个改变人物脸部表情的动画，可以使用形状提示来标记每只眼睛，这样在形状发生变化时脸部就不会乱成一团，每只眼睛都可以辨认。

下面用一个简单的数字转换效果来说明一下形状提示的妙用。

（1）新建一个 Flash 影片文档，保持文档属性的默认设置。

（2）选择"文本工具"，在"属性"面板中设置字体为 Arial Black、字体大小为 150、文本颜色为黑色。

（3）在舞台上单击，输入数字 1，然后选择"修改"|"分离"命令将数字分离成形状，如图 12-26 所示。

（4）选择"图层 1"的第 20 帧，按 F7 键插入一个空白关键帧，然后选择"文本工具"输入数字 2。

（5）同样把数字 2 分离成形状，如图 12-27 所示。

图 12-26　将数字分离成形状　　　　图 12-27　第 20 帧上的数字形状

（6）选择第 1 帧并右击，在弹出的快捷菜单中选择"创建补间形状"命令定义形状补间动画。

（7）按 Enter 键，可以观察到数字 1 变形为数字 2 的动画效果。但是这个变形过程很乱，不太符合需要的效果，下面添加变形提示以改进动画效果。

（8）选择"图层 1"的第 1 帧，然后选择"修改"|"形状"|"添加形状提示"命令两次，这时舞台上会连续出现两个红色的变形提示点（重叠在一起），如图 12-28 所示。

（9）在主工具栏中确认"贴紧至对象"按钮 处于被按下状态，调整第 1、20 帧处的形状提示，如图 12-29 所示。

第1帧　　　　　　　　第20帧

图 12-28　添加两个变形提示点　　　　图 12-29　调整提示点

（10）调整好后在旁边的空白处单击，提示点的颜色会发生变化，第 1 帧上的变为黄色，第 20 帧上的变为绿色。

（11）再次按 Enter 键，可以观察到数字 1 变形为数字 2 的动画效果已经比较美观了，数字转换的过程是按照我们添加的提示点进行的。

专家点拨：在 Flash 中形状提示点的编号为 a～z，一共有 26 个。在使用形状提示时并不是提示点越多效果越好，有时候过多的提示点反而会使形状补间动画异常。在添加提示点时应首先预览动画效果，然后在动画不太自然的位置添加提示点。

12.2.3　传统补间动画

在某一个时间点（也就是一个关键帧）可以设置实例、组或者文本等对象的位置、尺寸和旋转等属性，在另一个时间点（也就是另一个关键帧）可以改变对象的这些属性。如果在这两个关键帧间定义了传统补间，Flash 就会自动补上中间的动画过程。

1.　传统补间动画的创建方法

构成传统补间动画的对象包括元件（影片剪辑元件、图形元件、按钮元件）、文字、位图、组等，但不能是形状，只有把形状组合成"组"或者转换成"元件"后才可以成为传统补间动画中的"演员"。

下面制作一个飞机飞行的动画效果。

（1）新建一个 Flash 影片文档，设置舞台背景色为蓝色，其他保持默认。

（2）选择"文本工具"，在"属性"面板中设置"文本引擎"为传统文本、"系列"为 Webdings、"大小"为 100 点、"颜色"为白色。

（3）在舞台上单击，然后按 J 键，这样舞台上就出现了一个飞机符号。将这个飞机符号拖放到舞台的右上角，如图 12-30 所示。

（4）选择"图层 1"的第 35 帧，按 F6 键插入一个关键帧。

（5）把第 35 帧上的飞机移动到舞台的左下角，如图 12-31 所示。

图 12-30　输入飞机符号　　　　　　图 12-31　第 35 帧上的飞机位置

（6）选择第 1 帧和第 35 帧之间的任意一帧，然后右击，在弹出的快捷菜单中选择"创建传统补间"命令，如图 12-32 所示。

图 12-32　定义传统补间

这时"图层 1"的第 1 帧到第 35 帧之间出现了一条带箭头的实线，并且第 1 帧到第 35 帧之间的帧格变成淡紫色，如图 12-33 所示。

图 12-33　传统补间动画的"时间轴"面板

（7）这样就完成了一个传统补间动画的制作，按 Enter 键可以看到飞机从舞台右上角飞到舞台左下角的动画效果。

专家点拨：创建传统补间动画还可以在起始关键帧和终止关键帧间的任意一帧上单击，然后选择"插入"|"传统补间"命令。当需要取消创建的传统补间动画时，可以任选一帧右击，在弹出的快捷菜单中选择"删除补间"命令。

2. 传统补间动画的参数设置

在定义了传统补间动画后，在"属性"面板的"补间"栏中可以进一步设置相应的参数，以使动画效果更丰富，如图 12-34 所示。

1）"缓动"数值框

将鼠标指针指向缓动值直接拖动或者在缓动值上单击输入可以设置缓动值，设置完后传统补间会做出相应的变化。

- 在 -1 到 -100 的负值之间，动画运动的速度从慢到快，朝运动结束的方向加速补间。
- 在 1 到 100 的正值之间，动画运动的速度从快到慢，朝运动结束的方向减慢补间。
- 在默认情况下，补间帧之间的变化速率是不变的。

图 12-34　"属性"面板

在"缓动"右边有一个"编辑缓动"按钮，单击它弹出"自定义缓入/缓出"对话

制作网页动画

框，如图 12-35 所示。利用该对话框可以准确地模拟对象运动速度等属性的各种变化，使其更符合对象的运动特性。

图 12-35 "自定义缓入/缓出"对话框

2）"旋转"下拉列表

"旋转"下拉列表中包括 4 个选项，选择"无"（默认设置）可禁止元件旋转；选择"自动"可使元件在需要最小动作的方向上旋转对象一次；选择"顺时针"（CW）或"逆时针"（CCW），并在后面输入数字，可使元件在运动时顺时针或逆时针旋转相应的圈数。

3）"贴紧"复选框

选中此复选框，可以根据注册点将补间对象附加到运动路径，此项功能主要用于引导路径动画。

4）"调整到路径"复选框

将补间对象的基线调整到运动路径，此项功能主要用于引导路径动画。在定义引导路径动画时如果选中了这个复选框，可以使动画对象根据路径调整，使动画更逼真。

5）"同步"复选框

选中此复选框可以使图形元件的动画和主时间轴同步。

6）"缩放"复选框

在制作传统补间动画时如果在终点关键帧上更改了动画对象的大小，那么这个"缩放"复选框是否选中会影响动画的效果。

如果选中了这个复选框，那么就可以将大小变化的动画效果补出来，也就是说可以看到动画对象从大逐渐变小（或者从小逐渐变大）的效果。

如果没有选中这个复选框，那么大小变化的动画效果就补不出来。在默认情况下，"缩放"复选框自动被选中。

12.2.4 沿路径运动的传统补间动画

利用传统补间动画制作的位置移动动画是沿着直线进行的，可是在生活中有很多运动路径是弧线或不规则的，如月亮围绕地球旋转、鱼儿在大海里遨游等，在 Flash

中利用"沿路径运动的传统补间"就可以制作出这样的效果。将一个或多个图层链接到一个引导图层，使一个或多个对象沿同一条路径运动的动画形式被称为"路径动画"。这种动画可以使一个或多个对象完成曲线或不规则运动。

一个最简单的"路径动画"由两个图层组成，上面一层是"引导层"，它的图层图标为，下面一层是"被引导层"，图标为，和普通图层一样。

下面通过制作一个飞机沿圆周飞行的动画讲解制作路径动画的方法。

（1）新建一个 Flash 影片文档，设置舞台背景色为蓝色，其他保持默认。

（2）选择"文本工具"，在"属性"面板中设置"文本引擎"为传统文本、"系列"为 Webdings、"大小"为 100 点、"颜色"为白色。

（3）在舞台上单击，然后按 J 键，这样舞台上就出现了一个飞机符号，如图 12-36 所示。

（4）在"图层 1"的第 50 帧按 F6 键插入一个关键帧，将飞机移动到其他位置。

（5）选择第 1 帧和第 50 帧之间的任意一帧，然后右击，在弹出的快捷菜单中选择"创建传统补间"命令，这样就定义了从第 1 帧到第 50 帧的传统补间动画，这时的动画效果是飞机直线飞行。

（6）选择"图层 1"并右击，在弹出的快捷菜单中选择"添加传统运动引导层"命令，这样"图层 1"上面就出现了一个引导层，并且"图层 1"自动缩进，如图 12-37 所示。

图 12-36　输入飞机符号

图 12-37　添加运动引导层

（7）选择"椭圆工具"，设置"笔触颜色"为黑色、"填充颜色"为无，在舞台上绘制一个大圆。

（8）选择"橡皮擦工具"，使用小一些的橡皮擦形状将舞台上的圆擦一个小缺口，如图 12-38 所示。

专家点拨：这里之所以将圆擦一个小缺口，是因为在引导层上绘制的路径不能是封闭的曲线，路径曲线必须有两个端点，这样才能进行后续的操作。

（9）切换到"选择工具"，确认"贴紧至对象"按钮处于被按下状态。选择第 1 帧上的飞机，拖动它到圆缺口的左端点，如图 12-39 所示。注意在拖动的过程中当飞机快接近端点时会自动吸附到上面。

图 12-38　擦一个小缺口的圆

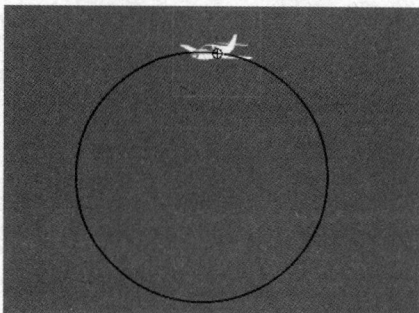

图 12-39　飞机吸附到右端点

（10）按照同样的方法选择第 50 帧上的飞机，拖动它到圆缺口的右端点。

（11）按 Enter 键可以观察到飞机沿着圆周在飞行，但是飞机的飞行姿态不符合实际情况，通过下面的操作步骤进行改进。

（12）选择"图层 1"的第 1 帧，在"属性"面板的"补间"栏中选中"调整到路径"复选框，如图 12-40 所示。

（13）测试影片，可以观察到飞机姿态优美地沿着圆周飞行。

图 12-40　调整到路径

12.3　元件及其应用

元件是指可以重复利用的图形、动画片段或者按钮，它们被保存在"库"面板中。在制作动画的过程中将需要的元件从"库"面板中拖放到场景上，场景中的对象称为该元件的一个实例。如果库中的元件发生改变（比如对元件重新编辑），则元件的实例也会随之变化。同时，实例可以具备自己的特点，它的更改不会影响库中的元件本身。

12.3.1　元件的类型和创建元件的方法

元件是 Flash 动画中的基本构成要素之一，除了可以重复利用、便于大量制作之外，它还有助于减少影片文件的大小。在应用脚本制作交互式影片时某些元件（比如按钮和影片剪辑元件）更是不可缺少的。

1. 元件的类型

元件存放在 Flash 影片文件的"库"面板中，"库"面板具备强大的元件管理功能，用户在制作动画时可以随时调用"库"面板中的元件。

依照功能和类型的不同，元件可以分成以下 3 种。

（1）影片剪辑元件：一个独立的动画片段，具备自己独立的时间轴。它可以包含交互控制、音效，甚至能包含其他的影片剪辑实例。它能创建出丰富的动画效果，能使制作者的任何灵感变为现实。

（2）按钮元件：对鼠标事件（如单击和滑过）做出响应的交互按钮。它无可替代的优点在于能使观众与动画更贴近，也就是利用它可以实现交互动画。

（3）图形元件：通常用于存放静态的图像，也能用来创建动画，在动画中可以包含其他元件实例，但不能添加交互控制和声音效果。

在一个包含各种元件类型的 Flash 影片文件中选择"窗口"|"库"命令，可以在"库"面板中找到各种类型的元件。在"库"面板中除了可以存放元件对象以外，还可以存放从影片文件外部导入的位图、声音、视频等类型的对象。

2. 元件的创建方法

元件的创建方法一般有两种，一种方法是新建元件，另一种方法是将舞台上的对象转换为元件。

1）新建元件

选择"插入"|"新建元件"命令，弹出"创建新元件"对话框，如图 12-41 所示。在"名称"文本框中可以输入元件的名称，默认名称是"元件 1"；在"类型"下拉列表中包括 3 个选项，分别对应 3 种元件的类型。

单击"确定"按钮就新建了一个元件，Flash 会将该元件添加到库中，并切换到元件编辑模式。在元件编辑模式下，元件的名称将出现在舞台左上角的上面，并在编辑场景中由一个"十"字光标表明该元件的注册点。

2）转换为元件

除了新建元件以外，用户还可以直接将场景中已有的对象转换为元件。选择场景中的对象，选择"修改"|"转换为元件"命令（或者按 F8 键），弹出"转换为元件"对话框，如图 12-42 所示。在"名称"文本框中可以输入元件的名称，默认名称是"元件 1"。在"类型"下拉列表中包括 3 个选项，分别对应 3 种元件的类型。"对齐"选项右边是注册网格，在注册网格中单击以便确定元件的注册点。

图 12-41　"创建新元件"对话框　　　　图 12-42　"转换为元件"对话框

单击"确定"按钮就将场景中选择的对象转换为元件，Flash 会将该元件添加到库中，舞台上选定的对象此时变成了该元件的一个实例。

专家点拨：在使用"转换为元件"对话框将对象转换为元件时可以指定对象在元件场景中的位置，这个位置以元件中心点为基准。例如选择注册网格左上角的方块按钮，在转换为元件后对象的左上角将与元件的中心点（"十"字注册点）对齐。

3. 编辑元件

在编辑元件时 Flash 会更新文档中该元件的所有实例。Flash 提供了 3 种方式来编辑元件，即在当前位置编辑元件、在新窗口中编辑元件和在元件编辑模式下编辑元件。

1）在当前位置编辑元件

使用"在当前位置编辑"命令可以在元件和其他对象在一起的舞台上编辑元件，其他对象以灰显方式出现，从而将它们与正在编辑的元件区别开来。正在编辑的元件名称显示在舞台上方的编辑栏内，位于当前场景名称的右侧。其具体操作步骤如下。

（1）执行以下操作之一即可在当前位置进入到元件的编辑状态。

- 在舞台上双击该元件的一个实例。
- 在舞台上选择该元件的一个实例，然后右击，从弹出的快捷菜单中选择"在当前位置编辑"命令。
- 在舞台上选择该元件的一个实例，然后选择"编辑"|"在当前位置编辑"命令。

（2）根据需要编辑该元件。比如要更改注册点，可以拖动该元件，让其与"十"字图标对齐。

（3）如果要退出"在当前位置编辑"模式并返回到文档编辑模式，可以执行以下操作之一。

- 单击舞台顶部编辑栏左侧的"返回"按钮。
- 在舞台上方编辑栏的"场景"弹出菜单中选择当前场景的名称。
- 选择"编辑"|"编辑文档"命令。

2）在新窗口中编辑元件

使用"在新窗口中编辑"命令可以在一个单独的窗口中编辑元件，在单独的窗口中编辑元件可以同时看到该元件和主时间轴，正在编辑的元件名称会显示在舞台上方的编辑栏内。其具体操作步骤如下。

（1）在舞台上选择该元件的一个实例，然后右击，从弹出的快捷菜单中选择"在新窗口中编辑"命令。

（2）根据需要编辑该元件。

（3）单击右上角的关闭框来关闭新窗口，然后在主文档窗口内单击以返回到编辑主文档状态下。

3）在元件编辑模式下编辑元件

使用元件编辑模式可以将窗口从舞台视图更改为只显示该元件的单独视图来编辑它，正在编辑的元件名称会显示在舞台上方的编辑栏内，位于当前场景名称的右侧。其具体操作步骤如下。

（1）如果要进入元件编辑模式，可以执行以下操作之一。

- 双击"库"面板中的元件图标。
- 在舞台上选择该元件的一个实例，然后右击，从弹出的快捷菜单中选择"编辑"命令。
- 在舞台上选择该元件的一个实例，然后选择"编辑"|"编辑元件"命令。
- 在"库"面板中选择该元件，然后从库选项菜单中选择"编辑"命令，或者右击，从弹出的快捷菜单中选择"编辑"命令。

（2）根据需要编辑该元件。

（3）如果要退出元件编辑模式并返回到文档编辑状态，可以执行以下操作之一。

- 单击舞台顶部编辑栏左侧的"返回"按钮。

- 选择"编辑"|"编辑文档"命令。
- 单击舞台上方编辑栏内的场景名称。

12.3.2　影片剪辑元件

　　使用影片剪辑元件可以创建可重用的动画片段。影片剪辑拥有自己的独立于主时间轴的多帧时间轴，可以将影片剪辑看作是主时间轴内的嵌套时间轴，它们可以包含交互式控件、声音甚至其他影片剪辑实例。

　　影片剪辑元件是使用最频繁的元件类型，它功能强大，利用它可以制作出效果丰富的动画效果。下面通过制作一个骏马飞奔的动画范例来理解影片剪辑元件。

　　（1）新建一个 Flash 影片文档，保持文档属性的默认设置。

　　（2）选择"文件"|"导入"|"导入到舞台"命令，将外部的一张骏马素材图像（骏马1.gif）导入到舞台中。

　　（3）选中舞台上的骏马图像，选择"修改"|"转换为元件"命令，将其转换为名字为"骏马"的图形元件，如图 12-43 所示。

图 12-43　转换为图形元件

　　（4）将舞台上的骏马实例放置在舞台的右边，然后在"图层 1"的第 20 帧插入一个关键帧，将这个帧上的骏马实例水平移动到舞台的左边。

　　（5）定义从第 1 帧到第 20 帧的传统补间动画。

　　（6）测试影片，可以看到骏马图片位置移动的动画效果，但是这个效果绝对不是骏马飞奔的效果。

　　专家点拨：由于传统补间动画的动画主角是一个静态的图形实例，所以目前制作出来的动画仅仅是一张骏马图片的位置移动。要想制作出比较逼真的骏马飞奔的动画效果，需要将传统补间动画的动画主角换成一个动画片段，这可以利用影片剪辑元件来完成。下面接着上面的步骤进行操作。

323

第

12

章

（7）选择"插入"|"新建元件"命令，弹出"创建新元件"对话框，在其中定义元件名称为"骏马奔跑"，选择"类型"为"影片剪辑"，如图 12-44 所示，然后单击"确定"按钮进入元件的编辑场景中。

（8）选择"文件"|"导入"|"导入到舞台"命令，将外部的骏马图像序列（骏马 1.gif～骏马 7.gif）全部导入到场景中。因为前面已经导入了一张图像（骏马 1.gif），所以会出现如图 12-45 所示的"解决库冲突"对话框，直接单击"确定"按钮即可。

图 12-44 "创建新元件"对话框

图 12-45 "解决库冲突"对话框

专家点拨：当需要导入文档中的对象与"库"中存在的某个对象具有完全相同的名称时 Flash 会打开"解决库冲突"对话框，此时如果选中"替换现有项目"单选按钮，Flash 会使用同名的新对象替换"库"中已有的对象；如果选中"不要替换现有项目"单选按钮，Flash 会在新对象的名称后自动增加"副本"字样并添加到"库"中。在这里要注意，一旦进行了替换，替换将无法撤销。

（9）导入的图像会自动分布在"骏马奔跑"影片剪辑元件的 7 个关键帧上，如图 12-46 所示。这是一个动画片段，按 Enter 键会看到骏马在原地奔跑。

（10）返回到"场景 1"，选择舞台上的骏马实例（原来的"骏马"图形元件的实例），打开"属性"面板，单击其中的"交换"按钮，弹出"交换元件"对话框，如图 12-47 所示，在其中选择"骏马奔跑"影片剪辑元件，单击"确定"按钮。

（11）分别选择第 1 帧和第 20 帧上的实例，在"属性"面板的"实例行为"下拉列表中选择"影片剪辑"，

图 12-46 "骏马奔跑"影片剪辑元件

这时舞台上的实例就换成了"骏马奔跑"影片剪辑实例，它是一个动画片段。

图 12-47 "交换元件"对话框

（12）测试影片，可以看到骏马飞奔的动画效果。这个动画效果的实现原理是一个影片剪辑元件的实例作为传统补间动画的"演员"，影片剪辑元件是一个骏马原地奔跑的动画片段，传统补间动画是位置移动的效果，这样合在一起就形成了骏马飞奔的动画效果。

12.3.3　按钮元件

按钮元件是实现 Flash 动画与用户进行交互的"灵魂"，它能够响应鼠标事件（单击或者滑过等），执行指定的动作。按钮元件可以拥有灵活多样的外观，可以是位图，也可以是绘制的形状；可以是一根线条，也可以是一个线框；可以是文字，甚至可以是看不见的"透明按钮"。

1. 认识按钮元件

新建一个影片文档，选择"插入"|"新建元件"命令，弹出"创建新元件"对话框，在"名称"文本框中输入"按钮"，选择"类型"为"按钮"，如图 12-48 所示。

单击"确定"按钮进入到按钮元件的编辑场景中，如图 12-49 所示。

图 12-48　新建按钮元件

图 12-49　按钮元件的时间轴

按钮元件拥有与影片剪辑元件、图形元件不同的编辑场景，它的时间轴上只有 4 个帧，通过这 4 个帧可以指定不同的按钮状态。

- "弹起"帧：表示鼠标指针不在按钮上时的状态。
- "指针经过"帧：表示鼠标指针在按钮上时的状态。
- "按下"帧：表示鼠标单击按钮时的状态。
- "点击"帧：定义对鼠标做出反应的区域，这个反应区域在影片播放时是看不到的。这个帧上的图形必须是一个实心图形，该图形区域必须足够大，以包含前面 3 帧中的所有图形元素。在运行时，只有在这个范围内操作鼠标才能被播放器认定为事件发生。如果该帧为空，则默认以"弹起"帧内的图形作为响应范围。

2. 按钮元件制作范例

下面制作一个变色按钮，该按钮是一个蓝色到黑色的放射状渐变色的椭圆形，当鼠标指针指向按钮时椭圆变为黄色到黑色的放射状渐变色，当单击按钮时椭圆变为绿色到黑色的放射状渐变色，如图 12-50 所示。

其具体的制作步骤如下。

（1）新建一个影片文档，选择"插入"|"新建元件"命令，弹出"创建新元件"对话框，在"名称"文本框中输入"椭圆"，在"类型"下拉列表中选择"按钮"选项，如图 12-51 所示。

图 12-50　变色按钮

图 12-51　新建按钮元件

（2）单击"确定"按钮进入到按钮元件的编辑场景中，选择"椭圆工具"，设置"笔触颜色"为无，设置"填充色"为样本色中的"蓝色径向渐变色"，如图 12-52 所示，然后在场景中绘制一个如图 12-53 所示的椭圆。

图 12-52　选择填充色

图 12-53　绘制椭圆

（3）选择"指针经过"帧，按 F6 键插入一个关键帧，然后把该帧上的图形重新填充为黄色到黑色的径向渐变色，效果如图 12-54 所示。

（4）选择"按下"帧，按 F6 键插入一个关键帧，然后把该帧上的图形重新填充为绿色到黑色的径向渐变色，效果如图 12-55 所示。

图 12-54　"指针经过"帧上的图形

图 12-55　"按下"帧上的图形

（5）选择"点击"帧，按 F6 键插入一个关键帧，定义鼠标的响应区为椭圆。

（6）至此按钮元件就制作好了，现在返回场景 1，并从"库"面板中将"椭圆"按钮元件拖放到舞台上，然后按 Ctrl+Enter 组合键测试一下，将鼠标指针移动到按钮上，按钮会变色。

专家点拨： 在 Flash 影片文档的编辑状态下，舞台上的按钮实例默认为禁用状态，无法直接测试按钮的效果。为了能在影片编辑状态下直接测试按钮，可以选择"控制" | "启用简单按钮"命令，此时鼠标指针滑过按钮可看到"指针经过"帧的效果，单击按钮显示"按下"帧的效果。

3. 网页导航条

Flash 按钮是网页导航条中经常使用的元素，图 12-56 所示的就是一个网站导航条，里面包含 5 个文字按钮。

图 12-56　导航菜单

下面制作这个包含 5 个文字按钮的导航菜单。

（1）新建一个 Flash 影片文档，设置舞台尺寸为 480×80 像素、背景颜色为蓝色。

（2）选择"插入" | "新建元件"命令，弹出"创建新元件"对话框，在"名称"文本框中输入"首页按钮"，选择"类型"为"按钮"，然后单击"确定"按钮进入到按钮元件的编辑场景中。

（3）选择"文本工具"，在"属性"面板中设置"文本类型"为静态文本、"字体"为楷体、"字体大小"为 40、"文本颜色"为白色，在场景中输入"首页"文字，如图 12-57 所示。

（4）选择"指针经过"帧，按 F6 键插入一个关键帧，然后把该帧上的文字的颜色重新设置为黄色。

（5）选择"按下"帧，按 F6 键插入一个关键帧，然后把该帧上的文字的颜色重新设置为红色，如图 12-58 所示。

图 12-57　制作"弹起"帧上的文字

图 12-58　制作"按下"帧上的文字

（6）选择"点击"帧，按 F7 键插入一个空白关键帧，然后单击"编辑多个帧"按钮，如图 12-59 所示，这样可以使文字显示出来，辅助创建"点击"帧上的感应区。

（7）选择"矩形工具"，绘制一个刚好能覆盖文字的矩形，如图 12-60 所示。这个矩形是文字按钮的鼠标感应区域。

图 12-59　单击"编辑多个帧"按钮

图 12-60　绘制矩形

（8）返回场景 1，并从"库"面板中将"首页"按钮元件拖放到舞台上，然后按 Ctrl+Enter 组合键测试。

（9）其他 4 个文字按钮的制作方法类似，制作完成以后将其整齐地排列在舞台上即可。

12.4　高 级 动 画

利用前面学习的知识基本上可以完成大部分网页动画的设计和制作工作，本节进一步学习 Flash 动画的知识，包括对象补间动画、遮罩动画、3D 动画和骨骼动画等的制作方法。

12.4.1　对象补间动画

前面学习了传统补间动画，这是 Flash 最基础的一种补间动画类型，它是将补间应用于关键帧。从 Flash CS4 开始引入了一种基于对象的补间动画类型，这种动画可以对舞台上对象的某些动画属性实现全面控制，由于它将补间直接应用于对象而不是关键帧，所以也被称为对象补间。

下面制作一个飞机由远及近的飞行动画。

（1）新建一个 Flash 文档，设置舞台的背景颜色为蓝色，其他保持默认设置。

（2）选择"文本工具"，在"属性"面板中设置"文本引擎"为传统文本、"系列"为 Webdings、"大小"为 100 点、"颜色"为白色。

（3）在舞台上单击，然后按 J 键，这样舞台上会出现一个飞机符号，将这个飞机符号拖放到舞台的右上角，如图 12-61 所示。

（4）选择第 40 帧，按 F5 键插入帧。选择第 1 帧到第 40 帧之间的任意一帧，然后右击，在弹出的快捷菜单中选择"创建补间动画"命令，这时第 1 帧到第 40 帧之间的帧的颜色变成了淡蓝色，如图 12-62 所示。

图 12-61　输入飞机符号

图 12-62　创建补间动画

专家点拨：在创建补间动画时也可以右击文本对象，在弹出的快捷菜单中选择"创建补间动画"命令。

（5）将播放头移动到第 40 帧，然后移动舞台上的飞机到舞台的左下角，这样就在第 40 帧创建了一个属性关键帧，同时舞台上出现了一个路径线条，线条上有很多节点，每个节点对应一个帧，如图 12-63 所示。

专家点拨：第 40 帧不是普通的关键帧，而是被称为属性关键帧。注意属性关键帧和普通关键帧不同，属性关键帧在补间范围中显示为小菱形。对象补间的第 1 帧始终是属性关键帧，它仍显示为圆点。

（6）按 Enter 键，可以看到飞机从舞台右上角飞行到舞台左下角的动画效果。

（7）在默认情况下，时间轴显示所有属性类型的属性关键帧。右击第 1 帧到第 40 帧之间的任意一帧，在弹出的快捷菜单中打开"查看关键帧"联级菜单，可以看到 6 个属性类型都被选中，如图 12-64 所示。

图 12-63　创建属性关键帧

图 12-64　"查看关键帧"联级菜单

（8）如果不想在时间轴上显示某一属性类型的属性关键帧，那么只需在"查看关键帧"联级菜单中取消对这种属性类型的选中即可。例如这里取消对"位置"属性的选中，可以看到第 40 帧不再显示菱形，如图 12-65 所示。虽然这里取消了第 40 帧上的菱形显示，但是并不影响对象补间动画的效果。

专家点拨：属性关键帧上的菱形只是一个符号，它表示在该关键帧上"对象的属性"有了变化。这里第 40 帧上改变了飞机的 X 和 Y 两个位置属性，因此在该帧中为 X 和 Y 添加了属性关键帧。

（9）现在观察动画效果，飞机是沿着直线飞行的，这是因为舞台上的路径线条目前还是一条默认的直线。下面来编辑一下路径线条，用"选择工具"将路径线条调整为曲线，如图 12-66 所示。

图 12-65　取消显示第 40 帧上的菱形

图 12-66　调整路径线条

专家点拨：除了可以用"选择工具"对路径线条进行调整外，还可以使用"部分选取工具"像使用贝塞尔手柄那样调整路径线条。另外，可以将路径线条复制到普通图层上，也可以将普通图层上的曲线复制到补间图层以替换原来的路径线条。

（10）按 Enter 键，可以看到飞机沿着一条抛物线飞行的动画效果。

（11）移动播放头到第 20 帧，然后选择对应舞台上的飞机，移动其位置，这样在第 20 帧就创建了一个新的属性关键帧，如图 12-67 所示。

图 12-67　创建新的属性关键帧

（12）移动播放头到第40帧，选中舞台上对应的飞机，在"属性"面板中更改其"宽"以放大飞机的尺寸，这样等于在第40帧又更改了飞机的"缩放"属性。

（13）再次按Enter键，可以看到飞机由远及近逐渐放大的飞行动画。

（14）如果想调整飞机沿路径飞行的姿势，可以单击第1帧到第40帧之间的任意一帧，打开"属性"面板，选中"旋转"栏下面的"调整到路径"复选框，如图12-68所示。这时第1帧到第40帧之间的所有帧都变成了属性关键帧，用"部分选取工具"调整一下路径线条，如图12-69所示。

图 12-68 选中"调整到路径"复选框

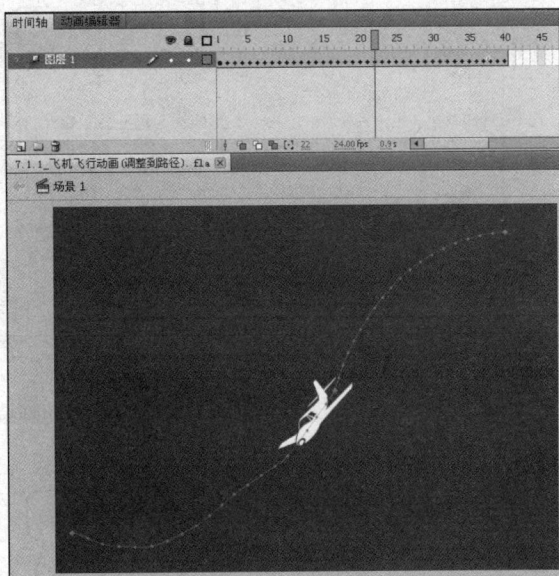

图 12-69 调整到路径

（15）再次按Enter键，可以看到飞机沿着曲线路径飞行的动画效果，并且飞机的飞行姿势也是沿着路径曲线进行调整的。

12.4.2 动画编辑器和动画预设

通过动画编辑器和动画预设可以增强补间动画的功能，前者可以在创建了对象补间动画后以多种方式对补间进行控制，后者可以自动生成补间动画。

1. 动画编辑器

在时间轴上创建了补间后，使用"动画编辑器"面板能够以多种方式对补间进行控制。选择"窗口"|"动画编辑器"命令可以打开"动画编辑器"面板，如图12-70所示。在面板左侧是对象属性的可扩展列表以及动画的"缓动"属性，在面板右侧的时间轴上显示了直线或曲线，直观地表现出不同时刻的属性值。

在"动画编辑器"面板底部的"图形大小"文本框■中输入数值或者左右拖动文本可以改变时间轴的垂直高度；在"扩展图形的大小"文本框■中输入数值或者左右拖动文本可以更改所选属性的垂直高度；在"可查看的帧"文本框■中输入数值或者左右拖动文本可以更改出现在时间轴中的帧的数量。"动画编辑器"面板中其他按钮的作用如图 12-71

所示。

图 12-70 "动画编辑器"面板

图 12-71 "动画编辑器"面板中的按钮

"动画编辑器"面板提供了针对补间动画所有属性的信息和设置项。用户通过"动画编辑器"面板可以查看所有补间属性和属性关键帧，还可以通过设置相应的设置项来实现对动画的精确控制。

专家点拨：12.5.3 节讲解了一个汽车网络广告的范例，读者可以通过这个范例的制作步骤进一步理解"动画编辑器"面板的使用方法。

2. 动画预设

动画预设是 Flash 内置的补间动画，其可以被直接应用于舞台上的实例对象。使用动画预设可以节约动画设计和制作的时间，极大地提高工作效率。

Flash 内置的动画预设可以在"动画预设"面板中选择并预览效果。选择"窗口"|"动画预设"命令打开"动画预设"面板，在面板的"默认预设"文件夹中选择一个动画预设选项，即可在面板中查看其动画效果，如图 12-72 所示。下面介绍使用动画预设的方法。

在舞台上选择可创建补间动画的对象，在"动画预设"面板中选择需要使用的预设动画，单击"应用"按钮，选择对象即被添加了预设动画效果，如图 12-73 所示。

图 12-72 "动画预设"面板　　　　　　图 12-73　应用预设动画

专家点拨：在应用预设动画时每个对象只能使用一个预设动画，如果对对象应用第二个预设动画，第二个预设动画将替代第一个。另外，每个动画预设包含特定数量的帧，如果对象已经应用了不同长度的补间，补间范围将进行调整以符合动画预设的长度。

12.4.3　遮罩动画

大家在 Flash 作品中经常可以看到很多眩目、神奇的效果，其中不少是用遮罩动画完成的，例如水波、万花筒、百叶窗、放大镜等动画效果。

遮罩动画的原理是在舞台前增加一个类似于电影镜头的对象。这个对象不仅仅局限于圆形，可以是任意形状，甚至可以是文字。将来导出的影片只显示电影镜头"拍摄"出来的对象，其他不在电影镜头区域内的舞台对象不再显示。

下面通过具体的操作来讲解遮罩动画的制作方法。

（1）新建一个 Flash 影片文档，保持文档属性的默认设置。

（2）导入一个外部图像（夜景.png）到舞台上。

（3）新建一个图层，在这个图层上用"椭圆工具"绘制一个圆（无边框，任意色），计划将这个圆作为遮罩动画中的电影镜头对象来用。

目前影片有两个图层，"图层 1"上放置的是导入的图像，"图层 2"上放置的是圆（计划作为电影镜头对象），如图 12-74 所示。

（4）下面来定义遮罩动画效果。右击"图层2"，在弹出的快捷菜单中选择"遮罩层"命令，图层结构发生了变化，如图12-75所示。

图12-74　舞台效果

图12-75　遮罩图层结构

注意观察一下图层和舞台的变化。

- "图层1"：图层的图标改变了，从普通图层变成了被遮罩层（被拍摄图层），并且图层缩进，图层被自动加锁。
- "图层2"：图层的图标改变了，从普通图层变成了遮罩层（放置拍摄镜头的图层），并且图层被加锁。
- 舞台显示也发生了变化，只显示电影镜头"拍摄"出来的对象，其他不在电影镜头区域内的舞台对象都没有显示，如图12-76所示。

只显示电影镜头区域内的图像

白色的舞台

图12-76　定义遮罩后的舞台效果

专家点拨：遮罩动画效果的获得一般需要两个图层，这两个图层是被遮罩的图层和指定遮罩区域的遮罩图层。实际上遮罩图层是可以同时应用于多个图层的。遮罩图层和被遮罩图层只有在锁定状态下才能够在编辑工作区中显示出遮罩效果。解除锁定后的图层在编辑工作区中是看不到遮罩效果的。

（5）按Ctrl+Enter组合键测试影片，观察动画效果，可以看到只显示了电影镜头区域内的图像。

（6）下面改变一下镜头的形状，在"图层1"的第15帧按F5键添加一个普通帧，然后将"图层2"解锁，在"图层2"的第15帧按F6键添加一个关键帧，并将"图层2"的第15帧上的圆放大尺寸，定义第1帧到第15帧的补间形状，图层结构如图12-77所示。

（7）按 Ctrl+Enter 组合键测试影片，观察动画效果，可以看到只显示了电影镜头区域内的图像，并且随着电影镜头（圆）的逐渐变大显示出来的图像区域越来越多。

（8）改变一下镜头的位置，将"图层 1"上的圆放置在舞台左侧，将"图层 2"的第 15 帧上的圆的大小恢复到原来的尺寸，并放置在舞台的右侧。

图 12-77　图层结构

（9）按 Ctrl+Enter 组合键测试影片，观察动画效果，可以看到随着电影镜头（圆）的位置移动显示出来的图像内容也发生变化，好像探照灯的效果。

从上面的操作可以得出这样的结论：在遮罩动画中可以定义遮罩层中电影镜头对象的变化（尺寸变化动画、位置变化动画、形状变化动画等），最终显示的遮罩动画效果会随着电影镜头的变化而变化。

其实除了可以设计遮罩层中的电影镜头对象变化以外，还可以让被遮罩层中的对象进行变化，甚至可以是遮罩层和被遮罩层同时变化，这样可以设计出更加丰富多彩的遮罩动画效果。

12.4.4　3D 动画和骨骼动画

Flash 从 CS4 开始提供了 3D 工具，能够使设计师在三维空间内对普通的二维对象进行处理，再与补间动画相结合就能制作出 3D 动画效果。骨骼动画是一种应用于计算机动画制作的技术，其依据的是反向运动学原理。这种技术应用于计算机动画制作是为了能够模拟动物或机械的复杂运动，使动画中角色的动作更加形象、逼真，使设计师能够方便地模拟各种与现实一致的动作。

1．3D 动画

Flash 允许用户通过在舞台的 3D 空间中移动和旋转影片剪辑来创建 3D 效果，Flash 为影片剪辑在 3D 空间内的移动和旋转提供了专门的工具，它们是"3D 平移工具" 和"3D 旋转工具" ，使用这两种工具可以获得逼真的 3D 透视效果。

在 Flash 的 3D 动画的制作过程中，平移指的是在 3D 空间中移动一个对象，使用"3D 平移工具"能够在 3D 空间中移动影片剪辑的位置，使得影片剪辑获得与观察者的距离感。在绘图工具箱中选择"3D 平移工具"，在舞台上选择影片剪辑实例，此时在实例的中间将显示出 X 轴、Y 轴和 Z 轴，其中 X 轴为红色、Y 轴为绿色、Z 轴为黑色的圆点，如图 12-78 所示，使用鼠标拖动 X 轴或 Y 轴的箭头即可将实例在水平或垂直方向上移动。

使用 Flash 的"3D 旋转工具"可以在 3D 空间中对影片剪辑实例进行旋转，旋转实例可以获得其与观察者之间形成一定角度的效果。

在绘图工具箱中选择"3D 旋转工具"，单击选择舞台上的影片剪辑实例，在实例的 X

轴上左右拖动鼠标能够使实例沿着 Y 轴旋转，在 Y 轴上上下拖动鼠标能够使实例沿着 X 轴旋转，如图 12-79 所示。

图 12-78　使用"3D 平移工具"　　　　　图 12-79　使用"3D 旋转工具"

　　3D 补间实际上就是在补间动画中运用 3D 变换来创建关键帧，Flash 会自动补间两个关键帧之间的 3D 效果。在创建 3D 补间动画时首先创建补间动画，然后将播放头放置到需要创建关键帧的位置，使用"3D 平移工具"或"3D 旋转工具"对舞台上的实例进行 3D 变换，在创建关键帧后 Flash 将自动创建两个关键帧之间的 3D 补间动画。

2. 骨骼动画

　　在 Flash CS4 之前，如果要对元件创建规律性运动动画，一般使用补间动画来完成，但是补间动画有其局限性，例如只能控制一个元件。在 Flash CS4 之后，Flash 引入了骨骼动画，允许用户用骨骼工具将多个元件绑定以实现复杂的多元件的反向运动，这无疑大大提高了复杂动画的制作效率。

　　在 Flash CS6 中，如果需要制作具有多个关节的对象的复杂动画效果（如制作人物走动动画），使用骨骼动画能够十分快速的完成。

　　创建骨骼动画首先需要定义骨骼。Flash CS6 提供了一个"骨骼工具" ，使用该工具可以向影片剪辑元件实例、图形元件实例或按钮元件实例添加 IK 骨骼。在绘图工具箱中选择"骨骼工具"，在一个对象中单击，向另一个对象拖动鼠标，释放鼠标后就可以创建这两个对象间的连接，此时两个元件实例间将显示出创建的骨骼。在创建骨骼时，第一个骨骼是父级骨骼，骨骼的头部为圆形端点，有一个圆圈围绕着头部；骨骼的尾部为尖形，有一个实心点，如图 12-80 所示。

　　选择"骨骼工具"，单击骨骼的头部，向第二个对象拖曳鼠标，释放鼠标后即可创建一个分支骨骼。根据需要创建骨骼的父子关系，依次将各对象连接起来，这样骨架就创建完成了。

　　在为对象添加了骨架后就可以创建骨骼动画了。在制作骨骼动画时可以在开始关键帧中制作对象的初始姿势，在后面的关键帧中制作对象的不同姿势，Flash 会根据反向运动学的原理计算出连接点间的位置和角度，创建从初始姿势到下一个姿势转变的动画效果。

骨骼的尾部

骨骼的头部

图 12-80　创建骨骼

在完成对象的初始姿势的制作后，在"时间轴"面板中右击动画需要延伸到的帧，选择快捷菜单中的"插入姿势"命令。在该帧中选择骨骼，调整骨骼的位置或旋转角度，如图 12-81 所示。此时 Flash 将在该帧创建关键帧，按 Enter 键测试动画即可看到创建的骨骼动画效果。

图 12-81　创建骨骼动画

制作网页动画

专家点拨： 在"时间轴"面板中将姿势图层的最后一帧向左或向右拖动能够改变动画的长度，此时 Flash 将按照动画的持续时间重新定位姿势帧，并且添加或删除帧。如果需要清除已有的姿势，可以右击姿势帧，选择"清除姿势"命令。

12.5　使用 Flash 制作网络广告

对于网站和广告客户而言，利用 Flash 制作网络广告是最常见的选择。用 Flash 制作的网络广告具有文件体积小、视觉冲击力强、交互性高等特点，能大大提高广告的点击率。本节通过具体范例介绍使用 Flash 制作网络广告的创意和方法。

12.5.1　企业形象 Banner 设计

企业形象设计又称 CI（Corporate Identity）设计。企业形象既是企业的外在感性形象，也能体现出企业的深刻文化内涵，企业形象的优劣既决定了企业的生存，也影响到企业的发展。

在开发企业网站时企业形象 Banner 设计是一个重要的内容。使用 Flash 制作 Banner 的最大优势在于它可以达到其他 GIF 动画软件所没有的独立动画能力，不管是一个图标还是一个文字都可以让其进行单独的运动而不影响整体效果。

下面通过一个装饰企业形象 Banner 设计的范例介绍利用 Flash 制作企业形象 Banner 的方法，范例效果如图 12-82 所示，右侧是装饰公司的文字标识，左侧是一个动态图标，绿色树叶依次展开并依次渐隐。

图 12-82　企业形象 Banner

本范例的详细制作步骤如下。

（1）新建一个 Flash 文件，设置舞台尺寸为 300×200 像素，其他属性保持默认。

（2）在舞台上用"钢笔工具"绘制一个没有填充色的三角形，然后用"选择工具"调整出树叶的轮廓。

（3）选择"颜料桶工具"，在"颜色"面板中设置填充颜色为绿色到白色的线性渐变色，然后对舞台上的树叶轮廓进行填充。接着用"渐变变形工具"对填充色进行适当编辑，之后将轮廓线删除，效果如图 12-83 所示。

图 12-83　树叶的绘制过程

（4）选择"任意变形工具"，单击选择舞台上的树叶图形，将变形中心点移动到如图 12-84 所示的位置。

（5）打开"变形"面板，将宽和高的缩放比例设置为 110%，在"旋转"文本框中输入–30 度，如图 12-85 所示。

图 12-84 移动变形中心点　　　　　　　图 12-85 "变形"面板

（6）单击"变形"面板中的"复制选区和变形"按钮 5 次，得到图 12-86 所示的图形效果。

（7）选中舞台上的所有图形，选择"修改"|"转换为元件"命令，弹出"转换为元件"对话框，在"名称"文本框中输入"图案"，在"类型"下拉列表中选择"影片剪辑"选项，如图 12-87 所示，单击"确定"按钮即可将舞台上的图形转换为一个影片剪辑元件。

图 12-86 变形后的图形效果　　　　　　图 12-87 "转换为元件"对话框

（8）双击舞台上的影片剪辑进入其编辑场景，选择第 2 个树叶图形（从上向下数），单击主工具栏上的"剪切"按钮将其剪切。然后新建一个图层，选择这个新图层，并选择"编辑"|"粘贴到当前位置"命令，这样就将第 2 个树叶图形放置在一个独立的新图层上了。

（9）按照同样的方法依次将其他几个树叶图形分别放置在独立的新图层上，并对各个图层重新命名，如图 12-88 所示。

（10）选择舞台上的一个树叶图形，然后选择"修改"|"转换为元件"命令，将其转换为一个图形元件，接着按照同样的方法将其他树叶图形分别转换为图形元件。

（11）选择"树叶 1"图层的第 10 帧，按 F6 键插入一个关键帧。然后选择这个图层的

339

第 1 帧上的树叶，在"属性"面板的"色彩效果"栏中设置其 Alpha 值为 0%，如图 12-89 所示，这样可以使这个树叶完全透明。

图 12-88　将各个树叶图形分布在独立图层

图 12-89　设置第 1 帧上的树叶完全透明

　　（12）选中"树叶 1"图层的第 1 帧，然后右击，在弹出的快捷菜单中选择"创建传统补间"命令，这样就创建了从第 1 帧到第 10 帧的传统补间动画，动画效果是一个树叶逐渐显示出来。

　　（13）选择"树叶 2"图层的第 1 帧，拖动鼠标将其移动到第 10 帧，并在这个图层上选择第 20 帧，按 F6 键插入一个关键帧。然后选择这个图层的第 10 帧上的树叶，在"属性"面板中设置其 Alpha 值为 0%，这样可以使这个树叶完全透明。选中"树叶 2"图层的第 10 帧，然后右击，在弹出的快捷菜单中选择"创建传统补间"命令，这样就创建了从第 10 帧到第 20 帧的传统补间动画，动画效果是一个树叶逐渐显示出来。

　　（14）按照同样的方法分别制作另外 4 个图层上的补间动画，图层结构如图 12-90 所示。

图 12-90　前 60 帧的图层结构

　　专家点拨：图 12-90 所示为一个阶梯式的图层结构，这种结构在制作动画时比较常见，可以实现各个图层上的对象渐次动画的效果。本例是实现各个树叶渐次显示的效果。

　　（15）分别选择"树叶 6"图层的第 90 帧和第 100 帧，按 F6 键插入关键帧。然后选择这个图层的第 100 帧上的树叶，在"属性"面板中设置其 Alpha 值为 0%，这样可以使这个树叶完全透明。选中"树叶 2"图层的第 90 帧，然后右击，在弹出的快捷菜单中选择"创建传统补间"命令，这样就创建了从第 90 帧到第 100 帧的传统补间动画，动画效果是一个树叶逐渐消失。

（16）按照同样的方法分别制作另外 5 个图层上的补间动画，并且将帧都延伸到第 160 帧，图层结构如图 12-91 所示。

图 12-91　第 90 帧后的图层结构

（17）单击"场景 1"按钮，如图 12-92 所示，这样可以退出"图案"影片剪辑的编辑状态，切换到主场景中。

专家点拨：这时在舞台上看不到"图案"影片剪辑，这是因为在"图案"影片剪辑中最开始的树叶图形都被设置成完全透明的。

图 12-92　单击"场景 1"按钮

（18）利用文本工具和矩形工具在舞台右边创建文字和图形效果，如图 12-93 所示。

（19）为了让文字在其他没有安装字体的计算机上正常显示，这里选择"修改"|"分离"命令将舞台上的文字转换为形状。

至此，本范例制作完毕。

图 12-93　创建文字和图形效果

12.5.2　横幅广告设计

横幅广告是网络广告最早采用的形式，也是目前最常见的形式。横幅广告又称旗帜广告，它是横跨于网页上的矩形公告牌，当用户点击这些横幅的时候通常可以链接到广告主的网页。

本小节通过一个汽车产品促销横幅广告范例的制作介绍利用 Flash 制作动态横幅广告的方法，本范例的效果如图 12-94 所示。

图 12-94　横幅广告

制作网页动画

本范例的详细制作步骤如下。

1. 创建汽车动画

（1）新建一个 Flash 文档，设置文档尺寸为 680×300 像素、背景色为黑色、帧频为 25。

（2）选择"插入"|"新建元件"命令，打开"创建新元件"对话框，在其中的"名称"文本框中输入"车身"；在"类型"下拉列表中选择"图形"选项，如图 12-95 所示。

（3）单击"确定"按钮进入元件的编辑状态，使用"铅笔工具"和"椭圆工具"在场景中绘制出汽车车身的轮廓线，如图 12-96 所示。

图 12-95 "创建新元件"对话框

图 12-96 绘制汽车车身的轮廓线

（4）选择"颜料桶工具"，按 Shift+F9 组合键打开"颜色"面板，设置填充颜色的类型为"径向渐变"，在渐变条下方单击添加一个颜色指针，设置左侧颜色指针的颜色为#FEDDD6、中间颜色指针的颜色为#FA5127、右侧颜色指针的颜色为#CA1502，3 个颜色指针的位置如图 12-97 所示。

（5）在场景中汽车的主体轮廓上单击，对其进行填充，然后选择"渐变变形工具"，将填充色进行调整，效果如图 12-98 所示。

（6）新建一个名字为"车轮"的图形元件，使用"铅笔工具"和"椭圆工具"在场景中绘制出汽车车轮的效果，如图 12-99 所示。

图 12-97 "颜色"面板

图 12-98 填充并调整颜色

图 12-99 车轮

（7）新建一个名字为"车轮转动"的影片剪辑元件，进入到这个元件的编辑场景后从"库"面板中将"车轮"图形元件拖放到场景的中心位置，并在时间轴的第 5 帧按 F5 键插入帧，然后右击第 1 帧，在弹出的快捷菜单中选择"创建补间动画"命令，这样就创建了第 1 帧到第 5 帧之间的补间动画，在"属性"面板的"旋转"栏中单击"方向"下拉列表，选择"逆时针"选项，如图 12-100 所示。

（8）新建一个名字为"整车"的影片剪辑元件，进入到这个元件的编辑场景后从"库"面板中将"车身"元件拖放到场景的中心位置。新建一个图层，更名为"车轮"，然后从"库"面板中拖动两个"旋转车轮"元件到场景中，并将它们放置在车身下方合适的位置，如图 12-101 所示。

图 12-100　设置旋转选项

图 12-101　将车身元件和车轮元件拖放到场景中

2. 创建树移动的动画

（1）新建一个名字为"树"的图形元件，进入到这个元件的编辑场景后选择"线条工具"和"铅笔工具"在舞台中绘制出一个卡通树的轮廓，如图 12-102 所示。

选择"颜料桶工具"，设置填充色为绿色，在树叶部分单击对树叶进行填充；设置填充色分别为#F1A55A 和#AB5E10，对树干部分分段填充，然后将图形的轮廓线删除，效果如图 12-103 所示。

图 12-102　在舞台中绘制一个树的轮廓

图 12-103　填充颜色后的效果

（2）新建一个名为"树群"的图形元件，进入到这个元件的编辑场景后从"库"面板中拖动 4 个"树"元件到场景中，并将它们按照图 12-104 所示排列，注意 4 棵树在舞台上占据的宽度要略多于影片的宽度，也就是要多于 680 像素。

按 Ctrl+A 组合键选中场景中的 4 棵树，按 Ctrl+G 组合键对 4 棵树进行组合，按 Ctrl+C 组合键复制选中的树，按 Ctrl+V 组合键在场景中粘贴复制的内容，然后将两组树按照图 12-105 所示在场景中排列，注意它们与舞台中心点的位置。

图 12-104　排列 4 棵树的位置

图 12-105　排列两组树的位置

（3）新建一个影片剪辑元件并命名为"移动的树"，进入元件的编辑状态，从"库"面板中将"树群"元件拖放到场景中，在"对齐"面板中选中"与舞台对齐"复选框，然后分别单击"水平中齐"按钮和"垂直中齐"按钮。

在舞台的空白处右击，在弹出的快捷菜单中选择"标尺"命令，然后将鼠标指针移至垂直的标尺上，按下鼠标左键并向右拖动拉出一条辅助线，将辅助线设置到第 4 棵树的右边缘位置，如图 12-106 所示。

图 12-106　设置辅助线的位置

在时间轴的第 200 帧按 F5 键插入一个帧，然后右击第 1 帧，在弹出的快捷菜单中选择"创建补间动画"命令。选择第 200 帧，平行向左移动该帧中元件的位置，直到该帧中最后一棵树的右边缘与舞台上的辅助线完全对齐，如图 12-107 所示。

（4）新建一个影片剪辑元件并将元件命名为"线"，单击"确定"按钮进入元件的编辑状态。选择"线条工具"，设置笔触颜色为白色、笔触高度为 3 像素，在"选项"区中选择"对象绘制"选项。在"属性"面板中单击"样式"下拉列表，选择"虚线"。在舞台上拖动鼠标绘制一条 730 像素宽的虚线，在"对齐"面板中分别单击"左对齐"和"垂直中齐"按钮。

图 12-107　将元件中最后一棵树的右边缘与辅助线对齐

在时间轴的第 10 帧按 F6 键插入关键帧，并将该帧中线条的 X 位置设置为–50，然后在两个关键帧之间创建传统补间动画。

3．组装主动画

（1）返回到场景 1 中，选择"矩形工具"，设置笔触颜色为白色、填充颜色为#333333，在"属性"面板中设置笔触高度为 3、样式为实线，然后在舞台上绘制一个 680×100 像素的矩形，并在"对齐"面板中分别单击"水平中齐"和"底对齐"按钮。使用"选择工具"分别选择矩形的左、右、下 3 条边线，将这 3 条边线删除。

（2）从"库"面板中拖动"线"元件到舞台上，在"属性"面板中设置元件的 X 位置为 0、Y 位置为 370，如图 12-108 所示。

（3）将"图层 1"重命名为"道路"，并将该图层锁定。单击"插入图层"按钮新建一个图层，将新图层命名为"树木"，然后从"库"面板中将"移动的树"元件拖动到舞台上，在"属性"面板中将元件的 X 位置设置为 0、Y 位置设置为 192，如图 12-109 所示。

图 12-108　制作路面

图 12-109　设置"移动的树"元件在舞台上的位置

（4）在时间轴上拖动"树木"图层到"道路"图层的下面，将树木多余的部位隐藏在道路后面。选中"道路"图层，单击"插入图层"按钮新建一个图层，将新图层命名为"汽车"，然后从"库"面板中将"整车"元件拖放到舞台上合适的位置，如图 12-110 所示。

图 12-110　拖动"整车"元件到舞台上合适的位置

（5）按 Ctrl+Enter 组合键测试影片，可以看到一辆汽车在夜景中行驶的动画。

专家点拨：前面制作的是一辆汽车在夜景中行驶的动画。制作汽车、人物或其他具有活动能力的物体的移动效果是 Flash 动画中经常用到的场景。制作此类场景通常需要由两方面配合实现，一个是物体本身的运动动画，在本例中就是汽车轮子不停地转动；另外一个就是参照物的移动，在本例中就是路边的树木沿着与汽车轮子旋转方向相反的方向不停地移动，两者结合即产生了汽车不断向前行驶的效果。

4. 制作广告词动画

（1）在舞台上双击"移动的树"影片剪辑实例，进入到这个元件的编辑场景中。

（2）将"图层 1"重命名为"树"，然后新添加一个图层，并将其更名为"文字"。下面要在这个"文字"图层上制作广告词动画。

（3）在"文字"图层的第 1 帧用"文本工具"输入"购车之旅，惊喜不断！"，并设置合适的文字格式。选中文字，选择"修改"｜"转换为元件"命令，将其转换为图形元件。

（4）在第 50 帧插入一个关键帧，然后选中第 1 帧上的文字，在"属性"面板中设置其 Alpha 值为 0%，并定义从第 1 帧到第 50 帧之间的传统补间动画。

（5）在第 51 帧插入一个关键帧，然后用"文本工具"输入"一重好礼：送保险"，并设置合适的文字格式。选中文字，选择"修改"｜"转换为元件"命令，将其转换为图形元件。

（6）在第 70 帧插入一个关键帧，然后选中第 51 帧上的文字，将其垂直移动到舞台外边，并定义从第 51 帧到第 70 帧之间的传统补间动画。

（7）按照同样的方法定义从第 100 帧到第 120 帧、从第 150 帧到第 170 帧的传统补间动画，实现另外两个广告词的动画效果。

至此本范例制作完成，可以保存文件，测试动画效果。

12.5.3　网络广告设计

本小节利用对象补间动画和动画编辑器制作一个汽车广告的动画效果，先从天而降一个汽车，然后汽车飞驰消失，最后飞进来一个文字广告词。范例效果如图 12-111 所示，图层结构如图 12-112 所示。

图 12-111　汽车广告

图 12-112　图层结构

1.　制作汽车从天而降的动画效果

（1）新建一个 Flash 文档，将舞台的背景颜色设置为黑色，其他保持默认设置。

（2）将外部的汽车图像文件导入到舞台，并且用"魔棒工具"和"橡皮擦工具"将图像的背景去除，然后将汽车图像转换为影片剪辑元件。"库"面板的情况如图 12-113 所示。

（3）将"图层 1"更名为"汽车"，将舞台上的汽车移动到舞台顶端外部。

（4）在第 35 帧插入帧，然后为汽车创建补间动画。

（5）选中补间范围，打开"动画编辑器"面板，将播放头移动到第 10 帧，在"基本动画"栏中将 Y 设置为 200 像素，如图 12-114 所示。此时测试动画可以获得汽车从舞台上方落下的动画效果。

图 12-113　"库"面板

图 12-114　在第 10 帧设置 Y 值

（6）在时间轴上选择第 15 帧，在"基本动画"栏中将"旋转 Z"值设置为"2°"；选择第 17 帧，将"旋转 Z"值设置为"0°"；选择第 19 帧，将"旋转 Z"值设置为"–2°"。同样，将第 21 帧的"旋转 Z"值设置为"0°"，将第 23 帧的"旋转 Z"值设置为"2°"。按照这样的规律，以两帧为间隔依次设置后面帧的"旋转 Z"属性值，如图 12-115 所示。

图 12-115　以相同的帧间隔设置"旋转 Z"属性值

（7）单击"滤镜"选项栏右侧的"添加颜色、滤镜或缓动"按钮，在打开的菜单中选择"模糊"滤镜。将播放头移动到第1帧，将"模糊X"和"模糊Y"值均设置为0像素；将播放头移动到第17帧，将"模糊X"和"模糊Y"值均设置为10像素；选择第19帧，将"模糊X"和"模糊Y"值重新设置为0像素。按照这样的规律，以两帧为间隔依次设置后面帧的"模糊X"值和"模糊Y"值。然后将第10帧的"模糊"滤镜的"模糊X"和"模糊Y"值设置为0像素，如图12-116所示。这样获得了汽车震动的动画效果。

图 12-116　以相同的帧间隔设置"模糊"滤镜

2. 制作汽车飞驰消失的动画效果

（1）将播放头移动到第30帧，在"基本动画"栏的X属性中添加一个属性关键帧，再将播放头移动第35帧，将X属性值设置为620像素，如图12-117所示。

图 12-117　在第30帧和35帧分别设置X属性值

（2）将播放头移动到第1帧，在"色彩效果"栏中单击"添加颜色、滤镜或缓动"按钮，在打开的菜单中选择"Alpha"。

（3）将播放头移动到第30帧，添加一个属性关键帧；将播放头移动第35帧，将Alpha值更改为0%，如图12-118所示。

图 12-118　设置 Alpha 属性值

3. 制作文字动画效果

（1）新添加一个图层，将其重命名为"背景"，然后将这个图层移动到时间轴的最下边。在这个图层上绘制一个和舞台重合的矩形，填充色为从深蓝色到浅蓝色的径向渐变色，并将"背景"图层上的帧延伸到第45帧。

（2）再添加一个图层，将其重命名为"文字"，在这个图层的第30帧添加一个空白关键帧。在第30帧上用"文本工具"创建一个传统文本，将其放置在舞台的左侧外部，效果如图12-119所示。

图12-119　输入文本

（3）在第45帧添加帧，然后针对这个文字创建补间动画。

（4）选中"文字"图层的补间范围，打开"动画编辑器"面板，将播放头移动到第35帧，在"基本动画"栏中将X设置为262像素，如图12-120所示，这样可以获得文字从舞台左侧飞入舞台的动画效果。

图12-120　在第35帧设置X属性值

（5）单击"滤镜"选项栏右侧的"添加颜色、滤镜或缓动"按钮，在打开的菜单中选择"模糊"滤镜。将播放头移动到第30帧，将"模糊X"和"模糊Y"值均设置为15像素；将播放头移动到第35帧，将"模糊X"和"模糊Y"值均设置为0像素，如图12-121所示。

图12-121　设置"模糊X"和"模糊Y"值

（6）单击"缓动"选项栏右侧的"添加颜色、滤镜或缓动"按钮，在打开的菜单中选择"阻尼波"，然后更改"阻尼波"的值为8，如图12-122所示。

图 12-122 添加"阻尼波"缓动

（7）在"基本动画"栏的"缓动"项下为 X 属性设置"阻尼波"缓动，如图 12-123所示。

图 12-123 为 X 属性应用"阻尼波"缓动

至此本范例制作完毕。

12.6 本章习题

一、选择题

1. 按下（   ）按钮后在时间轴的上方会出现绘图纸外观标记，拉动外观标记的两端可以扩大或缩小显示范围。

    A.   B.   C.   D.

2. 假设传统补间动画的"演员"是一个组对象，下面的动画效果不能够直接实现的是（   ）。

    A. 位置移动   B. 尺寸逐渐缩小   C. 淡入淡出   D. 尺寸逐渐放大

3. 下面关于传统补间动画的叙述中错误的是（   ）。

    A. 直接参与形状补间动画的"演员"只能是形状，不能是其他类型的对象

    B. 形状补间动画这种动画类型只能实现形状变形效果，不能实现动画对象的颜色和位置的变化效果

    C. 在 Flash 中形状提示点的编号为 a～z，一共有 26 个

D．如果想制作一个红色的圆逐渐变成绿色的圆的动画效果，既可以用传统补间动画来实现，也可以用形状补间动画来实现

4．在"动画编辑器"面板中，下面的按钮可以删除关键帧的是（　　　）。

A．　　　　B．　　　　C．　　　　D．

5．遮罩动画是 Flash 中一个很重要的动画类型，很多效果丰富的动画都是通过遮罩动画来完成的。关于遮罩动画下面说法错误的一项是（　　　）。

A．在一个遮罩动画中"遮罩层"只有一个，"被遮罩层"可以有多个

B．遮罩层中的图形可以是任何形状，但是播放影片时遮罩层中的图形不会显示

C．在遮罩层中不能用文字作为遮罩对象

D．在定义遮罩图层后遮罩层和被遮罩层将自动加锁

二、填空题

1．不同的帧颜色代表不同类型的动画，如传统补间动画的帧显示为＿＿＿＿＿，形状补间动画的帧显示为＿＿＿＿＿。没有定义传统补间动画的关键帧后的普通帧显示为＿＿＿，它继承和延伸该关键帧的内容。

2．创建关键帧和普通帧是在动画制作过程中频繁进行的操作，因此一般使用快捷键进行操作。插入普通帧的快捷键是＿＿＿＿键，插入关键帧的快捷键是＿＿＿＿键，插入空白关键帧的快捷键是＿＿＿＿键。

3．逐帧动画的制作方法有两个要点，一是添加若干个连续的＿＿＿＿＿＿；二是在其中创建不同的但有一定＿＿＿＿＿＿的画面。

4．对象补间动画具有功能强大且操作简单的特点，用户可以对动画中的补间进行最大程度的控制，能够应用对象补间的元素有影片剪辑元件实例、图形元件实例、按钮元件实例以及＿＿＿＿＿＿＿＿。

5．在制作沿引导路径的传统补间动画时一定要保证"＿＿＿＿＿＿＿＿＿＿＿"按钮处于按下状态，这样才能保证动画对象正确地吸附到引导路径的两个端点上。

12.7　上　机　练　习

练习 1　制作网站动态 Logo

拟定一个汽车网站主题，使用 Flash 为这个网站设计制作一个动态 Logo。在设计时应该注意以下情况：

（1）网站名称和域名要醒目，配合的图形不能太复杂。

（2）动态效果使用 Flash 的动画技术来实现，但动画效果不能太花哨，要起到突出重点的作用。

（3）Logo 外围边框的颜色最好使用深色，这样可以避免因 Logo 四周过于空白而融入页面底色，降低浏览者对 Logo 的关注度。

练习 2　制作产品推广横幅广告

拟定一个新上市汽车的推广计划，使用 Flash 为其设计制作一个网络横幅广告。在设计时应该注意以下情况：

（1）动画内容必须有一个明确的主线，让消费者明白广告推销的是什么。

（2）为了表达汽车动感的特性，可以将动画设计得动感、活泼一些。

（3）广告语要精练，不能使用太多的文字。

（4）如果使用的是位图素材，有关汽车方面的图像可以在网上搜集并下载。

1. body 标签

<body></body>是 HTML 文档的主体部分，在这个标签对之间可以包含<p></p>、<h1></h1>、
、<hr>等众多标签。在<body>和</body>中放置的是页面中所有的内容，例如图片、文字、表格、表单、超链接等设置。<body>标签有自己的属性，设置<body>标签内的属性可以控制整个页面的显示方式。<body>标签的属性如表 A-1 所示。

<p align="center">表 A-1   <body>标签的属性</p>

属　　性	描　　述
link	设定页面默认的链接颜色
alink	设定鼠标正在单击时的链接颜色
vlink	设定访问后链接文字的颜色
background	设定页面背景图像
bgcolor	设定页面背景颜色
leftmargin	设定页面的左边距
topmargin	设定页面的上边距
bgproperties	设定页面背景图像为固定，不随页面的滚动而滚动
text	设定页面文字的颜色

2. 文本和段落标签

文字是网页中最基础的信息载体，浏览者主要通过文字了解网页的内容。在网页中编辑文字时通常利用如<font face="宋体" size="20" color="red">×××</font>的标记，在这里定义字符×××的字体显示为宋体、字号为 20、颜色为 red（红色）。

下面是一个说明如何使用文字格式的实例，代码如下：

```
<html>
<head>
<title>创建文本</title>
</head>
<body>
<p align="right"><font face="隶书" size="30" color="red">单标签：有些标签单
独使用就能发号指令，控制网页的效果，如br就是一个最常用的单标签，它表示换行。
</font>
</p>
<p align="left"><font face="宋体" size="5" color="blue">双标签：有些标签必须
成对使用，在给网页文件发送的指令符号前面和后面分别加上标签，告诉文件从开始标签到结束标签之
```

间执行某个命令。

```
</font>
</p>
<p align="center"><font size="2" color="blue">标签属性：在单标签和双标签的开始
标签里还可以包含一些属性，以达到个性化的效果。
</font>
</p>
</body>
</html>
```

该程序第 6 行使用 p 标记，该标记中的内容在浏览器中输出的时候按输入时的位置输出，使用 font 标记定义字体为隶书、大小为 30、颜色为红色。第 10 行使用 font 标记定义字体为宋体、大小为 5、颜色为蓝色；第 15 行使用 font 标记定义字体大小为 2、颜色为蓝色，显示的结果如图 A-1 所示。

图 A-1　网页效果

专家点拨： 在使用 font 标记定义文字格式时默认的字体类型是宋体。

3. img 标签

在网页中利用<img src="××.jpg" width=200 height=150 border="1">标签可以插入图片。这里的 img 是 HTML 的一个标签，表明要插入一幅图片，src 属性要求给出所链接图片的路径和文件名，一般情况下都利用相对路径给出。width 属性表示插入图片的宽度，height 表示插入图片的高度，border 表示显示图像时的外边框的宽度。

下面是在一个网页中插入图片的代码：

```
<html>
<head>
<title>创建图像</title>
</head>
<body>
<img src="myphoto.jpg" width=200 height=150 border="2">
</body>
</html>
```

该程序第 6 行使用 img 标记插入当前目录下的图片 myphoto.jpg。这个图片的显示尺寸为 200×150 像素，外边框宽度为 2 像素。

4. 列表标签

有序列表的内容自动按照序号排列，基本语法如下：

```
<ol>
<li>列表内容一</li>
<li>列表内容二</li>
<li>列表内容三</li>
<li>列表内容四</li>
<li>列表内容五</li>
</ol>
```

在上面的代码中，所有<li>和</li>之间的文字会自动成为有序列表。下面是一个具体的网页实例，代码如下：

```
<html>
<head>
<title>创建有序列表</title>
</head>
<body>
 <ol>
 <li>北京</li>
 <li>上海</li>
 <li>天津</li>
 <li>南京</li>
 <li>西安</li>
 </ol>
</body>
</html>
```

该程序第 6 行是 ol 标记，定义一个有序列表的开始，第 7 行使用<li>标记添加列表内容，显示的结果如图 A-2 所示。

图 A-2　有序列表

使用无序列表与有序列表类似，其基本语法如下：

```
<ul>
<li>列表内容一</li>
<li>列表内容二</li>
<li>列表内容三</li>
<li>列表内容四</li>
<li>列表内容五</li>
</ul>
```

在以上代码中，所有<li>标记的内容会自动排列成无序列表，在每一行的前面会自动出现一个小黑色实心圆。有序列表和无序列表的 HTML 代码比较相似，列表内容都是以<li>开始以</li>结束，不同的地方是有序列表以<ol>开始以</ol>结束，而无序列表以<ul>开始以</ul>结束。

下面是一个具体的网页实例，代码如下：

```
<html>
<head>
<title>创建无序列表</title>
</head>
<body>
 <ul>
 <li>北京</li>
 <li>上海</li>
 <li>天津</li>
 <li>南京</li>
 <li>西安</li>
 </ul>
</body>
</html>
```

该程序第 6 行是<ul>标记，定义一个无序列表的开始，第 7 行使用<li>标记添加列表内容，显示的结果如图 A-3 所示。

图 A-3　无序列表

5. 超链接标签

HTML 可以非常方便地实现超链接，定义超链接的基本语法如下：

```
<a href="myaddress.html">×××</a>
```

在以上代码中，×××就是一个超链接文字，链接到 myaddress.html 文件，<a>标记是 Anchor，中文意思是锚，所谓锚就是用来连接两只船，可以从这只船到另外一只船，在网页中的意思就是从一个页面链接到另外一个页面。代码中的 href 属性用于定义链接到哪一个页面，当然还可以有其他属性。被链接的内容可以在同一个文档内，也可以是跨文件、跨网络的外部链接。

下面是一个文档内超链接的实例，代码如下：

```
<html>
<head>
<title>文档内超链接</title>
</head>
<body>
<p><a href="#1">Dreamweaver简介</a></p>
<p><a href="#2">Dreamweaver工作环境</a></p>
<p><a href="#3">Dreamweaver的视图模式</a></p>
<br><br>
<p><a name="1">Dreamweaver简介</a></p>
<p>这里是对Dreamweaver的简要介绍
<br><br><br><br><br><br><br><br>
</p>
```

357

```
<p><a name="2">Dreamweaver工作环境</a></p>
<p>这里是对Dreamweaver工作环境的介绍
<br><br><br><br><br><br><br><br>
</p>
<p><a name="3">Dreamweaver的视图模式</a></p>
<p>这里是对Dreamweaver的视图模式的介绍
<br><br><br><br><br><br><br><br>
</p>
</body>
</html>
```

在以上代码中，第 6 行使用<a>标记插入链接，内容为#1 定义的内容；第 7 行使用<a>标记插入链接，内容为#2 定义的内容；第 8 行使用<a>标记插入链接，内容为#3 定义的内容；第 9 行使用
换行，第 10 行用<a>标记定义链接名#1，然后定义相应的文字段落；第 14 行用<a>标记定义链接名#2，然后定义相应的文字段落；第 18 行用<a>标记定义链接名#3，然后定义相应的文字段落。

显示的结果如图 A-4 所示。单击链接文字可以跳转到本文档中相应的位置。这种文档内的超链接对长文档中段落的定位和跳转很有用。

图 A-4　文档内超链接

在网站建设中一般网页上的链接大多是跨文档的链接，下面是一个跨文档的实例。

```
<html>
<head>
```

```
<title>跨文档超链接</title>
</head>
<body>
<p><a href="http://www.cctv.com">单击这里访问中央电视台</a></p>
<p><a href="http://www.163.com"><img src="button.gif"></a></p>
</body>
</html>
```

在以上代码中，第 6 行定义了一个文字链接，第 7 行定义了一个图像链接。当网页打开时，单击文字链接可以打开 CCTV 的网址，单击图像可以打开网易的网址。

6. 表格标签

在 HTML 文档中一个表格主要由 3 种标签组成，分别是<table></table>、<tr></tr>、<td></td>，它们分别对应表格、行、列。<tr>包含在<table>内部，而<td>包含在<tr>内部。

例如，下面是一个 2 行 2 列的表格的代码：

```
<table>
  <tr>
    <td>第1行第1列</td>
    <td>第1行第2列</td>
  </tr>
  <tr>
    <td>第2行第1列</td>
    <td>第2行第2列</td>
  </tr>
</table>
```

表格以<table>标签开始，以</table>标签结束；第 1 个<tr>开始到</tr>结束代表第 1 行，以此类推；每一个<tr>标签中的第 1 个<td>开始到</td>结束代表第 1 列，第 2 个<td>开始到</td>结束代表第 2 列，以此类推。

7. 表单标签

在网页设计中一般使用 HTML 标签创建用户界面，实现输入数据和展示数据的功能。在网页中这种由可输入表项及项目选择等元素所组成的栏目称为"表单"，使用表单可以实现页面的数据传送，还可以实现 Web 程序和用户的交互。

表单通常都和程序连接（如 ASP 程序）来实现数据的处理，一个表单有以下 3 个基本组成部分。

- 表单标签：包含了处理表单数据所用程序的位置及数据提交到服务器使用的方法。
- 表单组件：用来输入数据或进行选择，包括单行文本编辑框、密码框、单选按钮、复选框、多行文本编辑框、下拉列表框等。
- 表单按钮：包括"提交"按钮和"重置"按钮，用来提交输入或者取消输入。

1）表单

表单本身是一个框架，它把提交组件、数据输入组件和格式化组件组合在一起，构成一个用户输入界面，其作用是利用提交组件将表单中的数据（数据输入组件接受数据）提交给服务器。表单的基本语法如下：

```
<form    method=get/post  action="accept.jsp"    name="表单名字">
    [数据输入组件（一至多个组件）][格式化组件]
    提交组件 [重置组件]
</form>
```

【说明】
- <form>是表单开始标记，</form>是表单结束标记，在起始和结束标记之间可以放置多个数据组件，以接受用户输入的数据，还可以放置一个提交组件、一个重置组件。所有表单组件都应该在<form>和</form>标签之内。
- </form> method 属性表示提交信息的方式，当用 get 方法提交时信息会显示在浏览器的地址栏中，而用 post 方法提交时信息不会显示在地址栏中。
- action 的值是一个文件，该文件接受表单数据，即把表单数据提交给该文件。
- 提交组件：当用户单击该组件时表单中的数据组件值被传递给页面 accept.jsp。

专家点拨：一个页面可以有多个表单 form，但两个表单不可以嵌套或者重叠。

2）单行文本编辑框
一般来说用户通过文本框输入各种数据。文本框的一般语法格式如下：

```
<input type="text"
        name="textname"
        value="defaultvalue"
        size="lengthvalue"
        align="left"/"center"/"right"
        maxlength="inputvalue">
```

【说明】
- type 的值为 text 时表示这个组件的类型是单行文本编辑框。
- name 的值是为文本框指定的名字。
- value 的值是文本框的初始值。
- size 的值是文本框宽度，单位是字符。
- align 的值是文本框在浏览器中的对齐方式。
- maxlength 的值指定文本框可输入字符的最大长度。

3）密码框
密码框是一种特殊的文本框，输入的信息用*回显，以防止他人偷看口令。密码框的一般语法格式如下：

```
<input   type="password"
        name="passwordname"
        size="lengthvalue"
        align="left"/"center"/"right"
        maxlength="inputvalue">
```

【说明】

- type 的值为 password 时表示本组件是密码框，它与单行文本框的区别在于用户输入的内容不被显示。
- name 的值是为密码框指定的名字。

4）单选按钮

当一个题目中的答案只能多选一时要使用单选按钮，系统会给出几种选择，用户从中选择一项即可。单选按钮的一般语法格式如下：

```
<input  type="radio"
        name="radioname"
        value="radiovalue"
        checked="str">
```

【说明】

- type 的值为 radio 时表示本组件是单选按钮。
- name 的值是单选按钮指定的名字，同一组单选按钮的名字应相同。当一个单选按钮被选中时服务器可以通过 name 的值获得被选中单选按钮的 value 值。
- checked 的值如果是一个非空的字符串，则表示该单选按扭默认被选中，同一组单选按钮同时只能有一个被选中。

5）复选框

在给出的选项中可以同时选择多个选项，当一个题目中可以选择多个答案时需要使用复选框。复选框的一般语法格式如下：

```
<input   type="checkbox"
         name="checkboxname"
         value="checkvalue"
         align="top"/"bottom"
         checked="str" >
```

【说明】

- type 的值为 checkbox 时表示本组件的类型是复选框。
- name 的值是为复选框指定的名字。在同一组复选框中，每个复选框 name 的值应相同。当复选框被选中时，服务器可以通过 name 的值获得 value 的值。
- checked 的值如果是一个非空的字符串，那么该复选框的初始状态就是选中状态。同一组复选框同时可以有多个被选中。

6）列表框

列表框的功能是用户在给出的较多选项中选择一个。下拉式列表框和滚动式列表框都是通过<select>和<option>标记来定义的。列表框的基本格式如下：

```
<select  name="listname"  size="showrows">
<option   value="value1">
<option   value="value2">
⋮
<option   value="valuen"  selected >
</select>
```

【说明】

- 一个列表框由一个<select>和若干个<option>组成，<option>标签表示列表框中的一个选项。
- name 的值指定列表框的名字，当 size 的值是 1 时是下拉列表，当大于 1 时是滚动列表框。size 的默认值是 1。
- 服务器通过 name 的值获得列表框被选中项的值。value1、value2……表示各选项的值，而 selected 表示这一选项在默认状态下是被选中的项。

7）多行文本编辑框

该组件在表单中指定一个能够进行多行文本输入的文本区，其语法格式如下：

```
<textarea  name="textareaname"
        row="showrows"
        cols="showcols">
```

【说明】

- name 的值指定文本区的名字。
- rows 的值指定文本区的可视高度。
- cols 的值指定文本区的可视宽度。

8）提交按钮

当用户按下此按钮后表单所包含的数据被提交到服务器。在每个表单中至少应该有一个提交按钮来完成提交动作。其语法格式如下：

```
<input  type="submit"
        value="提交"
        name="buttonname">
```

【说明】

- type 的值为 submit 时表明该组件是数据提交组件。
- value 的值是组件上的标识符。
- name 是按钮的名称。

9）重置按钮

当用户需要重新填写表单中的数据时按此按钮将会清除表单中的各项数据。重置按钮的语法格式如下：

```
<input  type="reset"
        value="清除"
        name="buttonname">
```

【说明】

- type="reset"是重置按钮的标识。
- value 是重置按钮的值，同时也是按钮上面显示的内容。

专家点拨：重置按钮完成的功能是恢复页面的信息，但并不是所有的页面都需要重置按钮。

附录 B 安装 IIS 和配置 Web 服务器

在没有将网站上传到租用的 Web 服务器之前，要在本地计算机上调试和运行网站，就必须在本地计算机上安装 IIS 组件并根据需要配置 Web 服务器。

B.1 安装 IIS

IIS 是 Internet Information Server 的缩写，它是微软公司主推的 Web 服务器。IIS 是使用比较广泛、支持 ASP 程序的 Web 服务器，本节讲解如何在 Windows XP/2000 系统下安装 IIS 组件。

（1）单击"开始"按钮，选择"控制面板"命令，打开控制面板。

（2）在"控制面板"窗口中双击"添加或删除程序"图标，打开"添加或删除程序"对话框，如图 B-1 所示。

图 B-1 "添加或删除程序"对话框

（3）单击"添加/删除 Windows 组件"图标后稍等片刻会出现"Windows 组件向导"对话框，在"组件"列表框中选中"Internet 信息服务"复选框，如图 B-2 所示。

（4）单击"下一步"按钮，开始安装配置服务器 IIS，如图 B-3 所示。

（5）等待进度条跑到终点，复制完全部文件后配置服务器也相应结束。

图 B-2　选中"Internet 信息服务"复选框　　　　　　图 B-3　配置组件

（6）单击"确定"按钮，IIS 服务器就安装完成了。打开 IE 浏览器，在"地址栏"中输入"localhost/"，回车，查看窗口内容。如果出现图 B-4 所示的页面，就表示 IIS 已经安装成功了，Web 服务器正在运行。

图 B-4　测试动态页面

B.2　配置 Web 服务器

当 IIS 安装成功以后，如果想正常调试网页，还要对 Web 服务器进行合理的配置，比如设置虚拟目录、设置用户权限等。当网页制作好以后必须把网页所在的目录设置成 IIS 的虚拟目录，这样才能正常运行和调试。下面是在 IIS 中设置虚拟目录的方法。

1. 设置虚拟目录

（1）在"控制面板"窗口中双击"管理工具"图标。

（2）在打开的"管理工具"窗口中双击"Internet 信息服务"图标，如图 B-5 所示。

图 B-5 "管理工具"窗口

（3）弹出"Internet 信息服务"窗口，在左边窗格中右击"默认网站"，在弹出的快捷菜单中选择"新建"|"虚拟目录"命令，如图 B-6 所示。

图 B-6 新建虚拟目录

（4）弹出"虚拟目录创建向导"对话框，如图 B-7 所示。单击"下一步"按钮，在图 B-8 所示的对话框的"别名"文本框中填写虚拟目录的别名。

（5）单击"下一步"按钮，在图 B-9 所示的对话框的"目录"文本框中输入目录在本地计算机硬盘上的路径或单击"浏览"按钮找到相应的路径文件夹。

图 B-7 "虚拟目录创建向导"对话框

图 B-8 输入虚拟目录的别名

图 B-9 设置虚拟目录的本地路径

（6）单击"下一步"按钮，在设置访问权限时一定要选中"读取"和"运行脚本"复选框（默认设置），如图 B-10 所示。

图 B-10　设置访问权限

（7）单击"下一步"按钮完成创建，如图 B-11 所示。

图 B-11　完成虚拟目录的配置

（8）至此 IIS 已经设置完成，然后就可以测试自己的 ASP 动态页面了。在"Internet 信息服务"窗口右边的窗格中找到建立的 ASP 动态页面，然后右击，在弹出的快捷菜单中选择"浏览"命令即可，如图 B-12 所示。

2. 设置 Web 服务器主目录和启用默认网页文档

通常服务器的主目录都是"C:\inetpub\wwwroot"，如果 Windows 系统没有安装在 C 盘上，情况会有所不同。可以在"Internet 信息服务"窗口中选择左侧列表中的"默认网站"，然后右击，在弹出的快捷菜单中选择"属性"命令，打开"默认网站 属性"对话框，选择其中的"主目录"选项卡，此时在"本地路径"后面就可以看到服务器主目录的位置，如

安装 IIS 和配置 Web 服务器

图 B-13 所示。

图 B-12　浏览 ASP 网页

图 B-13　"默认网站 属性"对话框

　　在浏览一些网站的首页时用它的一级域名就可以了，并不需要指定请求页的文件名，这就是设置了默认网页文档的缘故，它的作用是在浏览器请求没有指定文档的名称时将默认文档提供给浏览器。

在"默认网站 属性"对话框中切换到"文档"选项卡,通过单击"添加"按钮可以设置用户访问网站时的默认启用文档,如图 B-14 所示。

图 B-14 "默认网站 属性"对话框

安装 IIS 和配置 Web 服务器

附录 C | 网站上传和下载工具——FlashFXP

FlashFXP 是目前比较流行的 FTP 客户端软件，它融合了一些其他优秀 FTP 软件的优点，例如像 CuteFTP 一样可以比较文件夹，支持彩色文字显示；像 BpFTP 一样支持多文件夹选择文件，能够缓存文件夹；像 LeapFTP 一样的外观界面，甚至设计思路也非常相似。

FlashFXP 支持文件夹（带子文件夹）的文件传送、删除；支持上传、下载及第三方文件续传；可以跳过指定的文件类型，只传送需要的文件；可以自定义不同文件类型的显示颜色；可以缓存远端文件夹列表，支持 FTP 代理及 Socks 3 & 4；具有避免空闲功能，防止被站点踢出；可以显示或隐藏具有"隐藏"属性的文件、文件夹；支持每个站点使用被动模式等。

C.1　FlashFXP 工作环境介绍

启动 FlashFXP 3.8 版，软件界面由上而下分别为菜单栏、工作区、信息区和状态栏。工作区分为左、右两个窗口，首次开启软件，默认显示本地浏览器窗口和 FTP 浏览器窗口。每个窗口均由工具栏、地址栏和文件目录列表组成，如图 C-1 所示。

图 C-1　FlashFXP 3.8 软件的主界面

信息区左侧为队列信息窗口，显示"队列"的处理状态。在该窗口中可以查看到准备上传的目录或文件。此外配合 Schedule（时间表）的使用还能达到自动传输的目的。

信息区右侧是登录信息窗口，即 FTP 命令行状态显示区，用户通过登录信息能够了解到目前的操作进度、执行情况等，例如登录、切换目录、文件传输大小、是否成功等重要信息，以便确定下一步的具体操作。双击此窗口将会以新窗口的方式出现。

在窗口的最下面是状态栏，当软件有上传或下载任务时它会显示文件传输的动态百分比进度、已传输文件大小、剩余传输时间、所有队列文件的剩余时间等。

本地浏览器窗口的工具栏中的按钮如下。

- **▮▮**："停止队列传送"按钮，在文件传送过程中单击此按钮将在当前传送结束后停止队列中其他任务的传送。
- **▶**："传送队列"按钮，单击此按钮将传送队列中尚未完成的传送任务。
- **▦**："传送所选"按钮，单击此按钮将传送窗口列表中选中的文件或文件夹。
- **↻**："刷新"按钮，单击此按钮将重新刷新当前窗口目录中的文件列表。
- **▣**："切换到 FTP 浏览器"按钮，单击此按钮将切换到 FTP 浏览器窗口。

FTP 浏览器窗口的工具栏中的按钮如下，与本地浏览器窗口的工具栏中相同的按钮不再介绍。

- **⚡**："连接"按钮，单击此按钮可快速连接所选站点。
- **✎**："断开"按钮，单击此按钮将断开与当前 FTP 服务器的连接。
- **✕**："中止"按钮，在文件传送过程中单击此按钮将立即中止当前文件的传送。
- **⚙**："切换到本地浏览器"按钮，单击此按钮将切换到本地浏览器窗口。

C.2　FTP 站点的创建

（1）选择"站点"|"站点管理器"命令。

（2）在弹出的"站点管理器"对话框中单击左下角的"新建站点"按钮。

（3）在弹出的"新建站点"对话框中输入新站点的名称（站点名称只是为了方便自己识别，可输入任意的字符），单击"确定"按钮返回。

（4）在"新建站点"对话框的"常规"选项卡下输入相关的信息，如图 C-2 所示。

- 连接类型：根据 FTP 远程服务器的安全协议选择一种 FTP 协议类型，默认为 FTP。此外还支持 SFTP、FTP 使用隐含 SSL、FTP 使用外部 SSL（认证 SSL）、FTP 使用外部 SSL（认证 TLS）等多种安全文件传输协议。
- 站点名称：默认显示为前面设定的站点名称，也可以重新输入一个便于识记的其他名称。
- IP 地址：输入 FTP 服务器的 IP 地址或者服务器的 FTP 域名就可以了，例如 117.81.229.108 或者 www.cai8.net 等。
- 端口：FTP 默认的端口是 21。有的服务器会更改成其他的端口，但必须从 FTP 空间商处获得正确的端口号才能顺利地登录。

图 C-2 "站点管理器"对话框

- 用户名称：填写 FTP 空间商提供的用户名。如果此空间允许匿名登录，则选中"匿名"复选框，"用户名称"和"密码"留空。以匿名用户登录一般会有很多的权限限制，例如不能上传文件等。
- 密码：填写 FTP 空间商提供的密码。
- 远端路径：可直接输入 FTP 服务器的起始根目录，留空不填为登录 FTP 根目录。
- 本地路径：输入本地地址或单击右边的"浏览"按钮进行选择，也可以在成功连接后在本地目录窗口选择，所以这里也可以留空不填。
- 代理服务器、时区、注释等信息均为默认。

（5）单击底部的"应用"按钮保存站点信息，单击"连接"按钮即可连接到远程 FTP 服务器。

专家点拨：除了可以在"站点管理器"对话框中连接 FTP 服务器之外，还可以直接单击 FTP 浏览器窗口的工具栏中的"连接"按钮，在弹出的下拉列表中选择已经创建的站点。如果要连接的站点还没有创建，可以选择"快速连接"命令，在弹出的对话框中输入站点的相关信息，然后进行连接。

C.3　文件的上传和下载

（1）成功连接 FTP 站点。

（2）在本地浏览器窗口中选择一个或多个需要上传的文件（或文件夹）。

（3）单击本地浏览器窗口的工具栏中的"传送所选"按钮 ，或者直接将选中的文件（或文件夹）拖放到 FTP 浏览器窗口中，文件即开始传送。

（4）文件的下载方法与上传一样，唯一的区别是应将文件从 FTP 浏览器窗口传送到本地浏览器窗口，如图 C-3 所示。

图 C-3　下载文件窗口

C.4　FlashFXP 的高级应用

1. 文件的站点对传

FlashFXP 最特殊的功能是它可以实现站点之间的对传，这个功能特别适合维护镜像站点。

（1）单击本地浏览器窗口的工具栏中的"切换到 FTP 浏览器"按钮 ，使两个窗口均显示为 FTP 浏览器窗口。

（2）在两个 FTP 浏览器窗口中分别连接两个远程的镜像站点。

（3）选择需要传输的文件（或文件夹），右击选择"传送"命令，如图 C-4 所示。

图 C-4　镜像站点文件对传

网站上传和下载工具——FlashFXP

2．同步站点文件

在维护镜像站点时需要使两个站点文件同步。从整个站点中找出不相同的文件比较麻烦，利用 FlashFXP 的"比较文件夹内容"功能可以轻松地找出新增或更新的文件。

（1）分别连接两个站点（也可以在本地站点和远程站点之间进行）。

（2）选择"工具"|"比较文件夹内容"命令，在展开的菜单中选择"隐藏匹配的文件/文件夹"命令、"比较名称和大小"命令和"选择不匹配"命令，如图 C-5 所示。

图 C-5 "比较文件夹内容"命令

（3）按 Ctrl+D 组合键或选择"工具"|"比较文件夹内容"|"比较文件夹内容"命令，则两个浏览器窗口中将只显示不同的文件和文件夹，如图 C-6 所示。

图 C-6 "比较文件夹内容"结果

（4）单击窗口工具栏上的"传送所选"按钮 ![icon] 就可以同步站点文件了。

专家点拨：如果站点中被修改的文件大小没有任何变化（哪怕是一个字节），只是更改了某个字符，使用"比较文件名称和大小"命令无法找到。此时可以选择"工具"|"查找 FTP 服务器上的文件"命令，在弹出的对话框中设定查找条件（可根据文件名称、修改时间、文件大小等进行查找），单击"查找"按钮即可查找到需要的文件，如图 C-7 所示。

图 C-7 "FTP 文件搜索"对话框

3. 计算已使用的 FTP 空间

（1）连接 FTP 空间。

（2）选择"工具"|"计算 FTP 使用空间"命令。

（3）在弹出的对话框中选择要计算的文件夹（"/"代表站点根目录）。

（4）单击"检查"按钮即开始扫描，计算完成后的扫描结果会显示计算范围内的文件、文件夹的总个数，以及已用磁盘空间大小。单击"详细资料"按钮在下方展开详细资料框，显示所在范围内所有文件夹的详细信息，如图 C-8 所示。

图 C-8 "扫描已完成！"对话框

4. 防止被站点踢出

FlashFXP 具有避免空闲功能，可以防止被站点踢出。

（1）选择"选择"|"参数设置"命令。

网站上传和下载工具——FlashFXP

（2）在弹出的"配置 FlashFXP"对话框中选择"连接"下的"保持连接"选项，在右侧的窗格中选中"发送保持活动命令"复选框，如图 C-9 所示。

图 C-9 "配置 FlashFXP"对话框

习题参考答案

第1章　习题参考答案

一、选择题

1．A　2．C　3．D

二、填空题

1．导航栏

2．对比色调

3．Hypertext Marked Language、超文本标记语言

第2章　习题参考答案

一、选择题

1．C　2．B　3．D

二、填空题

1．"不再显示"

2．代码视图、设计视图、拆分视图

3．新建站点

第3章　习题参考答案

一、选择题

1．A　2．D　3．A

二、填空题

1．导入 Word 文档

2．loop=true

3．播放

4．绝对路径、文档相对路径、站点根目录相对路径

第4章　习题参考答案

一、选择题

1．A　2．C　3．C

二、填空题

1．内部样式表、外部样式表

2．高级（ID、上下文选择器等）

3．CSS 样式

第 5 章　习题参考答案

一、选择题

1．B　　2．A　　3．D　　4．C

二、填空题

1．\<table>\</table>、\<tr>\</tr>、\<td>\</td>

2．"框架"面板

3．4、框架集文件和 3 个框架文件

第 6 章　习题参考答案

一、选择题

1．B　　2．D　　3．C　　4．A

二、填空题

1．程序代码、解释、响应用户操作

2．绝对位置、图像

3．"行为"面板

4．事件驱动

第 7 章　习题参考答案

一、选择题

1．B　　2．D　　3．B

二、填空题

1．批量、自动更新

2．可编辑区域

3．文本、表格、表单、插件、ActiveX 元素、导航条和图像

4．"保存时自动将文件上传到服务器"

第 8 章　习题参考答案

一、选择题

1．B　　2．C　　3．C　　4．A

二、填空题

1．标题栏、菜单栏、选项栏、工具箱、文档窗口、面板

2. 网格、标尺、参考线

3. 形状图层、路径、填充像素

4. 方向线、长度、斜度

5. 线性渐变、径向渐变、角度渐变、对称渐变、菱形渐变

第 9 章　习题参考答案

一、选择题

1. A　　2. C　　3. A　　4. D　　5. B

二、填空题

1. 图层

2. 上面图层的像素、下面图层的像素、正常

3. 图层、透明方式

4. 矩形、椭圆、单行、套索、多边形套索、磁性套索、魔棒

5. 颜色、颜色的纯度、明亮程度

第 10 章　习题参考答案

一、选择题

1. C　　2. A　　3. B　　4. A　　5. D

二、填空题

1. 网站图标

2. 文字方式、图形方式、图文结合方式

3. 广告条、GIF

4. 网页通栏广告、静态

5. 优化、创建链接、可以更新网页的某些部分

第 11 章　习题参考答案

一、选择题

1. B　　2. C　　3. D　　4. C　　5. D　　6. D

二、填空题

1. 对象绘制

2. 纯色、线性渐变、径向渐变、位图填充

3. 钢笔工具、添加锚点工具、删除锚点工具、转换锚点工具

4. 标准绘画、颜料填充、后面绘画、颜料选择、内部绘画

5. 可扩展的静态文本、固定宽度的静态文本

第 12 章　习题参考答案

一、选择题

1．B　　2．C　　3．B　　4．B　　5．C

二、填空题

1．浅蓝色、浅绿色、灰色

2．F5、F6、F7

3．关键帧、关联

4．文本

5．紧贴至对象

图 书 资 源 支 持

感谢您一直以来对清华版图书的支持和爱护。为了配合本书的使用,本书提供配套的资源,有需求的读者请扫描下方的"书圈"微信公众号二维码,在图书专区下载,也可以拨打电话或发送电子邮件咨询。

如果您在使用本书的过程中遇到了什么问题,或者有相关图书出版计划,也请您发邮件告诉我们,以便我们更好地为您服务。

我们的联系方式:

地　　址:北京海淀区双清路学研大厦 A 座 707

邮　　编:100084

电　　话:010－62770175－4604

资源下载:http://www.tup.com.cn

电子邮件:weijj@tup.tsinghua.edu.cn

QQ:883604(请写明您的单位和姓名)

用微信扫一扫右边的二维码,即可关注清华大学出版社公众号"书圈"。

资源下载、样书申请

书圈